场地污染控制与治理

SITE POLLUTION CONTROL AND GOVERNANCE

孙树林　编

河海大学出版社
HOHAI UNIVERSITY PRESS
·南京·

图书在版编目(CIP)数据

场地污染控制与治理 / 孙树林编. -- 南京 : 河海大学出版社，2023.10

ISBN 978-7-5630-8115-8

Ⅰ. ①场… Ⅱ. ①孙… Ⅲ. ①场地—土壤污染控制 Ⅳ. ①X53

中国国家版本馆 CIP 数据核字(2023)第 025038 号

书　　名	**场地污染控制与治理**	
	CHANGDI WURAN KONGZHI YU ZHILI	
书　　号	ISBN 978-7-5630-8115-8	
责任编辑	吴　淼	
特约校对	丁　甲	
装帧设计	有品堂　刘　俊	
出版发行	河海大学出版社	
地　　址	南京市西康路 1 号(邮编:210098)	
电　　话	(025)83737852(总编室)	
	(025)83722833(营销部)	
经　　销	江苏省新华发行集团有限公司	
排　　版	南京布克文化发展有限公司	
印　　刷	苏州市古得堡数码印刷有限公司	
开　　本	718 毫米×1000 毫米　1/16	
印　　张	18.25	
字　　数	356 千字	
版　　次	2023 年 10 月第 1 版	
印　　次	2023 年 10 月第 1 次印刷	
定　　价	98.00 元	

前言

　　场地污染是世界各地都普遍存在的问题，以往采用燃烧、水中存放和垃圾场堆放对废弃物进行处理，这些方法在过去被认为是最方便、快捷、廉价且最先进的方法，但随着我国城市化的进程，现在人们认识到过去的处理方式会导致产生各种环境问题。如果得不到及时控制和治理，将会严重危害人类的健康和环境的安全。

　　由于政府部门高度重视和居民健康意识不断提高，污染场地修复项目也呈现出逐渐增多的发展态势。专业性的场地修复企业逐渐出现，污染场地修复技术也由单一的物理修复、化学修复和生物修复技术向联合修复技术发展，由异位修复技术向原位修复技术发展，并逐渐向基于环境功能的材料修复、基于设备化的快速场地修复以及污染场地修复决策支持系统方向发展。

　　本教材对目前的污染场地修复技术进行了梳理分为 6 章：场地污染物及其运移（第一章），污染场地的勘察（第二章），污染场地的风险评估（第三章），原位污染物的控制（第四章），污染土的修复治理技术（第五章）和污染地下水的净化技术（第六章），系统地提供了一些有效的技术方法，注重理论与实践相结合，对学习的指导性很强。

　　本教材在编写过程中，参考了许多相关资料，但为了行文方便，不便一一注明。在此，特向在本教材中引用和参考的已注明和未注明的教材、专著、文章的编著者和作者表示诚挚的谢意。本教材为河海大学重点立项教材，在出版时得到河海大学教务处的鼓励和资助，在此深表谢意。

　　本教材虽经几次修改，但由于编者能力所限，不足之处在所难免，敬请专家读者批评指正。

编者

2022.12　南京

目录

第五章　污染土的修复治理技术

第六章　污染地下水的净化技术

第一章
场地污染物及其运移

1.1　概述

在地质环境工程中，不但需要研究土壤中的水流，而且还需要研究场地中污染物的运移及趋向。因此，了解影响土壤和地下水中的污染物运移（迁移）和组分（化学形式和浓度）的各种过程是非常重要的。

主要影响地表下污染物的过程可以分为三类：（1）运移过程：包括对流、扩散、分散；（2）化学质量传递过程：包括吸附和解离、溶解和沉淀、氧化和还原、酸碱反应、络合反应、离子交换反应、挥发和水解；（3）生物过程（或者生物降解）。

在不同的水头条件或化学条件下，上述这些不同的过程既可以是自然存在的，也可以是由外部因素引起的。三类过程的污染物运移模型常被用来确定所在位置的污染物浓度，同时进行风险评估，并设计有效的废物污染物系统（如泥浆墙和垃圾填埋场衬垫系统）和现场整治修复系统（如土壤冲洗、土壤蒸汽抽取和生物修复）。

各种不同的运移、化学、生物过程，对自然土壤和地下水系统中污染物的迁移、转让和转化有一定的影响。了解这些过程对于有效遏制污染物和补救系统的设计必不可少。在受污染土壤和地下水修复方法的选择或改进中，必须仔细评估那些能有效分离或改造现场特定污染物、土壤和地下水组合下的污染物。

1.2　场地污染源及污染物的类型

1.2.1　场地污染源

导致地下污染的来源有很多种，如图1.1所示。从地质环境的角度来看，可将污染来源分为以下三类：

a. 地面污染源；

b. 地下水位以上(包气带)污染源；

c. 地下水位以下(饱水带)污染源。

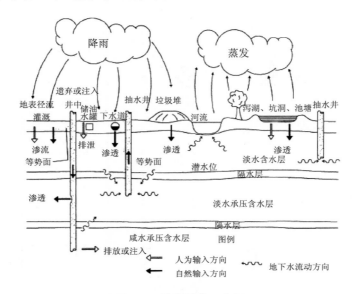

图 1.1 地下污染示意图

（1）地面污染源

各种水溶性产品在地表储存或传播过程中会导致地下污染，其中包括：

① 地表污水的渗流

在抽水过程中，水井会被通过周围地表水的渗流所充填。在这种情况下，如果地表水受到污染，那么这种渗流将导致含水层和饮用水的污染。

② 固体和液体废弃物的堆放/物料堆

在地表大范围蔓延或堆积成丘的废弃物，如粪便、污泥、生活垃圾、工业废弃物、尾矿等，其中的可溶性物质会渗入地下造成污染。

③ 意外泄漏

大量的有毒物质在通过卡车、火车或飞机来运输转移、控制设备来转换或储存过程中，都有可能发生意外泄漏。这种意外泄漏情况在过去和现在都屡见不鲜。一旦泄漏，这些有毒物质将会渗入地下或流入水源，从而造成污染。

④ 肥料和农药

肥料和农药，其中许多是剧毒性的。这些剧毒物质可能会通过渗入地下或地表径流的方式造成地下污染。

⑤ 地下管道和污水处理中产生的污泥

污泥是市政和工业废弃物处理中产生的残渣，其含有腐殖质、无机盐、重金属等。地表堆放污泥是一种常见的处理方式,从而使得污染物质有机会渗入地下而造成地下污染。

⑥ 盐储存及道路撒盐除冰

除冰盐很容易溶解,堆放中若未受保护,则溶解的除冰盐就会发生浸润或形成径流。另外,除冰盐铺在路上也会发生溶解和渗透,造成地下水污染。

牛、猪、羊、家禽饲养场,一般场地小,但产生的废弃物数量庞大。这些废弃物以及废弃物池的溢流物会通过渗流造成地下污染。

⑦ 可吸入颗粒物

由烟雾、烟尘、气溶胶、汽车废气产生的微尘颗粒物,常含有大量水溶性和毒性物质,一旦它们通过降雨等形式降于地表,这些物质将会通过地下渗透的形式造成地下污染。

(2)地下水位以上(包气带)污染源

存放或储存在地下水位以上(包气带)的物质会造成地下污染。典型的状况包括以下几点:

① 地上储存槽/露天垃圾坑

露天垃圾坑亦叫无管制垃圾场,它们被用来处理各种废弃物,其中包括液态废弃物。污染物从这些垃圾场的渗透会引起多种多样的地下污染。

② 垃圾掩埋场

市政和工业废弃物过去常被弃置在露天垃圾填埋场,在这种状况下废弃物分解产生的浸出液,会在降水和地表径流作用下渗入地下并蔓延,从而造成地下污染。

③ 贮水池/地表蓄水库

地表蓄水库,包括池塘和泻湖,以及用于处理农业、市政和工业废弃物的浅层开挖池。这些蓄水库多设在可渗透的土壤之中,从而为大量的可溶性废弃物渗透进入地下导致污染提供了条件。

④ 地下储存箱泄漏

地下储存箱用来存储用于市政、工业和农业的数十亿加仑的液体物质。但这些储存箱一旦遭受腐蚀,将会使得液态物质发生泄漏,从而造成地下污染。汽油泄漏污染问题已成为世界上最普遍的污染问题。

⑤ 地下管道泄漏

地下管道用于长距离传送液体物质,而这些管道一旦发生泄漏,大多很难检测到,因此其泄漏物可能会引起广泛的污染。

⑥ 粪池

粪池在市政和私人污水处理中都大量使用。粪池的污水排放到地下可能造成严重的生物污染,若这些粪池位于渗透性强的土壤中,则它的渗漏排放所造成的污染将更为严重。

（3）地下水位以下（饱水带）污染源

众多的物质材料储存或处理位于地下水位以下（饱水带）的位置，这可能会导致严重的地下水污染问题。这些状况包括：

① 潮湿垃圾坑中处理废弃物

现在，大多采矿掘进巷道都处在地下水位以下，并且常被水充填。一旦废弃不用，它们将作为垃圾场来处理固体或液体废弃物。由于其与地下含水层直接连接，一旦废弃物污染了此处的地下水，那么污染将会随地下水的传播而大范围发生。

② 深井处理

很多年来，液态废弃物常通过深井泵入地下得以处理，而这些废弃物中常含剧毒性物质，从而造成大范围的地下水污染。

③ 矿井

很多矿井都处于地下水位以下，抽取矿井中的地下水、选矿废水、铣洗液等，常常会造成大量的污染问题。

④ 农用灌溉设备/农业用排水井及排水沟

为了提高沼泽地区排水量，常通过排水井和排水沟将水送入地下深处。这种排水系统会将农业化学物质带入地下，造成地下水污染。

⑤ 废弃或处理不当的建筑用井

当建筑用井废弃不用后，保护装置被拔出，或者在其他状况下，保护装置由于受到腐蚀而出现漏洞。这两种条件下，液体物质在高压下将会转移并污染相邻含水层。另外，处理不当的受污染的建筑用水也有可能进入含水层，造成地下水污染。

1.2.2 污染物的类型

常见污染物类型见表 1.1。

表 1.1　常见污染物类型

污染物种类	污染场地常见种类	主要物理化学特征	毒性	主要来源	污染场地的途径
重金属	铬、镉、镍、铅	延展性、韧性、良导体、高 pH 值下以阳离子形式存在	铬、镉、镍、铅可以致癌、含量高可致人死亡	金属回收设备、电镀设备及其他冶金应用、汽车尾气	大气降雨、城市和工业排放、垃圾填埋场渗流
砷	砷，含各种有机或无机物类型	在标准条件下为固体，灰色金属光泽，不溶于水，在 28 个标准大气压下熔点 817 ℃，升华于613 ℃，密度 5.727 g/cm³，原子质量 74.92，比重 5.73，在 373 ℃下蒸汽压力为 1 毫米汞柱	致癌，高含量下可致人死亡	地壳、部分海产品、火山、构造活动、工业废水、含砷农药	土或岩石风化矿物、矿业开采、煤电厂、污水等

续表

污染物 种类	污染场地 常见种类	主要物理 化学特征	毒性	主要来源	污染场地 的途径
放射性 元素	铀、镭、氡	铀、镭为放射性金属;氡为放射性气体	铀能导致肺部疾病;镭:脑部、肺部肿瘤;氡:癌症、肺炎	铀:核武器、火力发电、石油泄漏;镭、氡:矿物岩石堆积	铀:核武器废料;镭导致地下水污染;氡地下水污染产生废气,释放到空气中
氯化物 溶剂	全氯乙烯(PCE)、三氯乙烯(TCE)、三氯乙烷(TCA)、二氯甲烷(MC)	低挥发性、不可燃,高粘度、高表面张力	导致皮肤疾病、严重者失去知觉、产生有毒气体	干洗店、制药、化工厂、电子等	废弃物废液处理,处置不当,从储油罐溢出、泄漏
多环芳烃 (PAHs)	蒽、萘、苯	由碳和氢组成,由不完全燃烧形成,无色或成淡黄色、白色固体	致癌	煤、气溶胶、油烟气	焦煤厂和液化气厂废渣、废气、废水的直接排放、遗漏或堆放,汽车尾气
氯化联苯 (PCBs)	芳氯物(Aroclor1016、1221、1232、1242、1248、1254、1260、1262、1268)	可溶于水 $1.50 \times 10^{-3} \sim 2.7 \times 10^{-3}$ mg/L	癌变或非癌影响,包括免疫、生殖、神经、内分泌系统的影响	电子设备与器械	制造业的废弃物排放处理或意外泄露,并且长距离流动进入地表水,被水中生物饮用而污染食物链
农药	有机氯杀虫剂:DDT、地特灵、强力杀虫剂、艾氏剂 有机磷农药:柏拉息昂、马拉硫磷 氨基甲酸盐剂:涕天威、虫螨威	有机氯杀虫剂:低 VP、低水溶性、剧毒、持久;有机磷农药:不稳定、比有机氯杀虫剂易破坏	致癌、剧毒且长久,严重破坏中枢神经和呼吸系统	农业用	被土壤吸附后过滤流入地表水中,污染土壤与地下水位相邻,存在于农作物及家畜中
炸药	三硝基甲苯(TNT)、环三亚甲基三硝胺(RDX)	TNT:密度 1.65 g/mL,熔点 820 ℃,沸点 2 400 ℃,在 200 ℃下水溶性 130 g/L,气压 0.000 2 mm汞柱	吸入或食用导致肠胃损坏、肝炎、贫血症、发绀、疲劳、无力、头痛、精神错乱、痉挛、昏迷	军事训练或军事演习	爆炸影响、冲击波,用于军事制造,水处理设备设计不当引起污染

场地地下水和土壤是最常见的污染介质。另外,还有其他大量的污染物来源,

如沉渣、堆填区废弃物和废渣等。

表 1.1 总结了这些污染地区中最常见的几种污染物,同时也显示了这些污染物的化学特性和毒性特征,以及地下污染的主要来源和方式。由于污染物的性质明显不同,以及它们在地下分布和作用方式的复杂性,对污染地区的治理成了一项艰巨的任务。

当土壤中存在重金属时,重金属可能以以下一种或多种形式分布:① 溶解于土壤孔隙水中;② 置换土中的离子成分;③ 吸附于无机土中;④ 与土中不溶性有机质结合;⑤ 以固态形式沉淀析出,组成土的矿物结构。

金属在这些不同阶段含量的多少是由与其相互依存的地球化学反应控制的,包括:① 吸附作用;② 氧化还原作用;③ 络合反应;④ 沉淀和溶解作用;⑤ 酸碱中和反应。

另一方面,有机物可能在土中以以下四种形式存在:① 溶解相;② 吸附相;③ 气相;④ 单一相。

有机物可以从一种相转成另一种相,这主要取决于以下作用:① 挥发作用;② 分解作用;③ 吸附作用;④ 生物降解作用。

地球化学作用控制了土中污染物的分布存在形式,对其的深入了解是评估和治理污染场地的关键。

1.3　运移过程

各种污染物运移的过程控制着地下污染物的迁移,在处理地下非反应性污染物时必须考虑这些过程。非反应性污染物是指那些不受化学反应和微生物过程影响的可溶性污染物。对于反应性污染物,在考虑这些迁移过程的时候,会涉及化学质量转移和微生物降解过程。

1.3.1　对流

对流,又称平流移动或移流,指的是在水力梯度作用下,水流中的污染物运移过程。由达西定律给出地下水一维稳定流的流速,可以表示为:

$$v = Ki \tag{1.1a}$$

其中,v 指泄流流速或者达西流速,K 指水力传导系数,i 指水力梯度。
渗流流速(实际流速)表示为:

$$v_s = \frac{Ki}{n} \tag{1.1b}$$

其中,v_s 指渗透实际流速,n 指孔隙比。考虑到精确程度,给出了平均渗流流速：

$$\bar{v}_s = \frac{Ki}{n_e} \tag{1.1c}$$

其中，n_e 指有效孔隙比。有效孔隙比的定义为：被整个土壤体积隔开的，通过大部分水流的那部分空隙体积。有效孔隙比不包括不关联的、死角的空隙。因此，$n_e < n$。

一维稳定流条件下，污染物的质量通量（即每单位时间每单位面积质量）用 F_v 表示：

$$F_v = vc = n_e v_s c \tag{1.2}$$

其中，c 指可溶性污染物浓度。同一条件下，对流运移的数学表达式为：

$$\frac{\mathrm{d}c}{\mathrm{d}t} = - v_s \frac{\mathrm{d}c}{\mathrm{d}x} \tag{1.3}$$

这个方程的解表明了如果已知地下水流中污染物浓度 c_0，在时间 t 里，由于对流，它将会被运移一段距离 $x = v_s \cdot t$，如图 1.2 所示。

一般来说，进行对流运移分析所需已知的多孔介质参数包括：

· 水力梯度，表面电位或地下水位等高线被用来计算水力梯度；

· 水力传导系数和透水率，潜水含水层需要水力传导系数，承压含水层需要透水率。这些特性借助室内试验方法以及现场试验方法确定。室内试验方法包括定水头渗透试验、变水头渗透试验、三轴试验、固结试验。现场试验方法包括抽水试验、微水试验，以及创造一个水头差，通过置换井中的水，测量随时间变化的水位降深和水位恢复，然后运用适当的分析方法，利用已知数据计算 K 值。

· 给水度和储存系数，对于瞬时流量模拟，潜水含水层需要特定产量，而承压含水层需要储水量。通常通过抽水试验（pumping tests）或微水试验或重锤试验（slug tests）确定。

· 孔隙度和有效孔隙度，根据室内试验和相位关系计算孔隙度和有效孔隙度。

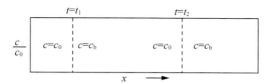

（a）对流（c_0：初始浓度；c_b：背景浓度）

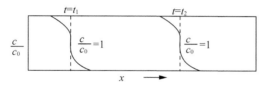

（b）扩散

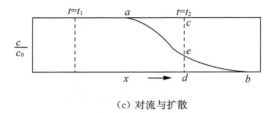

（c）对流与扩散

图 1.2 污染物传递过程

例 1.1 垃圾填埋场中 Cl^- 浓度为 1 000 mg/L 的渗滤液通过一个 5 英尺①厚的天然粉砂层渗透到一个下覆含水层，水流流速为 0.03 m/d，粉砂的有效孔隙比为 0.1。求平流作用下，每单位底面积填埋场中流入含水层的 Cl^- 质量流量的值。

解：利用式 1.2 方程计算 1 m×1 m 单位填埋场底面积的流量。

$$F_v = n_e v_s c = 0.1 \left(\frac{0.03 \text{ m}}{\text{day}} \right) \left(\frac{1\ 000 \text{ mg}}{\text{L}} \right) \left[\frac{1\ 000 \text{ L}}{1 \text{ m}^3} \left(\frac{1 \text{ g}}{1\ 000 \text{ mg}} \right) \right] = 3 \frac{\text{g}}{\text{day}} \cdot \frac{1}{\text{m}^2}$$

1.3.2 扩散

扩散，又可称为分子扩散，指的是在化学浓度梯度条件下的污染物的运移（即从浓度高的地方向浓度低的地方移动）。即使当液体不流动或向与污染物运移方向相反的方向流动时，也可以发生扩散。只有不存在浓度梯度时，扩散才会停止。扩散的规律符合 Fick 第一定律。一维条件下，这个定律可以表示为：

$$F_d = -D^* \frac{dc}{dx} \tag{1.4a}$$

其中，F_d 指每单位时间单位面积的扩散通量，D^* 指有效扩散系数，dc/dx 指浓度梯度。不同土壤及污染物的组合并没有使 D^* 值差异明显，它的值在 1×10^{-9} m^2/s 到 2×10^{-9} m^2/s 之内。1.4a 方程中的 D^* 可以说明土壤中的弯曲程度，与化学物质的自扩散系数 D_0 相关，如下：

$$D^* = \tau D_0 \tag{1.4b}$$

其中，τ 指弯曲系数，$\tau < 1$。化学物质的 D_0 值可以在标准化学或环境手册中查找到。表 1.2 列出了一些选定的化学物质的 D_0 值。τ 的值在 0.01 至 0.5 之间。τ 或 D^* 的值可以由稳态法、时间滞后法、瞬态法等实验室试验方法确定。瞬态法又可细分为列方法和半盒式单元法。通过 Fick 第一定律和连续性方程，土壤中的污染物扩散率可以根据下式得到：

---

① 注：1 英尺≈0.304 8 米。

$$\frac{\mathrm{d}c}{\mathrm{d}t} = D^* \frac{\mathrm{d}^2 c}{\mathrm{d}x^2} \tag{1.5}$$

表 1.2 自扩散系数

化学物	$D_0 \times 10^{-10} (\mathrm{m^2/s})$	化学物	$D_0 \times 10^{-10} (\mathrm{m^2/s})$
阴离子		阳离子	
OH^-	52.8	H^+	93.1
F^-	14.7	Li^+	10.3
Cl^-	20.3	Na^+	13.3
Br^-	20.8	K^+	19.6
I^-	20.4	Rb^+	20.7
HCO_3^-	11.8	Cs^+	20.5
NO_3^-	19.0	Be^{2+}	5.98
SO_4^{2-}	10.6	Mg^{2+}	7.05
CO_3^{2-}	9.22	Ca^{2+}	7.92
		Sr^{2+}	7.90
有机物		阳离子	
丙酮(Acetone)	10.24	Ba^{2+}	8.46
正丁醇(N-Butyl alcohol)	8.98	Pb^{2+}	9.25
氯苯(Chlorobenzene)	8.42	Cu^{2+}	7.13
乙苯(Ethylbenzene)	7.54	Fe^{2+}	7.19
三氯乙苯(Tertachlorothylene)	8.4	Cd^{2+}	7.17
甲醇(Methyl alcohol)	14.65	Zn^{2+}	7.02
三氯乙烷(1,1,1-Trichloroethane)	8.53	Ni^{2+}	6.79
三氯乙烯(Trichloroethylene)	9.89	Fe^{3+}	6.07
二硫化碳(Carbon disuifide)	11.53	Cr^{3+}	5.94
		Al^{3+}	5.95

式 1.5 被称为 Fick 第二定律。给出以下初始条件 $c(x,0) = 0$,假设初始状态多孔介质中无污染,边界条件 $c(0,t) = c_0, c(\infty,0) = 0$,方程 1.5 的解如下:

$$c(x,t) = c_0 erfc \left(\frac{x}{2 \sqrt{D^* t}} \right) \tag{1.5a}$$

其中,$c(x,t)$ 指 t 时刻距离起源地 x 处的污染物浓度,c_0 指初始污染物浓度,假设为常量;$erfc$ 指互补误差函数。方程 1.5a 预测了一个典型的瞬态污染物扩散过程。互补误差函数 $erfc$ 如下:

$$erfc(u) = 1 - erf(u) \tag{1.5b}$$

$$erf(u) = \frac{2}{\sqrt{\pi}} \int_0^u e^{-\eta^2} d\eta \qquad (1.5c)$$

表 1.3 提供了给定 u 值的 $erf(u)$ 和 $erfc(u)$ 值。有时，可以利用式(1.5d)的关系，依据负值的互补误差函数计算误差函数：

$$erfc(-u) = 1 + erf(u) \qquad (1.5d)$$

表 1.3　误差与互补误差函数值

u	$erf(u)$	$erfc(u)$
0.00	0.0	1.0
0.05	0.056 372 0	0.943 628 0
0.10	0.112 462 9	0.887 537 1
0.15	0.167 996 0	0.832 004 0
0.20	0.222 702 6	0.777 297 4
0.25	0.276 326 4	0.723 673 6
0.30	0.328 626 8	0.671 373 2
0.35	0.379 382 1	0.620 617 9
0.40	0.428 392 4	0.571 607 6
0.45	0.475 481 7	0.524 518 3
0.50	0.520 499 9	0.479 500 1
0.55	0.563 323 4	0.436 676 6
0.60	0.603 856 1	0.396 143 9
0.65	0.642 029 3	0.357 970 7
0.70	0.677 801 2	0.322 198 8
0.75	0.711 155 4	0.288 844 6
0.80	0.742 100 8	0.257 899 2
0.85	0.770 667 9	0.229 332 1
0.90	0.796 908 1	0.203 091 9
0.95	0.820 890 7	0.179 109 3
1.00	0.842 700 7	0.157 299 3
1.10	0.880 205 0	0.119 795 0
1.20	0.910 314 0	0.089 686 0
1.30	0.934 007 9	0.065 992 1
1.40	0.952 285 1	0.047 714 9
1.50	0.966 105 1	0.033 894 9
1.60	0.976 348 4	0.023 651 6

u	$erf(u)$	$erfc(u)$
1.70	0.983 790 5	0.016 209 5
1.80	0.989 090 5	0.010 909 5
1.90	0.992 790 4	0.007 209 6
2.00	0.995 322 3	0.004 677 7
2.10	0.997 020 5	0.002 979 5
2.20	0.998 137 2	0.001 862 8
2.30	0.998 856 8	0.001 143 2
2.40	0.999 311 5	0.000 688 5
2.50	0.999 593 0	0.000 407 0
2.60	0.999 764 0	0.000 236 0
2.70	0.999 865 7	0.000 134 3
2.80	0.999 925 0	0.000 075 0
2.90	0.999 958 9	0.000 041 1
3.00	0.999 977 9	0.000 022 1

例 1.2　在一个垃圾填埋场,超过 0.3 m 厚的黏土衬垫包含了氯化物浓度为 1 000 mg/L 的渗滤液,弯曲系数 $\tau = 0.5$,问扩散 100 年后在 3 m 深度处的氯化物的浓度?(忽略对流影响)

解:给出:初始浓度 $c_0 = 1 000$ mg/L,弯曲系数 $\tau = 0.5$。从表 1.2 得出氯化物的自扩散系数 $D_0 = 20.3 \times 10^{-10}$ m^2/s,因此,

$$D^* = \tau D_0 = (0.5)(20.3 \times 10^{-10}) = 1.015 \times 10^{-9} \text{ m}^2/\text{s} = 0.032 \text{ m}^2/\text{yr}$$

代入方程 1.5a:

$$c(3,100) = 1 000 erfc\left(\frac{3}{2\sqrt{(0.032)(100)}}\right) = 1 000 erfc(0.838 5) = 230 \text{ mg/L}$$

1.3.3　分散

宏观上看,污染物的运移由地下水平均流速定义。然而,微观上看,地下水的实际流速在点与点之间有所不同,既能低于又能高于平均流速。微观地下水流速产生的区别原因如下。

·孔隙大小:地下水流速与孔隙大小成反比,这就暗示了在相同流量下,低流速的地下水存在于较大的孔隙中,而高流速的地下水存在于较小的孔隙中。

·渗径长度:渗流路径越长,流速越小;颗粒大小与分布影响渗流路径的长短。

• 毛细摩擦力：因为摩擦，靠近固体土的水流流速较低，而远离固体土的水流流速相对较高。

由于流速的不同，渗流路径中存在混合情况。这种混合称为机械（流体力学）弥散，简称分散。因渗径方向不同而产生的混合称为纵向分散。污染物也会随着渗径的方向扩散，称为横向分散。纵向分散和横向分散都是平均流速函数，纵向分散定义为：

$$D_L = \alpha_L v_s \tag{1.6}$$

其中，D_L 指纵向分散系数，α_L 指纵向分散度，v_s 指平均渗流流速。类似地，横向分散被定义为：

$$D_T = \alpha_T v_s \tag{1.7}$$

其中，D_T 指横向分散系数，α_T 指横向分散度。一般而言，分子扩散与机械弥散是相互组合的，分散系数 D_L^*、D_T^* 被定义为：

$$D_L^* = \alpha_L v_s + D^* \tag{1.8}$$

$$D_T^* = \alpha_T v_s + D^* \tag{1.9}$$

其中，D_L^*、D_T^* 分别指纵向流体力学分散系数和横向流体力学分散系数。

如图 1.2(c)所描述，一维污染物的分散导致了污染物在前进流边缘的扩散。这种一维条件仅仅考虑了纵向分散系数 D_L^*。然而，在二维条件下，D_L^*、D_T^* 都要考虑。

要想描述污染物的分散运移过程，必须知道 α_L 和 α_T。如果结合分子扩散的话，那么就必须知道 D^* 的值。分散度 α_L、α_T 的值可以通过室内试验或现场试验方法确定。

室内试验方法：室内试验时，首先准备好高为 L、横截面积为 A 的饱和柱状土样。将已知浓度的污染物，随着时间推移，从一端注入，记录另一端流出的体积和浓度。给出恒定流量及恒定流速条件：$v_s = Q/tAn$。一个孔隙块的体积等于 ALn，那么单位排量等于 $v_s nA$，因此，总排量等于 $v_s nAt$。数学定义上，孔隙体积总数 U 等于总体积与单个孔隙体积的比值：

$$U = \frac{v_s nAt}{ALn} = \frac{v_s t}{L} = t_r \tag{1.10}$$

其中，t_r 指无量纲的时间，也就是说，孔隙体积的个数等于无量纲的时间，条块试验结果用 U 和 c 绘制，c 指排出水中污染物的浓度。这些数据用来计算 α_L，根据一维连续性注入分析方法，给出下式：

$$c = \frac{c_0}{2} erfc\left(\frac{L - v_s t}{2\sqrt{D_L^* t}}\right) \tag{1.11}$$

上式为无量纲形式,上面的结果可以表示为:

$$\frac{c}{c_0} = 0.5 erfc\left(\frac{1 - U}{2\sqrt{UD_L^*/v_s L}}\right) \tag{1.12}$$

不同的 D_L^* 的值可以得到不同的方程的解,与试验数据 U 和 c 比较,确定最匹配数据的 D_L^* 值。根据 $D_L^* = \alpha_L v_s + D^*$,得到 $\alpha_L = (D_L^* - D^*)/v_s$。

现场试验方法:现场试验时,在井中引入示踪剂,在不同地方的注入井观测孔中,监测其浓度,然后将示踪剂浓度的时空变化与二维平流色散预测的结果进行比较,选出最能描述观测试验结果的 α_L 和 α_T 的值。

值得注意的是,室内试验与现场试验都不能准确地给出弥散度的值,Gelhar (1986)对比几个从公开的实验室和现场研究得出的弥散度值,发现这些值变化很大,与尺度(及渗径长度)关系密切。如图 1.3,渗径长度与弥散度存在相关性。一条最合适的直线证明了机械弥散与渗径长度具有近似的定量关系,表示为 $\alpha_L = 0.1X$,X 指流动距离。横向弥散 α_T 一般假设等于 α_L 的 10%。这些相关性质经常被用来初始评估 α_L 和 α_T 的值,然后将这些数值结合现场数据,通过数学模型进行细化。

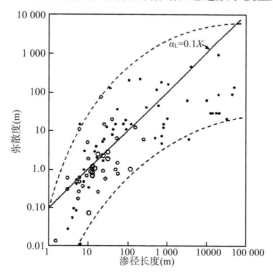

图 1.3　机械弥散度与尺寸的关系曲线

例 1.3　对土样进行一系列试验,先用去离子水冲洗,使得该列状土样达到饱和,然后用氯化物浓度为 1 000 mg/L 的溶液通过土样。土样长度为 0.5 m,渗透流速为 0.000 5 m/s,下表给出了不同时刻流出液体的浓度。计算列状土样的纵向弥散度 α_L。

时间(s)	浓度(mg/L)
200	2.5
400	66.8
700	290
900	450

解: 已知氯化物溶液浓度 $c_0 = 1\,000$ mg/L,土样长度 $L = 0.5$ m,平均渗流流速 $v_s = 0.000\,5$ m/s。假设 $D_L^* = 1.0 \times 10^{-5}$ m²/s,根据方程 1.11 计算特定 t 时刻下的 c 值,具体如下。

时间(s)	$U = v_s t/L$	$x = \dfrac{L - v_s t}{2\sqrt{D_L^* t}}$	$erf(x)$	$erfc(x) = 1 - erf(x)$	$0.5\,erfc(x)$	$c(\text{mg/L})$ [Eq. (1.11)]
200	0.2	4.472	1.000	0.000	0.000	0.000
400	0.4	2.372	0.999	0.001	0.000	0.398
700	0.7	0.896	0.795	0.205	0.102	102.447
900	0.9	0.264	0.291	0.709	0.355	354.694

找出 U 与 c 值,将计算出的数据与试验数据相比较。代入不同的 D_L^*,重复此过程,结果在图 1.4 中表示。当 $D_L^* = 5.5 \times 10^{-5}$ m²/s 时计算出的结果较接近试验数据。

对于 Cl^-,$D_0 = 20.3 \times 10^{-10}$ m²/s(查表 1.2),假设 $\tau = 0.5$,则

$D^* = \tau D_0 \Rightarrow D^* = (0.5)20.3 \times 10^{-10}$ m²/s $\Rightarrow D^* = 1.015 \times 10^{-9}$ m²/s

将 D^* 和 D_L^* 代入方程 $D_L^* = \alpha_L v_s + D^*$,得,

$0.000\,055 = \alpha_L(0.000\,5 \text{ m/s}) + 1.015 \times 10^{-9} \Rightarrow \alpha_L = 0.11$ m

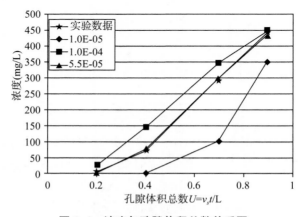

图 1.4 浓度与孔隙体积总数关系图

1.4　化学质量传递过程

化学质量传递过程对于评估污染物的消散和运移很重要,地下污染物的运移方式包括了吸附与解离、沉淀与溶解、氧化与还原、酸碱反应、络合反应、离子交换反应、挥发和水解等。

1.4.1　吸附与解离

吸附是指污染物被吸附在土体中有机物、矿物颗粒上。吸附过程包括各种过程,如物理吸附、化学吸附和吸收。物理吸附就是指污染物攀附在固体表面;化学吸附就是指污染物通过化学反应结合在固体表面;吸收就是指污染物扩散到颗粒空隙,吸附在颗粒内表面。一般来说,这些过程的混合作用,统称吸附。吸附定义为污染物分布在固液相之间;因此,也被称为分区。解离,与吸附意思相反,就是指污染物从有机物、矿物颗粒表面分离,进入孔隙流体中。

影响土体中污染物吸附作用的因素包括:(1)污染物特性,如在水中的溶解度、极性离子特性和辛醇-水分配系数等;(2)土体特性,如矿物成分、渗透性、孔隙率、纹理、均一性、有机碳含量、表面电荷和表面积等;(3)流体介质特性,如 pH 值、盐分和溶解有机碳含量等。平衡状态下,吸附到土壤固体颗粒之上的污染物 S 与存在于孔隙水中的污染物 C 之间的关系曲线被称为等温线。等温线被用来说明恒温条件,一共存在三种吸附等温线:(1)线性等温线;(2)Freundlich 等温线;(3)Langmuir等温线。

(1)线性等温线

数学表达式为:

$$S = K_d c \tag{1.13}$$

其中,S 指每单位单元干燥固体质量吸附的污染物质量(如 mg/kg),c 指平衡状态下溶液中污染物的浓度(如 mg/L),K_d 指分配系数,单位是 L/kg 或 cm^3/g。K_d 被用来定义阻滞系数 R:

$$R = 1 + \frac{\rho_d}{n} K_d \tag{1.14}$$

其中,n 和 ρ_d 分别指孔隙率和运移介质的干密度。通过阻滞系数,可以得到污染物的运移速度 v_{cont}:

$$v_{cont} = \frac{v_s}{R} \tag{1.15}$$

其中，R 一般大于 1。因此，方程(1.15)表示污染物运移速度低于水流速度。由于线性等温线较简单，所以在污染物运移分析时，它是最常被应用的等温线[图1.5(a)]。然而，线性吸附等温线一般在低污染物浓度时是有效的。

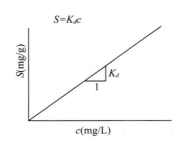

（a）线性等温线

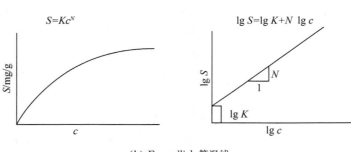

（b）Freundlich 等温线

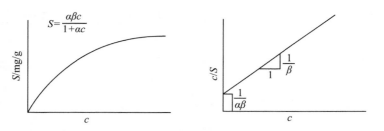

（c）Langmuir 等温线

图 1.5　各种类型的吸附等温线

（2）Freundlich 等温线

对于较高的浓度，Freundlich 吸附等温线较为适用：

$$S = Kc^N \qquad (1.16)$$

其中，K 和 N 为常数。为计算 K 和 N，方程(1.16)被线性化，如图 1.5(b)中所示的 $\lg c$ 与 $\lg K$。该直线的斜率为 N，截距等于 $\lg K$。根据这条等温线，阻滞系数 R 表示为：

$$R = 1 + \frac{\rho_d}{n} K N c^{N-1} \tag{1.17}$$

已知污染物浓度，污染物运移速度可以通过方程(1.15)计算得到。如果 $N = 1$，方程(1.17)可以简化成线性等温线。

（3）Langmuir 等温线

S 与 c 之间的另一种非线性关系称为 Langmuir 吸附等温线，它是依据在固体表面具有有限数量的吸附位的概念而构建的。如果所有的吸附位都被占满了，那么就不会发生吸附了。该等温线表示为：

$$S = \frac{\alpha \beta c}{1 + \alpha c} \tag{1.18}$$

其中，α 指与结合能相关的吸附常数（单位：mg^{-1}），β 指能被固体吸附的污染物的最大量（单位：mg/kg）。为了确定这两个参数，算出 c 与 c/S，绘制出一条拟合最好的直线，如图 1.5(c)。直线的斜率等于 $1/\beta$，直线的截距等于 $1/\alpha\beta$。利用这些值，可以计算出 α、β。每条这种等温线的迟缓因素由下式给出：

$$R_d = 1 + \frac{\rho_d}{n} \frac{\alpha \beta}{(1 + \alpha c)^2} \tag{1.19}$$

依据浓度 c，利用方程 1.15，可以再一次计算出污染物运移的速率。

大部分情况下，等温线适用于平衡条件，其假设是可靠的，但当吸附作用造成的浓度变化率明显高于其他运移过程，尤其是对流和分散，那么随时间变化，非平衡吸附模型的建立便有必要了。

实际上线性等温吸附线是最常用的，在定义吸附关系时，有三种不同的方法可以用来确定 K_d：（1）经验法；（2）室内试验法；（3）现场试验法。

（1）经验法

最常被用来确定吸附值，包括① 实证现场数据法；② 污染物的属性参数法：如辛醇-水分配系数 K_{ow} 和水中的溶解度 S_w；③ 土颗粒表面积法。所有这些方法均假设为线性吸附，因此，需要提供一个合适的 K_d 值。

① 实证现场数据法。对于这种方法，在地下水中的污染物的浓度 c 和在土壤中的污染物的浓度的基础上，干土重度 s 在同一位置被使用。将 s 和 c 的比例赋予 K_d 值。据推测，在土壤中的水的浓度假定与地下水中的相同。

② 污染物的属性参数法。这些方法一般适用于有机污染物，假设在土壤中吸附的有机污染物主要是吸附在土壤上的有机碳馏分（f_α），土壤上吸附的污染物与 f_α 成正比。Krickhoff 等人(1979)发现了 K_d 与 f_α 的相关性：

$$K_d = K_\alpha f_\alpha \tag{1.20}$$

式中 K_α 指在一个假想的纯有机碳相上有机污染物的分配系数。土壤中的有机质（OM）可使用湿烧法或干烧法确定，f_α 可以通过 f_α 与有机质之间的关系计算（Olsen 和 Davis，1990）。

$$f_\alpha = \frac{OM}{1.724} \qquad (1.21)$$

一般来说，K_α 可以利用与一些有机化工标准属性之间的关系来计算，例如 $K_{\alpha w}$、S_w。Krickhoff（1981）在吸附到土壤有机质上的有机污染物与吸附到其他有机化合物上的有机污染物之间做了一个类比，如辛醇。后者组合的分区由辛醇-水的分配系数（$K_{\alpha w}$）表示，它代表了辛醇中的有机污染物（有机质）和水的成分。

$$K_{\alpha w} = \frac{有机污染物在辛醇中的浓度}{有机污染物在水中的浓度} \qquad (1.22)$$

许多有机化合物的 $K_{\alpha w}$ 值既可以试验测定又可以计算得到。依据化学类型，这些值介于 10^{-3} 和 10^{-7} 之间。利用 $K_{\alpha w}$，K_α 可以通过表1.4中表示的各种相关性计算得到。利用这个方法，首先应该知道特定的有机污染物。有机化合物的 $K_{\alpha w}$ 可以从标准有机化学手册中查到，K_α 可以利用表1.4中 $K_{\alpha w}$ 和 K_α 的关联计算得到，K_d 的值从方程1.20中得到。

上面的方法假设了 f_α 和 K_d 之间的线性关系，但是对于大量的膨胀性黏土或极性有机化合物，它们的 f_α 非常小（<0.001），线性关系就不一定有效了。因此，计算 K_d 时，必须谨慎使用这些方法。

③ 土颗粒表面积法。当土壤中的有机组分低于临界水平或者当矿物表面积很高时，这个方法对有机或无机污染物均可用。这个方法中，吸附作用被假设发生在无机矿物表面。关于假定线性吸附，许多研究学者已经建立了 K_d 与矿物表面积 SA 之间的关系，两个代表性方程如下。

$$\lg K_d = 0.061(SA) + 2.89 \qquad (1.23a)$$

$$K_d = \frac{SA}{(K_{\alpha w})^{0.16}} \qquad (1.23b)$$

式中 SA 单位为 m^2/g。

表 1.4　K_α 与 $K_{\alpha w}$ 之间的相关性

方程	代表性化学类别
$\lg K_\alpha = 0.544 \lg K_{\alpha w} + 1.377$	较广泛的杀虫剂
$\lg K_\alpha = 0.937 \lg K_{\alpha w} - 0.006$	芳烃、多核芳烃、三嗪和二硝基苯胺类除草剂
$\lg K_\alpha = 1.00 \lg K_{\alpha w} - 0.21$	芳香族或多核芳香族；二氯化物
$\lg K_\alpha = 0.94 \lg K_{\alpha w} + 0.02$	s-三嗪和二硝基苯胺除草剂

方程	代表性化学类别
$\lg K_{oc} = 1.029 \lg K_{ow} - 0.18$	杀虫剂、除草剂和杀菌剂
$\lg K_{oc} = 0.524 \lg K_{ow} + 0.855$	取代苯基脲和烷基-N-苯基氨基甲酸酯

（2）室内试验法

室内吸附试验分为两种：① 批量试验；② 管柱试验。① 批量试验中,已知溶液的体积 V_w,容器中溶液已知污染物的初始浓度为 c_0,另外给出干土质量 M_s,将混合物摇匀,并达到平衡状态。然后通过离心法将土颗粒从溶液中分离,对上清液进行等分取样。测出等分清液中的污染物浓度 c,土壤中的浓度 S 借助以下公式计算:

$$S = \frac{V_w(c_0 - c)}{M_s} \tag{1.24}$$

改变污染物初始浓度或者干土质量,进行多次试验。其结果是一系列的污染物浓度(S)以及相应的液相浓度(c),然后可以用于绘制等温曲线。根据这些数据,确定最合适的等温线。批量试验的结果取决于平衡时间和用于试验的溶液质量分数。因此,必须评估这些变量的影响,另外还必须防止期间检测的有机污染物的挥发。此外,如果水溶液样品中存在未沉淀的颗粒,那么浓度可能被过高估计。

② 管柱试验中,准备好一管子土,用含有非吸附性示踪剂和污染物的溶液贯穿管柱(见图 1.6)。示踪剂和污染物的浓度可以在通过管柱的水中测定,然后迟缓因子便等于污染物的质心冲破管柱的时间(或体积)与非反应性示踪剂的质心冲破管柱时间(或体积)的比值(见图 1.7)。这个方法直接给出了一个 R 值;然而它也非常适合于那些具有相对低的延迟因子(<10)的污染物。K_d 值,如果需要的话,可以使用公式 1.14 计算得出。管柱试验的缺点是细粒土壤流速慢,需要很长的测试时间,另外土壤重填会破坏土壤结构,可能会影响试验结果。

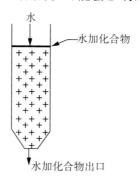

水

水加化合物

水加化合物出口

图 1.6　管柱试验

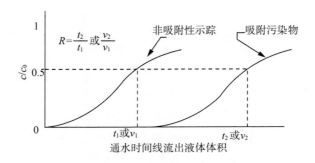

图 1.7　管柱试验确定 R 与 K_d 值

（3）现场试验法

场区特定的现场测试提供了一个估算的延迟因子。这种方法是将反应性与非反应性示踪剂引入注水井，在下坡井中监测两种示踪剂的浓度（图 1.8）。污染物迁移的时间变化也可以用来计算迟缓因子（图 1.9）。

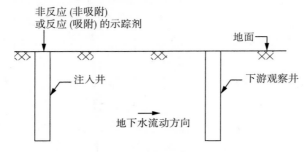

图 1.8　现场试验示意图

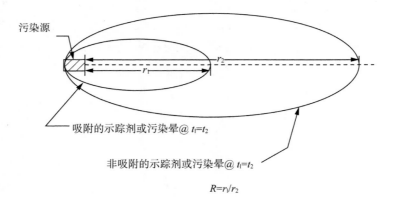

图 1.9　基于污染物迁移的 R 值确定

　　每种评估吸附的方法都有优缺点,选择等温线的一般方法是进行室内试验来确定 S 与 c,然后确定最合适的等温线。例 1.4 介绍了如何根据实验数据选择一种合适的等温线。

　　例 1.4　批量吸附试验使用了 Na^+ 蒙脱石土壤和六价铬 $[Cr(Ⅵ)]$,得出结果如下表。哪种吸附等温线最适合试验测试结果? 为选定的等温线确定合适的系数。

平衡浓度 (mg/L)	Cr(Ⅵ) 吸附的 (mg/g)	平衡浓度 (mg/L)	Cr(Ⅵ) 吸附的 (mg/g)
0.842	0.016 8	36.13	0.722 7
8.701	0.174 0	65.67	1.313 4
12.27	0.245 4	90.989	1.819 8
17.00	0.340 0	138.574	2.770 2
22.49	0.449 9	183.79	3.675 8
31.27	0.628 5		

　　解:根据给定的数据:

$C(mg/L)$	$S(mg/g)$	C/S	$\lg C$	$\lg S$
0.842	0.017	50.119 0	−0.074 7	−1.774 7
8.701	0.174	50.005 7	0.939 6	−0.759 5
12.270	0.245	50.000 0	1.088 8	−0.610 1
17.000	0.340	50.000 0	1.230 4	−0.468 5
22.490	0.449	50.089 1	1.352 0	−0.347 8
31.270	0.629	49.753 4	1.495 1	−0.201 7
36.130	0.723	49.993 1	1.557 9	−0.141 0
65.670	1.313	50.000 0	1.817 4	0.118 0
90.980	1.820	49.994 5	1.958 9	0.260 0
138.570	2.770	50.021 7	2.141 7	0.442 5
183.790	3.676	50.000 0	2.264 3	0.565 4

　　将上面的数据绘制在图 1.10(a),图 1.10(b)和图 1.10(c)中,每一个确定的等温线参数均适合一条直线。如上面的这些结果所示,线性吸附等温线预测结果精确。简单起见,建议使用线性等温线。

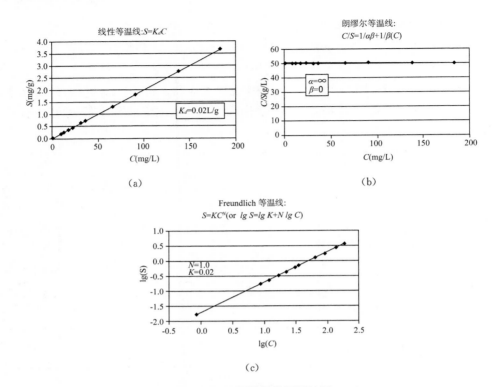

图 1.10　不同等温线预测结果

　　例 1.5　评估从源区到距离 100 m 外的水井污染物迁移的时间，含水层中土壤密度为 1.5 g/cm³，$n=40\%$，有机碳含量为 1%：（a）氯离子（未吸附）；（b）苯；（c）氯乙烯；（d）芘。苯、氯乙烯、芘的溶解度分别为 1 780 mg/L、1 100 mg/L、0.148 mg/L。地下水流速为 10 m/yr。

　　解：

$$v_{cont} = \frac{v_s}{R} \qquad R = 1 + \frac{\rho_d}{n} K_d \qquad K_d = K_\alpha f_\alpha \qquad \lg K_\alpha = -0.55 S + 3.64$$

　　分别利用公式 1.15、1.14 和 1.20，以及表 1.5 中的公式。

化学品	溶解度 （mg/L）	K_{as}	K_o	R	v_{cont} （m/yr）	时间（年）=100 m/v_{cont}
氯化物	—	—	—	1	10	10
苯	1 780	0	0	1	10	10
氯乙烯	1 100	0	0	1	10	10
芘	0.148	3 619.095	36.19	136.72	0.007 31	1 367.16

表 1.5 K_α 与 S 的相关性

方程	化学类别
$\lg K_\alpha = -0.55 \lg S + 3.64 (S\ \text{in mg/L})$	种类繁多,杀虫剂为主
$\lg K_\alpha = -0.54 \lg S + 0.44 (S\ \text{in 摩尔分数})$	主要是芳香族或多核芳香族化合物;二氧化物
$\lg K_\alpha = -0.557 \lg S + 4.277 (S\ \text{in } \mu\text{mol/L})$	氯化烃

1.4.2 沉淀与溶解

沉淀和溶解反应涉及固相化学物质,用平衡常数 K 来描述。在许多反应物固体活性等于 1 的反应中,平衡常数 K 相对大小的对比提供了纯水中固体溶解度的一个指向,即氯化物和硫酸盐往往是最易溶解的物质,硫化物和氢氧化物的可溶性最小;碳酸盐、硅酸盐和铝硅酸盐中的矿物具有较低的溶解度。

当溶液中存在其他离子时,固体溶解度会不同于纯水中的值。溶解度因非理想性溶液增大,因同离子效应减小。总的来说,固体溶解度随离子强度的增加而增加,因为溶液中的其他离子降低了反应离子的活泼性。

当溶液中含有固体溶解时释放出的相同离子时,将会发生同离子效应。同离子的存在意味着该离子达到饱和状态前能够溶解的固体越少。而且,含有同离子的溶液中的固体溶解度小于纯水中的固体溶解度。

1.4.3 氧化还原反应

氧化还原反应涉及电子转移。氧化反应按 p^e 或 Eh 测定。p^e 值越大表示电子活动性越低,说明了电子差(氧化)的存在。p^e 值越小表示电子活动性越强,说明了富电子(还原)的存在。取一个 pH=7,取决于 p^e,氧化还原区域被定义为 $p^e > 7$,有氧;$2 < p^e < 7$,低氧;$p^e < 2$,无氧。氧化还原反应也可以用氧化还原电势来表征,单位为伏特。

氧化还原反应可以由自然存在的微生物引发。这种情况下,会发生有机质的氧化反应,还原氧气。接着是还原 NO_3^- 和 NO_2^-,这些反应遵循着 p^e 的降低。还原 MnO_2 的话,应该会发生与硝酸盐还原相同的反应,其次是 $FeOOH$ 还原成 Fe^{2+}。当负面 p^e 水平到达一定充分程度时,几乎同时发生发酵反应和 SO_4^-、CO_2 的还原反应。

1.4.4 酸碱反应

酸碱反应既包括质子(H^+)的得失,又包括羟基(OH^-)的得失。酸碱的强度某种程度上指的是失去或得到质子。考虑下面的广义酸 HA 在水中的电离反应:

$$HA + H_2O \Longrightarrow H_3O^+ + A^-$$

式中的 A^- 指的是阴离子，如 Cl^-。酸碱的强度取决于反应的平衡建立在方程的右侧还是左侧。涉及 CO_2 的反应展示了 CO_2 溶于水后，分为 H_2CO_3，HCO_3^-，CO_3^{2-} 三种形式。当溶液的 pH 一定时，质量守恒定律可用来确定物质的浓度。

酸碱反应影响土壤和地下水的 pH 值和离子化学反应。地下水中，pH 和碳酸盐形态是相互依存的，制约着通过碳酸盐和硅酸盐矿物溶解得到的碳酸盐、水、强碱的电离平衡。碱度定义为纯 CO_2-水体系中强碱超过强酸的净浓度，参考点如下：

$$Alk = \sum (i^+)_b - \sum (i^-)_{xi} = -(H^+) + (OH^-) + (HCO_3^-) + 2(CO_3^{2-})$$

当碱度为零时，上面的等式就变成了一个纯 CO_2-水体系的电离平衡方程。上面的方程表明，增加碱度会增加方程左侧的净正电荷。这种增加不简单等同于右侧负离子的增加，因为必须保持溶液中的平衡关系。碱度的增加匹配负电荷物质的浓度的增加，由 HCO_3^- 和 CO_3^{2-} 电离产生，伴随着 pH 值的增加。因此，强碱碱度的增加将最终导致 pH 的增加。当地下水中矿物质沿着路径溶解时，常可观察到这种行为。

1.4.5　络合反应

络合反应被描述为溶解时离子或分子的组合过程。配位体，或周围的原子、离子，可以是有机的，也可以是无机的。络合物可能带电，也可能不带电，这会影响络合物的溶解度。

1.4.6　离子交换

离子交换是一种特别的类型，称为吸附作用加强的吸附。由于固体表面的化学亲和性产生积聚，离子交换过程对黏土尤为重要。天然矿物表面会发生多价阳离子(B^{n+})和低价阳离子(A^+)的交换：

$$nR^- A^+ + B^{n+} \Leftrightarrow R^{n-} B^{n+} + nA^+$$

例如，$2R^- Na^+ + Ca^{2+} \Leftrightarrow R_2^{2-} Ca^{2+} + 2Na^+$ 表示了 Ca^{2+} 和 Na^+ 的交换。土壤中自然发生的最常见的离子交换按递减顺序如下：阳离子为 Ca^{2+}、Mg^{2+}、Na^+ 和 K^+；阴离子为 SO_4^{2-}、Cl^-、PO_4^{3-} 和 NO_3^-。1984 年 Valocchi 建议使用"有效"分配系数的方法说明离子交换污染物的运移。通常吸附里也包含该系数。

1.4.7　挥发

挥发指液相或固相蒸发的过程，它发生在污染物(非水或溶解)接触气相的时候。平衡时，拉乌尔定律描述了上述理想溶剂在大气中的挥发性有机物的平衡分压（例如苯）：

$$p_{org} = X_{org} p_{org}^0 \qquad (1.25)$$

式中：p_{org} 指气相中水蒸气的分压，X_{org} 指有机溶剂的摩尔分数，p_{org}^0 指纯有机溶剂的蒸气压力。亨利定律描述了水中溶解的有机溶质的挥发：

$$c_a = K_H c_w \qquad (1.26)$$

式中：K_H 为亨利常数，c_a、c_w 分别指气体和溶解相中有机溶剂的浓度。

1.4.8　水解反应

水解反应是一种化学转化过程，该过程中有机分子 RX 与水反应。这类反应在有机化合物中引入了羟基基团(-OH)：

$$RX + H_2O \Longrightarrow ROH + H^+ + X^-$$

该类反应举例如下：

$$CH_3CH_2CH_2Br + H_2O \Longrightarrow CH_3CH_2CH_2OH + H^+ + Br^-$$

水解可能是水环境中最重要的有机化合物与水的反应。该水解反应的化学反应物的浓度相对于一阶为：

$$-\frac{d[RX]}{dt} = K_T[RX]$$

式中：K_T 为水解速率常数。这个一阶依赖关系意味着水解半衰期独立于 RX 的浓度。反应的半衰期范围从几秒到数千年不等。对于大部分有机水解反应，一阶速率方程过于简单。K_T 可以表示为：

$$K_T = K_H[H^+] + K_0 + K_{OH}[OH^-]$$

式中：K_H 指特定的酸催化水解或催化水合氢离子 H^+ 的速率常数；K_0 指中性水中的水解速率常数；K_{OH} 指特定的酸催化水解或催化水合氢氧根离子 OH^- 的速率常数。

1.5　生物过程

生物降解，是由微生物介导的氧化还原反应，是对于有机污染物必须考虑的一种生物过程。总而言之，有机化合物被得电子的物质氧化（失电子），而得电子的物质被还原。它可以通过下面两种方式发生：好氧生物降解和厌氧生物降解。好氧生物降解发生在好氧或者氧化环境中,好氧环境时,通常得电子。厌氧生物降解发生在无氧或缺氧条件下(没有 O_2)。作为替代电子受体,微生物可以使用化学物质或有机、无机阴离子。

厌氧生物降解发生在发酵、反硝化、铁还原、硫酸盐还原,或产甲烷条件下。发酵菌利用的基质作为一种电子给体和受体。在这个过程中,代谢的有机化合物(代谢指有机物降解提供了能量和增加了碳的排量)中的一部分成为还原产物,其他成为氧化产物:

$$淀粉 \rightarrow CO_2(氧化产物) + 乙醇(还原产物)$$

反硝化细菌利用 NO_3^- 作为电子受体,将其还原成 NO_2^-、N_2O 和 N_2。铁硫酸盐还原菌利用三价铁或 SO_4^{2-} 作为电子受体,被还原成亚铁离子和硫化氢。产甲烷菌利用 CO_2 作为电子受体。

根据生物体的作用,将其划分为两种类型:(1) 寡营养细胞(oligotrophs),指低浓度有机碳的活性和低污染物浓度的有效性;(2) 富营养菌(eutrophs),指高浓度有机碳条件下的活性(有机碳含量低不起作用)和高污染物浓度的有效性。营养基础上,生物体被分成三种类型:(1) 化能营养生物(chemotrophs),从有机或无机材料的氧化过程中获取能量;(2) 自养生物(autotrophs),能够由简单的化合物合成细胞碳,如 CO_2;(3) 异养生物(heterotrophs),需要固定的碳的有机源。

发生生物降解需满足六个基本要求(Bedient 等,1994):

(1) 存在合适的有机生物体——细菌和当地微生物用来降解特定的污染物。生物体可以是天然的,也可以是基因工程合成的。

(2) 能量源——作为能量源,有机碳是必需的,被生物体用来维持细胞的生长。将有机碳转化为无机碳、能量和电子。

(3) 碳源——细菌的 50% 干重为碳。有机化合物用来作为碳源和能量。作为碳源,有机碳用来结合能量,从而产生新的细胞。

(4) 电子受体——一些化学物质必须吸收电子释放的能量。通常,电子受体包括 O_2、NO_3^-、SO_4^{2-} 以及 CO_2,如:$e^- + O_2 \Longrightarrow H_2O$;$e^- + NO_3^- \Longrightarrow N_2$;$e^- + SO_4^{2-} \Longrightarrow H_2S$;$e^- + CO_2 \Longrightarrow CH_4$。

(5) 养分——需要的养分包括氮、磷、钙、镁、铁和微量元素。

(6) 可接受的环境条件——包括温度、pH、盐度、静水压力、辐射和低含量的重金属或者其他有毒材料。

基于镜检、培养、代谢或生物化学方法,可确定在土壤和地下水中的微生物种群。根据这些调查,土壤和地下水中的天然微生物群在每克每毫升土壤或地下水中的个数的一般范围是 $1 \times 10^5 \sim 1 \times 10^7$。在大多数情况下,我们想知道微生物代谢是否活跃、其新陈代谢的多样性、刺激和限制它们的成长和活动的影响因素,其新陈代谢用于在土壤及地下水整治的优势。现场调查和室内试验回答了这些问题。在所有这些调查中,第一项任务就是收集有代表性的野外土壤。土样必须是不被钻井设备、表层土壤及其他东西交叉污染的。搜集完土样以后,舍弃顶部和底部以及几厘米外层土样,中间部分用来分析研究。切割样品,并尽快配对消毒器件。在无氧环境下,将样品切割放入无氧手袋中。这种方式制备的样品,无菌且适用于微生物分析。

我们有很多种方法来检测微生物,并估算它们的生物量和代谢活动。包括:
- 微观方法:直接利用光镜和电镜观察;
- 栽培方法:标准程序,包括平面计数等;
- 生化指标:代谢活动指标;
- 射线透视方法:测定代谢活动和微生物的生长;
- 微生态系统。

微生态系统是试图把一个完整的、微扰动的生态系统植入到试验中,来进行自然状态下的研究。实验室里,在可定义的受控实验条件下的物理化学边界内,建立一个物理模型或对部分生态系统的模拟。微生态系统被广泛应用于确定实验室规模环境中,微生态系统的范围从简单的批次培养到大的、复杂的直通式设备。微生态系统可以帮助:(1)确定可生物降解的污染物;(2)确定生物或非生物的代谢途径转换。一个特定污染物的微生态系统衰减可以定义原位的生物转化率,而不需要微生物的生物降解率预测的间接措施。微生态系统的优势在于其适当的控制和时间效率可对比实地测试。其局限性包括生态系统的结构效应和规模效应。研究表明,大部分的烃,如汽油、原油、成品油,是可生物降解的。

有氧生物降解过程中,烃类的去除、氧气的消耗、含水层中微生物的生长,都可以用下面的公式描述,该公式由莫诺函数(也称米氏函数)修改得来(Borden 和 Bedient,1986):

$$\frac{\mathrm{d}H}{\mathrm{d}t} = -M_t h_u \frac{H}{K_h + H} \cdot \frac{O}{K_o + O} \tag{1.27a}$$

$$\frac{\mathrm{d}O}{\mathrm{d}t} = -M_t h_u G \frac{H}{K_h + H} \cdot \frac{O}{K_o + O} \tag{1.27b}$$

$$\frac{\mathrm{d}M_t}{\mathrm{d}t} = M_t h_u Y \frac{H}{K_h + H} \cdot \frac{O}{K_o + O} + k_c Y C_\alpha - b M_t \tag{1.27c}$$

式中,H 指孔隙流体中的烃浓度,O 指孔隙流体中的氧气浓度,M_t 指好氧微生物的浓度,h_u 指单位质量的好氧微生物的最大烃利用率,Y 指微生物产率系数,K_h 为烃的半饱和常数,K_o 指氧的半饱和常数,C_α 指天然有机碳浓度,b 指微生物衰减率,G 指氧与烃的消耗率。

厌氧分解可以被莫诺函数的另一种变化描述,该函数描绘了两步催化剂化学反应(Bouwer 和 McCarty,1984)。函数式为:

$$\frac{dH}{dt} = -h_{ua}M_a \frac{H}{K_a + H} \tag{1.28}$$

式中,M_a 指厌氧微生物的总质量,h_{ua} 指单位质量的厌氧微生物的最大烃利用率,K_a 指厌氧腐烂在半最大速率时的烃浓度。

第二章
污染场地特性的勘查

2.1 概述

由于污染场地构成了对人类健康和环境的威胁,必须对这些场地潜在的污染进行勘查,以便制定可行的修复治理方案。对污染场地特征进行严格确切的描述就显得很重要。这些特性包括场地的地层岩性、水文地质条件、污染状况、能够释放到环境的潜在的污染源,以及该区域和附近居民的人口统计数据等。

场地治理过程中,场地特征勘查是最重要的任务。通过分阶段的方法可以及时有效地获得相关的数据,为了准确地鉴定污染场地,地质、水文地质、污染条件必须确定,同时还需要大量的可用技术和设备,所收集的数据将作为确定污染程度和潜在风险评价的依据。

场地特性的系统调查,旨在获得适当且足够的数据,以确定污染的类型和受污染的程度,以及评估在不同情况下污染物的运输和由污染导致的结果。有关场地特性的相关数据,具体包括:

(1) 地质资料:提供场地地层和现场各种地质构造的特性;

(2) 水文地质资料:确定主要含水地层及其水力特性;

(3) 受调查场地的污染资料:界定该场地含有的化学物质的性质和分布。

场地特征评价的具体内容必须包括:

(1) 描述现场污染物的发生和转移;

(2) 评估土壤和水的背景浓度以描述受污染前的条件;

(3) 确定污染对地表以下的影响;

(4) 评估由污染对公众和环境带来的风险;

(5) 预测在各种情况下未来污染的趋势,包括在选定执行补救措施下条件的创建;

（6）设计和实施效率和成本效益的补救方法；

（7）构思监测方案用以验证场地修复技术选定的有效性。

2.2 一般方法

对于场地特性而言，系统的分阶段方法如图2.1所示。分阶段方法值得推荐，是因为在开始调查时场地条件的性质是未知的。通过促进调查以收集相关资料的规划，分阶段减少成本。因此，总体规划见以下的几个调查阶段。

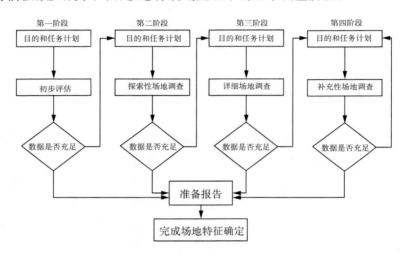

图 2.1 场地特征研究方法

第一阶段，也被称作初步现场踏勘，是以资料收集（包括可利用和已发布的特定场地或区域数据的收集和审查）、现场踏勘和人员访谈为主的污染识别阶段，原则上不进行现场采样分析。若第一阶段调查确认场地内及周围区域当前和历史上均无可能的污染源，则认为场地的环境状况可以接受，调查活动可以结束（图2.2）。

第二阶段，以采样与分析为主的污染证实阶段，若第一阶段场地调查表明场地内或周围区域存在可能的污染源，如化工厂、农药厂、冶炼厂、加油站、化学品储罐、固体废物处理等可能产生有毒有害物质的设施或活动，以及由于资料缺失等原因造成无法排除场地内外存在污染源时，则作为潜在污染场地进行第二阶段场地环境调查，确定污染物种类、浓度（程度）和空间分布。

该阶段场地调查通常可以分为初步采样分析和详细采样分析两步进行，每步均包括制定工作计划、现场采样、数据评估和结果分析等环节。初步采样分析和详细采样分析均可根据实际情况分批次实施，逐步减少调查的不确定性。

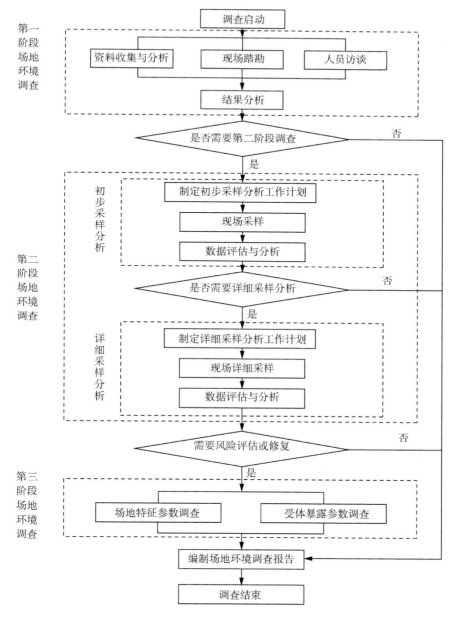

图 2.2 场地环境调查的工作内容与程序

　　根据初步采样分析结果,如果污染物浓度均未超过国家和地方等相关标准以及清洁对照点浓度(有土壤环境背景的无机物),并且经过不确定性分析确认不需要进一步调查后,那么第二阶段场地调查工作可以结束,否则认为可能存在环境风险,须进行详细调查。标准中没有涉及的污染物,可根据专业知识和经验综合判断。详细采样分析是在初步采样分析的基础上，进一步采样和分析，确定场地污染程度和范围。

第三阶段，若需要进行风险评估或污染修复时，则要进行第三阶段场地环境调查，涉及进行详细的场地调查，以确定现场的地质、水文情况以及受污染的性质和程度。该阶段场地调查以补充采样和测试为主，获得满足风险评估及土壤和地下水修复所需的参数。本阶段的调查工作可单独进行，也可在第二阶段调查过程中同时开展。

本阶段主要工作内容包括场地特征参数和受体暴露参数的调查。场地特征参数包括：不同代表位置和土层或选定土层的土壤样品的理化性质分析数据，如土壤pH值、容重、有机碳含量、含水率和质地等；场地（所在地）气候、水文、地质特征信息和数据，如地表年平均风速和水力传导系数等。根据风险评估和场地修复实际需要，选取适当的参数进行调查。受体暴露参数包括：场地及周边地区土地利用方式、人群及建筑物等相关信息。场地特征参数和受体暴露参数的调查可采用资料查询、现场实测和实验室分析测试等方法。

一般而言，上述三个阶段应该提供足够的场地特征的资料。如果从这些阶段里收集到的数据被认定为不足，那么额外调查的目的和范围就应该被制定和执行。直到所有相关数据被收集，分阶段实施的方法才结束。

上述的场地特征一般方法是全面而典型的，但是，执行起来可能耗时长、造价贵。在某些情况下，促进或加速程序适用于在最短的时期内获得足够的场地特性资料。

2.3 初步现场踏勘

项目场址初步评估是现场鉴定过程中一个很重要的步骤。它能提供项目场址的地理位置，该地区的关于过去和当前活动的背景资料，以及污染的潜在来源。初步评估涉及两个重要的任务：(1)文献整理；(2)现场勘查。这两个任务的结果形成第二阶段的基础——探索现场调查。

2.3.1 文献资料收集与整理

该步骤需要认真收集所有有关该项目场址的相关文献。资料里应该包括但不能局限于：场地利用变迁资料、场地环境资料、场地相关记录、有关政府文件以及场地所在区域的自然和社会信息。当调查场地与相邻场地存在相互污染的可能时，须调查相邻场地的相关记录和资料。

(1)资料的整理

① 场地利用变迁资料包括：用来辨识场地及其相邻场地的开发及活动状况的

航片或卫星图片；场地的土地使用和规划资料；其他有助于评价场地污染的历史资料，如土地登记信息资料等；场地利用变迁过程中的场地内建筑、设施、工艺流程和生产污染等的变化情况。

② 场地环境资料包括：场地土壤及地下水污染记录、场地危险废物堆放记录以及场地与自然保护区和水源地保护区等的位置关系等。

③ 场地相关记录包括：产品、原辅材料及中间体清单、平面布置图、工艺流程图、地下管线图、化学品储存及使用清单、泄漏记录、废物管理记录、地上及地下储罐清单、环境监测数据、环境影响报告书或表、环境审计报告和地勘报告等。

④ 由政府机关和权威机构所保存和发布的环境资料，如区域环境保护规划、环境质量公告、企业在政府部门的相关环境备案和批复以及生态和水源保护区规划等。

⑤ 场地所在区域的自然和社会信息包括：自然信息如地理位置图、地形、地貌、土壤、水文、地质和气象资料等；社会信息如人口密度和分布，敏感目标分布，土地利用方式，区域所在地的经济现状和发展规划，相关国家和地方的政策、法规与标准，以及当地地方性疾病统计信息等。

（2）资料的分析

调查人员应根据专业知识和经验识别资料中的错误和不合理的信息，如资料缺失影响判断场地污染状况时，应在报告中说明。

2.3.2 现场踏勘

审查完以上所列出处的资料之后，项目工程师应当调查现场，观察并记录现场存在的所有潜在的重要外在特征。这些资料包括任何疑似潜在污染源的遗弃物，此外还有包括地表土和地表水在内的外在特征。在现场考察期间，可以获得地表水样和近地表土样。在对现场采样进行抽样、标记和处理时，应辅以恰当的步骤。对样品做试验，要判断样品的化学组成、疑似污染物；或者通过权威分析实验判断样品的化学指标。

（1）安全防护准备

在现场踏勘前，根据场地的具体情况掌握相应的安全卫生防护知识，并装备必要的防护用品。

（2）现场踏勘的范围

以场地内为主，并应包括场地的周围区域，周围区域的范围应由现场调查人员根据污染物可能迁移的距离来判断。

（3）现场踏勘的主要内容

现场踏勘的主要内容包括：场地的现状与历史情况，相邻场地的现状与历史情况，周围区域的现状与历史情况，区域的地质、水文地质和地形的描述等。

① 场地现状与历史情况：可能造成土壤和地下水污染的物质的使用、生产、贮存，三废处理与排放以及泄漏状况，场地过去使用中留下的可能造成土壤和地下水污染的异常迹象，如罐、槽泄漏以及废物临时堆放污染痕迹。

② 相邻场地的现状与历史情况：相邻场地的使用现况与污染源，以及过去使用中留下的可能造成土壤和地下水污染的异常迹象，如罐、槽泄漏以及废物临时堆放污染痕迹。

③ 周围区域的现状与历史情况：对于周围区域目前或过去土地利用的类型，如住宅、商店和工厂等，应尽可能观察和记录；周围区域的废弃和正在使用的各类井，如水井等；污水处理和排放系统；化学品和废弃物的储存和处置设施；地面上的沟、河、池；地表水体、雨水排放和径流以及道路和公用设施。

④ 地质、水文地质和地形的描述：对于场地及其周围区域的地质、水文地质与地形，应观察、记录，并加以分析，以协助判断周围污染物是否会迁移到调查场地，以及场地内污染物是否会迁移到地下水和场地之外。

（4）现场踏勘的重点

重点踏勘对象一般应包括：有毒有害物质的使用、处理、储存、处置；生产过程和设备，储槽与管线；恶臭、化学品味道和刺激性气味，污染和腐蚀的痕迹；排水管或渠、污水池或其他地表水体、废物堆放地、井等。

同时应该观察和记录场地及周围是否有可能受污染物影响的居民区、学校、医院、饮用水源保护区以及其他公共场所等，并在报告中明确其与场地的位置关系。

（5）现场踏勘的方法

可通过对异常气味的辨识、摄影和照相、现场笔记等方式初步判断场地污染的状况。踏勘期间，可以使用现场快速测定仪器。

2.3.3　人员访谈

（1）访谈内容

应包括资料收集和现场踏勘所涉及的疑问，以及信息补充和已有资料的考证。

（2）访谈对象

受访者为场地现状或历史的知情人，应包括：场地管理机构和地方政府的负责人员；环境保护行政主管部门的负责人员；场地过去和现在各阶段的使用者；以及场地所在地或熟悉场地的第三方，如相邻场地的工作人员和附近的居民。

（3）访谈方法

可采取当面交流、电话交流、电子或书面调查表等方式进行。

（4）内容整理

应对访谈内容进行整理，并对照已有资料，对其中可疑处和不完善处进行核实和补充，作为调查报告的附件。

本阶段调查结论应明确场地内及周围区域有无可能的污染源,并进行不确定性分析。若有可能的污染源,则应说明可能的污染类型、污染状况和来源,并应提出第二阶段场地环境调查的建议。

2.4　场地勘查

以初步场地评估的结果为基础,可以展开场地勘探调查,并确立其目的和范围。此项调查的目的,是证实初步评估的结果。对于设计场地调查的方案,要获得初步的场地特定数据,包括健康安全方案。

准备书面工作计划时,要描述出现场和实验室调查的范围。工作计划应当提供抽样和试验步骤、取样位置和取样频率、质量保证和质量控制方案、健康安全方案、报表和评估等的详细情况。

2.4.1　初步采样分析工作计划

根据第一阶段场地环境调查的情况制定初步采样分析工作计划,内容包括核查已有信息、判断污染物的可能分布、制定采样方案、制定健康和安全防护计划、制定样品分析方案以及确定质量保证和质量控制程序等任务。

（1）核查已有信息

对已有信息进行核查,包括第一阶段场地环境调查中重要的环境信息,如土壤类型和地下水埋深;查阅污染物在土壤、地下水、地表水或场地周围环境的可能分布和迁移信息;查阅污染物排放和泄漏的信息。应核查上述信息的来源,以确保其真实性和适用性。

（2）判断污染物的可能分布

根据场地的具体情况、场地内外的污染源分布、水文地质条件以及污染物的迁移和转化等因素,判断场地污染物在土壤和地下水中的可能分布,为制定采样方案提供依据。

（3）制定采样方案

采样方案一般包括:采样点的布设,样品数量,样品的采集方法,现场快速检测方法,样品收集、保存、运输和储存等要求。

（4）制定健康和安全防护计划

根据有关法律法规和工作现场的实际情况,制定场地调查人员的健康和安全防护计划。

（5）制定样品分析方案

检测项目应根据保守性原则,按照第一阶段调查确定的场地内外潜在污染源和污染物,同时考虑污染物的迁移转化,判断样品的检测分析项目;对于不能确定的项目,可选取潜在典型污染样品进行筛选分析。一般工业场地可选择的检测项目有:重金属、挥发性有机物、半挥发性有机物、氰化物和石棉等。如土壤和地下水明显异常而常规检测项目无法识别时,可采用生物毒性测试方法进行筛选判断。

(6) 质量保证和质量控制

现场质量保证和质量控制措施应包括:防止样品污染的工作程序,运输空白样分析,现场重复样分析,采样设备清洗空白样分析,采样介质对分析结果影响分析,以及样品保存方式和时间对分析结果的影响分析等。

2.4.2 详细采样分析工作计划

在初步采样分析的基础上制定详细采样分析工作计划。详细采样分析工作计划主要包括:评估初步采样分析工作计划和结果,制定采样方案,以及制定样品分析方案等。

(1) 评估初步采样分析的结果

分析初步采样获取的场地信息,主要包括土壤类型、水文地质条件、现场和实验室检测数据等;初步确定污染物种类、程度和空间分布;评估初步采样分析的质量保证和质量控制。

(2) 制定采样方案

根据初步采样分析的结果,结合场地分区,制定采样方案。应采用系统布点法加密布设采样点。对于需要划定污染边界范围的区域,采样单元面积不大于1 600平方米(40米×40米网格)。垂直方向采样深度和间隔根据初步采样的结果判断。

(3) 制定样品分析方案

根据初步调查结果,制定样品分析方案。样品分析项目以已确定的场地关注污染物为主。

(4) 其他

详细采样工作计划中的其他内容可在初步采样分析计划基础上制定,并针对初步采样分析过程中发现的问题,对采样方案和工作程序等进行相应调整。

2.4.3 现场采样

(1) 采样前的准备

现场采样应准备的材料和设备包括:定位仪器、现场探测设备、调查信息记录装备、监测井的建井材料、土壤和地下水取样设备、样品的保存装置和安全防护装备等。

(2) 定位和探测

采样前,可采用卷尺、GPS卫星定位仪、经纬仪和水准仪等工具在现场确定采样点的具体位置和地面标高,并在采样布点图中标出。可采用金属探测器或探地雷达等设备探测地下障碍物,确保采样位置避开地下电缆、管线、沟、槽等地下障碍物。采用水位仪测量地下水水位,采用油水界面仪探测地下水中非水相液体。

(3)现场检测

可采用便携式有机物快速测定仪、重金属快速测定仪、生物毒性测试等现场快速筛选技术手段进行定性或定量分析,可采用直接贯入设备现场连续测试地层和污染物垂向分布情况,也可采用土壤气体现场检测手段和地球物理手段初步判断场地污染物及其分布,指导样品采集及监测点位布设。采用便携式设备现场测定地下水水温、pH 值、电导率、浊度和氧化还原电位等。

(4)土壤样品采集

① 土壤样品分表层土和深层土。深层土的采样深度应考虑污染物可能释放和迁移的深度(如地下管线和储槽埋深)、污染物性质、土壤的质地和孔隙度、地下水位和回填土等因素。可利用现场探测设备辅助判断采样深度。

② 采集含挥发性污染物的样品时,应尽量减少对样品的扰动,严禁对样品进行均质化处理。

③ 土壤样品采集后,应根据污染物理化性质等,选用合适的容器保存。含汞或有机污染物的土壤样品应在 4 ℃以下的温度条件下保存和运输。

④ 土壤采样时应进行现场记录,主要内容包括:样品名称和编号、气象条件、采样时间、采样位置、采样深度、样品质地、样品的颜色和气味、现场检测结果以及采样人员等。

⑤ 地下水水样采集,监测井的建设、监测井建设记录和地下水采样记录的要求参照《地下水环境监测技术规范》。

⑥ 其他注意事项

现场采样时,应避免采样设备及外部环境等因素污染样品,采取必要措施避免污染物在环境中扩散。

⑦ 样品追踪管理

应建立完整的样品追踪管理程序,内容包括样品的保存、运输和交接等过程的书面记录和责任归属,避免样品被错误放置、混淆及保存过期。

2.4.4 数据评估和结果分析

(1)实验室检测分析
委托有资质的实验室进行样品检测分析。

(2)数据评估
整理调查信息和检测结果,评估检测数据的质量,分析数据的有效性和充分性,确定是否需要补充采样分析等。

（3）结果分析

根据土壤和地下水检测结果进行统计分析，确定场地关注污染物的种类、浓度水平和空间分布。

2.5 采集数据的方法

进行详细的场地调查，是为了描述场地的地质和水文情况，以及污染物的性质和分布情况。在必要的前提下，数据必须足以评价污染物的趋势和运移，并能设计出理想的修复方案。一般而言，完成这项调查会花费几周至数年的时间，耗时长短取决于场地的目的、尺寸以及可采性。对于描述场地的地质情况、水文情况及污染情况，可以使用不同的技术。

2.5.1 获取土壤和岩石数据的方法

所获取的数据包括土层厚度、土壤的横向延展性，以及其物理性质。获取数据的方法与用于传统土工地下调查的方法是相同的。但是，为了确定土壤化学组分，土壤也会被测试，因此，为了防止土壤样品的交叉污染，取样仪器必须经过严格的净化。

确定现场地质的方法可以分为 3 种类型：（1）直接方法；（2）地球物理方法；（3）驱动方法。根据工程目标、工程范围以及成本的不同，选择不同类型的方法。

（1）直接方法

直接方法包含通过手摇钻、探槽或者钻孔对土壤或岩石的取样。随后进行土壤和岩石样品的实验，确定其物理性质和化学组成。

使用取样勺、铲斗和铲即可对近地表土壤取样，具体描述见图 2.3。取样时应使用不锈钢或者涂有聚四氟乙烯的器具。铲用于去除所需深度以上的土壤，取样勺或铲斗用于采集土壤。这样的程序简单而且造价低，不过，该方法仅限于近地表取样。

图 2.3　土壤取样过程

手持式钻机可用于浅层土的取样。手持式钻机由螺旋钻头、实心管状的杆、以及一个T形手柄组成,其构造见图2.4。钻杆是螺纹的,且可以被延长,螺旋钻头可以更换。旋转手柄时钻头尖端进入土壤,钻头尖端上保留的土壤即作为土样被带回地表。钻头尖端的形式可以是螺旋式、斗式或螺线式。一般而言,要求两人共同操作手持式钻机。该取样方式简单且成本低,但要准确了解土样的位置是有一定难度的。由于土壤塌陷或者坍落,依旧有发生交叉污染的可能性。

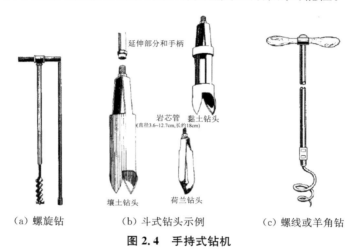

延伸部分和手柄

岩芯管
(直径3.6~12.7cm,长约18cm)　黏土钻头

壤土钻头　　　荷兰钻头

（a）螺旋钻　　　　（b）斗式钻头示例　　　　（c）螺线或羊角钻

图 2.4　手持式钻机

对于较深土壤的取样,常见的做法是用钻头钻孔,并连续地或在特定深度间隔下采集土样。当遇到基岩时,钻取岩心以采集所需深度的岩心。除获取土壤和岩石样品外,钻孔或钻取岩心可以用于钻孔的地质物理试验、安装测压管、安装监测井。钻头钻孔或钻取岩心有多种有用的方法,应基于适用性、成本、地质物质类型和取样要求,选择特定的方法。

一般而言,无论是何种机动钻机,都用于钻孔或钻取岩心(如图2.5所示)。通过以下常见的方法能实现提前打钻:实心杆式旋挖钻机、空心杆式螺旋钻机、湿式

图 2.5　钻探设备

旋转钻机、气动式旋转钻机、旋转式金刚石钻机或定向钻机。根据所需钻孔深度、地质岩性性质及钻孔目的选择其中的任一种或多种组合方式。钻孔的目的,在于可以对化学测试、井式安装等进行抽样。

空心杆式螺旋钻机是典型的用于环境研究的钻机。

① 实心杆式旋挖钻机

带有实心钻杆和螺旋梯段(如图 2.6 所示)的螺旋节被钻杆柱连接至最底部,切头比螺旋梯度宽约 2 英寸。切头沿地面上升时,随着连续螺旋梯段的旋转带动切割旋转上升至地表。但是,以切割的方式从带回地表的土壤中难以获得可靠的具体深度的土样。不过,对于黏性土而言,钻机可以停在任意所需深度,然后取出钻杆,底盘所采集的即为土样。此种采集具有代表性的土样是:取出螺旋钻杆,在钻杆末端附加一个对开式取土器或者薄壁取土器,并把整个钻杆柱放回钻孔。本文将详细描述对开式取土器和薄壁取土器。注意,此种方法不能用于饱水带黏性土样的采集。

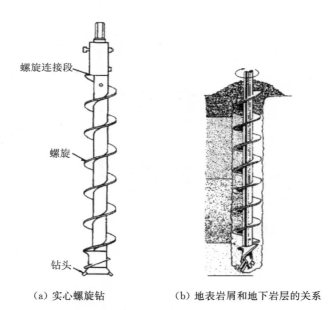

螺旋连接段

螺旋

钻头

(a) 实心螺旋钻　　　　(b) 地表岩屑和地下岩层的关系

图 2.6　实心杆式旋挖钻机

② 空心杆式螺旋钻机

过去的空心杆式螺旋钻机由空心管组成,在空心管周围焊有连续的向上斜螺旋梯段(如图 2.7),装有导向钻头和插头的中心杆在钻机内部降低,中心杆和空心套管一起旋转。插头阻止土壤进入空心套管,使得土壤逐渐附着在外螺旋梯段上。当到达采样范围时,移走中心杆、插头和导向钻头,下放土样取样工具。采样期间,钻机的空心套管能够防止钻孔壁的崩塌。采样完成后,就可以进行现场试验或监测井的安装了。由于不引进液体,因此该方法能得出最高潜水面距地表的深度。

③ 湿式旋转钻机

为了能在较深处安装测压管或监测井,使用湿式旋转钻机打钻。某湿式旋转钻机系统的组成如图 2.8 所示。冲孔液的成分为可用水和蒙脱石,将冲孔液由泵从空心旋转钻杆处注入并通过连接在钻杆底端的钻头,液体随着钻杆和钻孔壁之间的环形空隙上升循环至地表,再由地面上的管道和沟渠等排到沉淀池、水塘或洼地里。碎屑在水塘里沉积,液体则从泥浆地溢出,在此泥浆地上,用泵使得冲孔液通过钻杆得到了再循环。冲孔液的作用是:冷却和润滑钻头,坚固钻孔壁,防止液体成分内流等。此外,冲孔液也可使得含水层组间发生交叉污染的可能性降至最小。只需在沉淀坑前排出的液体中放置土样采集器,就能直接从循环的液体中获得土样。若要精确采样,则需要使得冲孔液流动中断,再将对开式取土器、薄壁取土器或岩心取样器向下插入到钻杆内部,之后即可在钻头端部得到采样。这样的打钻方式适用于硬质黏土、胶结砂岩以及深达 500 英尺的页岩,但是,冲孔液的侵入会使得含水层组难以辨认。

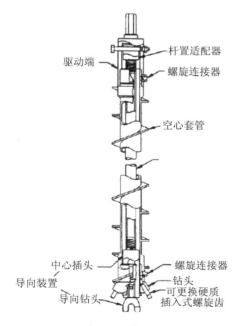

图 2.7　常见空心杆式螺旋钻机

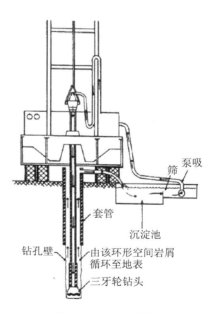

图 2.8　湿式旋转钻机

④ 气动式旋转钻机

气动式旋转钻机的工作原理类似于湿式旋转钻机,湿式旋转钻机以水或冲孔浆作为循环介质,而气动式旋转钻的循环介质则是气体。带三个锥形钻头的气动式旋转钻的钻机基本组成如图 2.9 所示。压缩气体在钻杆内部得到循环,使得钻头冷却,并将碎屑从开启的孔内带回地表。气旋分离器减缓气体的速度,使得碎屑能顺利进入容器。锥形滚动钻头适用于松散和由硬到软的固结岩体。该钻孔方法常用于在固结材料以及能够形成固结孔的深部松散材料地区安装测压管或监测井。其打钻速度快,无须灌浆,很适合高裂隙岩体。不过,此种方法相对而言成本较高,若存在有毒物质,则由打钻产生的悬浮在空气中的碎屑极有可能给操作人员带来危险。

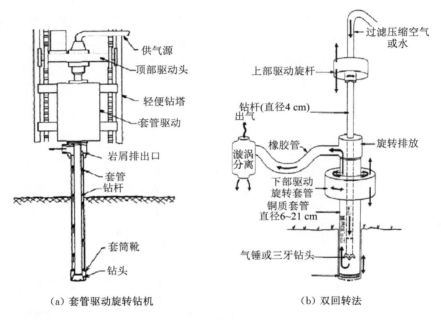

(a) 套管驱动旋转钻机　　　　　　(b) 双回转法

图 2.9　钻通法

⑤ 旋转式金刚石钻机

旋转式金刚石钻机用于在固结岩体打钻孔以及钻取岩芯样品。其钻头为旋转式钻头,该钻头由 10～20 英尺长的套管组成,在岩芯筒的末端装有镶钻的环。该钻头也可用于气式旋转钻机和泥式旋转钻机。图 2.10 所示为典型的旋转式金刚石钻机的组成。最有代表性的是,水通过钻头循环使得切削表面冷却。金刚石钻头切开岩石而实芯仍留在管内,在松软和中等松软的地层,可以使用锯齿和硬质合金刀。该种方法允许钻机到达任意深度,并能提供连续岩层的岩芯,然而,该方法对于固结岩体的打钻是受限制的。来自钻机的水以及高造价的金刚石钻头,包括地下水样引发化学腐蚀的可能性在内的各种负面效应会相对地减缓打钻速度。

⑥ 定向钻机

定向钻机适用于这样的地区:因钻探点位置难以接近而不可能施行垂直打钻,此时最好使用定向钻机。定向钻机利用倾斜的钻头结合自身系统,用以检测倾向和钻头的大致方位。该方法的图解见图 2.11。该体系的另一个优点在于其成本与旋转钻机相当。

取样。打钻期间,一般可通过如下方式获得所需间隔深度的样品:① 劈管采样器;② 薄壁歇尔比管采样器。

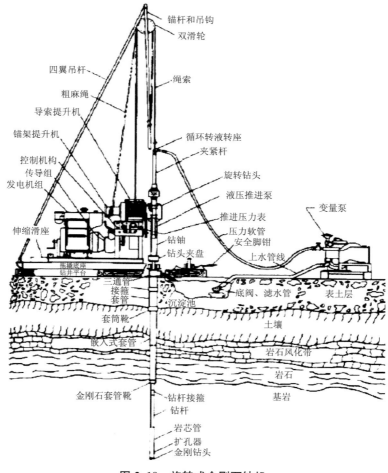

图 2.10 旋转式金刚石钻机

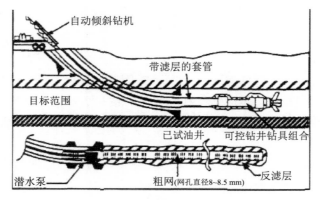

（a）斜向式钻机

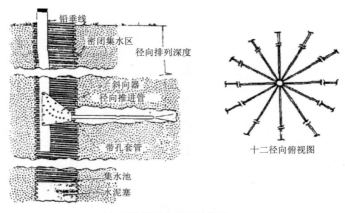

（b）浅径向系石油钻机

图 2.11　定向钻探法

① 劈管采样

在为获悉地层特征而进行的打钻过程中,普遍使用劈管采样器。劈管采样器是高合金钢套管,在整个套管周身,滑键和键槽成连续布置。这样的布置有利于套管一分为二。如图 2.12 所示为劈管采样器的图解。两个部分在顶部装有螺纹磁头组,底部是带有铜套的硬质筒靴。采样器由重 140 磅、通过 30 英尺间隔的落锤驱动,这就是在经典岩土工程中的标准贯注试验（SPT）。要求驱动采样器的击打次数为每次针入度 6 英寸,击打的总和为最后两个的 6 英寸针入度,即 SPT 中的 N 值,以提供被测样品组分密度和强度。一旦劈管回到地表,N 值将被隐藏,而岩芯也将被清除。在内部管端附近放置一个提升容器或弹簧限位器,用于在收回取样器时减少钻孔样品的损耗。标准的岩土工程勘察取样包括每 5 英尺的贯入要求和 18 英寸的贯入间距。通过在之前取样间距的底部采用钻采法或者凿钻法采样,并不断重复取样操作,可以得到连续采样。

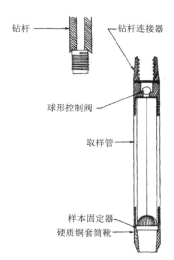

钻杆

钻杆连接器

球形控制阀

取样管

样本固定器

硬质铜套筒靴

图 2.12 对开式取土器

② 薄壁歇尔比管采样

薄壁歇尔比管采样器用于采集原状黏性土样。典型薄壁歇尔比管采样器的尺寸如图 2.13(a)所示。其取样步骤类似于劈管采样器采样,只是套管是被推入土层而非受驱动。连续薄壁采样器的使用见图 2.13(b)。此种方式结合了空心钻杆,

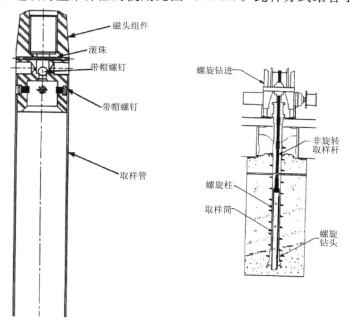

磁头组件

滚珠

带帽螺钉

带帽螺钉

取样管

螺旋钻进

非旋转取样杆

螺旋柱

取样筒

螺旋钻头

(a)薄壁取样器　　　　(b)连续薄壁取样器

图 2.13 薄壁歇尔比管采样器

能够避免由常规薄壁采样器对连续岩芯采集的时间延迟。5英尺长的薄壁套管安置于钻杆下部,并将其连接在非旋转采样杆或钢丝绳组上,如果套管仍然保持静止状态,那么这样的连接就使得钻杆旋转。这样原状土就能进入套管,钻杆可以提前旋转上升。在进行新一轮采样之前,每5英尺进行一次采样。

净化程序。每两个钻孔之间都应该用压力蒸汽清洗机净化打钻工具、钻孔机、采样器以及其他用于打钻和采样的仪器。清洗测井仪时要用去污剂(或其他清洗方案)和清水,再用洁净的水漂洗。所有定点的岩芯和灌水泥浆都要用清水净化。

记录。一般情况下,所有现场取样都在经验丰富的岩土工程师或地质学家的监督下进行。现场工程师或地质学家维持日常打钻记录,录入土样和岩心。记录通常采用土壤描述术语和标准统一土壤分类法:对土样和岩心做标记,选择合适的容器对其进行密封、储藏,再将其送至实验室进行试验。

现场测试。在对土壤岩土力学性质有所要求的情况下,应实行基于劈管采样或原位钻孔测试的现场试验,以确定渗透系数、抗剪强度等参数。不过,之于场地特性中的环境目的,此类试验并不常用。对于环境场地特性而言,通常进行土壤分类和渗透系数试验。但是,需要以工程需求为基础鉴别具体项目测试要求。

地质调查。使用测量仪器如GPS等,对每个钻孔的位置和地面高程进行勘测。

钻孔取舍。根据执行标准,尚未转化成测压管或者监测井的钻孔应该被舍去。通常用膨润土浆对钻孔从底部至地表进行灌注,谨慎准备钻孔舍弃的凭证,因为用不恰当方法舍弃的钻孔将会成为污染转移的潜路径。

实验室试验。对土壤样品和岩石样品进行实验室试验,是为了确定物理性质,有助于描述现场不同地质单元的特征。样品的常见实验室试验通常包括含水率试验、界限含水量试验、粒径分析、比重、容重、渗透系数测试、阳离子交换能力测试以及有机质含量测试。此外,还需要土壤矿物学参数的测定。

(2)地球物理方法

当调查大型场地时,使用地球物理方法确定现场地质在降低成本方面是很有效的。这些方法用于初期调查阶段并提供直接方法的验证结果。但是,对地球物理测试数据的解释说明比较困难而且要求极高的专业性。根据钻探方法和地面物探方法这两类,可对地球物理方法进行分组。

① 钻探方法

使用钻探方法时,用链子把探针降至钻孔内。探针将信号传回地表仪,地表仪能生成记录和图表,被测参数随深度变化而做相应变化。然后把参数与该地区地质层组的类型相关联。钻探方法分三类:一是电磁法,用于测流体和围岩的电阻率和传导率;二是核方法,使用天然或人工放射线源以及辐射探测器描述岩石和流体性质;三是声波/地震波法,用于测震源的地下岩石弹性反应。以钻孔(下套管或裸眼)的类型、钻孔内部是被液体填筑还是干燥为依据选择对应类型的方法。例如,大多数电法勘探就要求裸眼、钻孔内部由钻孔浆液或者水填充。以自然电位、单电机电阻或电位电极的形式生成记录。用于地层释义的有天然 γ 射线、中子流、测径仪、渗流强度、地温以及声速。

② 地面物探方法

该方法不需要钻孔,最普遍使用的物探技术包括电法、地震波法、电磁法和使用透地雷达。

电法测量(电阻率测量):电法测量使用已知电阻率的土样来确定材料类型、含水率以及土壤孔隙率。在此过程中,土壤充当循环的组分。典型的器械包括两根电极棒,用于在现有许可下监测土壤电压差。

地震波法测量:地震波法测量利用能量、动量来确定土壤性质,通过测量波速考察对地表造成的影响。使用遥感设备监测合成波,例如放置在距离影响源不同距离的地震检波器,通过分析冲击波到达遥感设备的不同时间段,确定土壤性质。

电磁法测量:电磁法测量通过发射天线将电磁场引入地下。在不同的位点设置接收天线可测量磁场强度。电磁传导率是确定土壤性质的最好诠释,也可以用于鉴别地下物质,例如金属鼓。电磁法仅需一个人就能完成全部操作。

透地雷达:利用射频微波穿透土壤,识别带有不同电性的土层。孔隙度和含水量引起的地质变化决定了返还的信号。该方法用于确定土壤性质,以及对地表资源或危害的鉴别。

(3) 驱动法

最常用的驱动方法是锥形贯入法。使用该方法时,将锥形器械推入土壤,测量液压和抗浸透性。简图见图 2.14。传感器能将电子数据转化成采集系统,通过传感器就能测量出抗浸透性。在获得最初的场地特性中,锥形贯入法很有用。圆锥贯入土壤特性必须与同一场地由打钻或采样数据得到的性质进行校准。

环境专家通常使用其他直接推入法来代替锥形贯入法,例如地电探测仪土壤取样系统。直接推进法把锤击撞锤、静态车重结合油缸使得推进工具能够向深处推进。直接推进法省时、经济,可提供具有代表性的土样,能够最大限度降低废物产量和辐射危害。许多管理机构允许使用直接推进法对受污染的场地进行描述和监测。

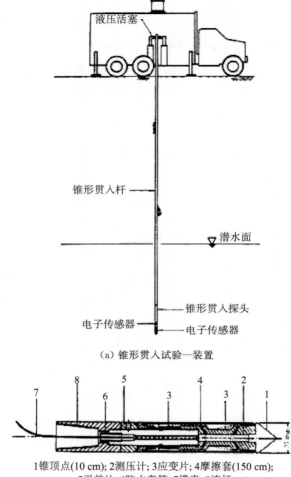

（a）锥形贯入试验—装置

1锥顶点(10 cm); 2测压计; 3应变片; 4摩擦套(150 cm);
5平差计; 6防水套管; 7缆索; 8连杆

（b）电动摩擦锥形贯入尖

图 2.14 锥形贯入法

2.5.2 水文地质资料获得方法

水文地质资料对于确定场地的地下水流条件,包括流速和流向,都是至关重要的。地质层组和水利坡降的水力特性是组成水文地质资料不可缺的部分。水力特性最重要的是渗透系数(或透水率)和给水度(或储水系数)。通过嵌套测压管和在特定位置的监测井测出的水准面,能用于垂直防线水力梯度的计算。对于水平向水力梯度的测量而言,要求使用测压管或监测井对同一场地的不同方位进行测量。

获得水文地质资料的方法可以分为直接获取法和驱动法两类。直接获取法涉及测压管或监测井的构建以及试验的执行;驱动法则涉及在所选位置处通过打钻或者进入地下的设备进行一次取样和试验。

（1）直接获取法

直接获取法必不可少的内容，是测压管和监测井的构建和开发，以及不同时间段内水准面的量测。使用测压管或者监测井即可执行现场试验，以确定地质层组的渗透系数。

① 测压管和监测井

测压管和监测井用于对地质层组的监测。通常说来，测压管用于量测水准面，进行渗透系数测定试验。除此之外，监测井还用于采集地下水样以确定化学组成和浓度（地下水质）。监测井由化学腐蚀性材料如不锈钢或聚四氟乙烯建造而成，因此，建监测井需要非常谨慎。必须采取严格的净化程序阻止交叉污染等问题。为保证安全的钻孔环境、最大限度降低潜在的污染暴露，安装程序必须遵照准则和规则。

施工程序：测压管简图见图 2.15。使用空心式螺杆钻机在所需深度打钻时开始安装测压管。完成打钻后，移走钻杆，钻机上拔 1 英尺，使用加权记录法来确定已完成的深度，检查孔壁崩塌。然后用石英砂充填位于钻机下 1 英尺的环形空间；如果有现成的水，那么安置就有足够的时间。5～10 英尺长的长孔滤管与无缝钢管连接，降至钻孔内。降低时需要在地面以上立管段预留 2～3 英尺。移走钻机及

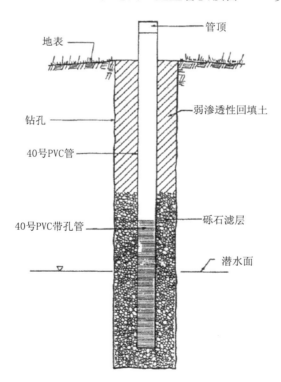

图 2.15　常用测压管埋没示意图

石英砂填充环形空间是持续的过程,直到石英砂的水准面接近水井过滤器段以上1英尺才停止。在铺好砂质反滤层后,在其上铺置蒙脱石颗粒形成2~3英尺厚的密封墙。以和石英砂相同的方式填充颗粒,颗粒可在20分钟左右成为水合物。钻孔的剩余空间由水泥浆填充,水泥浆由导管法浇注维科水泥或波特兰水泥而成。

确定测压管放置的重要因素包括位置、深度和使用材料的选择。位置的选择应该容易获得并且分布在整个场地。显示深度必须以被监测地质层组的选择为基础。用于建构的材料,其选择必须基于土壤条件、潜在污染物的属性和整体成本效益。测压管的施工多采用PVC管道。

监测井示意图见图2.16。监测井的施工过程类似于测压管的施工。一般而言,监测井采用不锈钢或塑料作为施工材料。使用之前对钻孔和取样设备进行净化能够阻止交叉污染的发生。为了使用安全,所有的监测井都必须用钢板加盖并上锁。

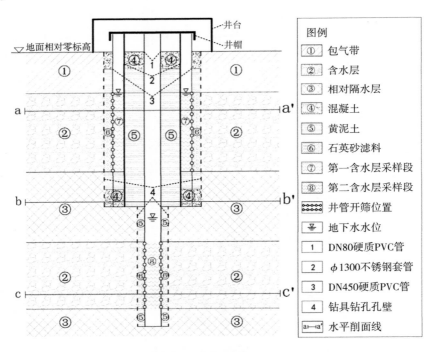

图2.16 一种分层采样的监测井设计

当需要不同地质层组的水准面来计算垂直水力梯度时,应当要建造如图2.17所描绘的密集测压管或监测井。测压管或监测井被建在相同的钻孔内或者相邻的不同钻孔(一般两个钻孔距离在10英尺内)内。在不同地质层组的所选深度下,应该独立显示每一个测压管和监测井。

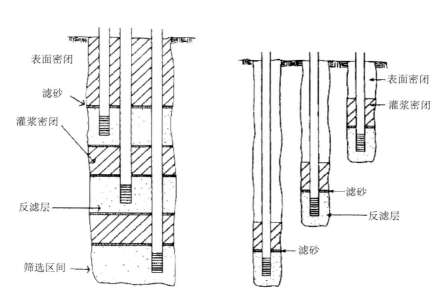

（a）单钻孔多口井　　　　　　　　（b）多钻孔嵌套井

图 2.17　密集测压管或监测井

建造程序：由于过多的沉淀物可能进入，测压管或监测井的安装后情况一般不反映现场情况。地下水也可能发生物理化学变化。为得到具有代表性的地下水样，在建造过程中要对测压管或监测井的位置进行修正。

在测压管或监测井的建造过程中，首先要消除来自套管和境内进水口附近地质层组周围的多余沉积。如图 2.18 所示为不同的建造程序。根据测压管或监测

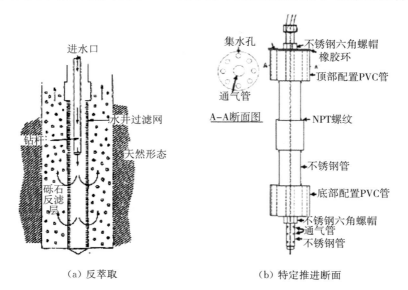

（a）反萃取　　　　　　　　（b）特定推进断面

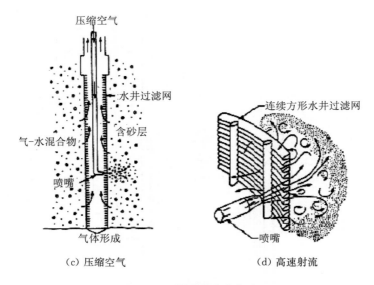

图 2.18 监测井建造方法

井的安装位置处地质层组的特征,使用特定的程序。通常由装在钻头处的泵抽水完成对临近水井过滤器的组成材料的清洁,也可以用净化过的不锈钢水瓢抽水。直至达到稳定状态,才停止建造过程。稳定状态通常由萃取水的 pH 值、渗透系数以及温度推导而得。

水准面量测:量测测压管和监测井内水准面,以确定某一场地的地下水流向和坡降。通常使用加权法、电子水位探针指示器或是压力传感器,测量从套管顶部开始的水深。电子水位探针指示器更多地用于水准面量测。图 2.19 所示为水位量测方法。

使用电子水位探针指示器时,探针应当缓缓下放到井里,至发出亮光或蜂鸣器发出响声。重复数次该程序,直至能确定水准面的精确数据。然后记录水准面数据,一般精确到 0.01 英尺。对于水准面量测的精确参考面(如套管顶部)应当清楚地记录,也要使用电子水位探针指示器或者不锈钢卷尺量测井底深度。如果能在一天内完成所有水准面量测,则为最佳。倘若需要在不同的监测井里进行水准面量测,那么完成一个监测井的量测后,必须净化水位探针指示器及其缆索。

在汽油泄漏处,可能存在不相溶的有机液体或碳氢化合物,这些液体漂浮在地下水表面。要计算出正确的水准面,必须用界面探头测出碳氢化合物悬浮层的厚度。应谨慎地将界面探头深入井中,至探头发出远程信号时终止动作。远程信号一方面预示着探针已进入有机溶液,另一方面也预示着探针已到达水面。在提升和下放探针时都要很谨慎,以便能确定出目前的液相混溶层。

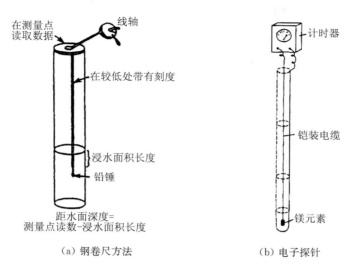

（a）钢卷尺方法　　　　　（b）电子探针

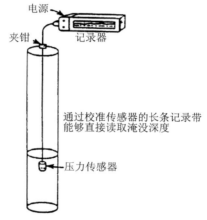

（c）压力传感器

图 2.19　水位量测方法

　　现场渗透系数试验。确定地质层组的渗透系数一般有三类试验：钻孔压水试验、冲击试验、抽水试验。回转法打眼期间在岩芯孔内进行钻孔压水试验，以确定岩层的渗透系数，使用测压管或监测井进行冲击试验和抽水试验，确定土壤渗透系数。在该部分将描述试验程序和数据分析方法。

　　② 钻孔压水试验

　　钻孔压水试验也叫耐压试验，该试验在钻孔里进行以确定岩层的渗透系数。试验情况简图见图 2.20。用 NX 膨胀型封隔装置做试验，对于每一次试验，在氮气压力下给每个填塞器充气，使得部分钻孔被液压隔离。也可能需要做单堵塞器试验和双堵塞器试验。单堵塞器试验使用一个填塞器封堵钻孔，以便能够测试压实器以下至钻孔底部之间的间距,接下来通过填塞器用管道将水注入位于填塞器和钻孔底部之间区域。双堵塞器试验则使用两个填塞器将特定长度的测试区域隔离起来,两个填塞器由穿孔的导管分开,该导管使得水能够注入填塞器之间的区域。

试验方法。钻孔压水试验一般由以下步骤组成:

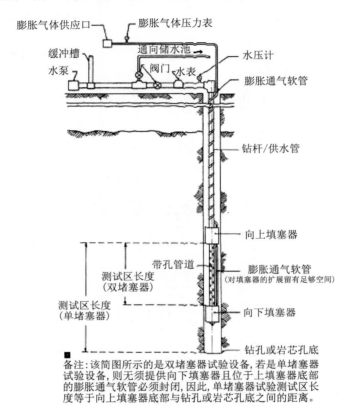

图 2.20　压力试验示意图

a. 测量静水位,记录试验配置细节。准备试验模型。

b. 用包有铁氟龙胶带的钻杆接头连接钻杆,以防渗漏。

c. 确定双堵塞器下的最大允许充填压力。

d. 连接填塞装置,将其连接到预定长度的钻杆上,并降低至钻孔内。

e. 向填塞器内充气。监测氮气压力表的波动情况,防止氮气泄露或者压裂岩石。

f. 在要求的压力(灌注压力)下用泵将水通过钻杆送入测试区中。监测安装在弦上的压力表,防止压力损失,压力损失意味着测试区内密封不良。

g. 测流量。其量测通过速度和时间的关系使用固定在地面仪器上的水量计。

h. 根据不同的灌注压力重复步骤 6)和步骤 7)。

　　起初,在常压下对每一个试验区进行试验,然后在一两个步骤中逐渐增大测试压力。如果观测到有大量流体进入试验区域内,那么在该阶段应该要加大测试压力。逐级测试的目的,是为了评估逐渐增大压力对计算渗透系数的影响。

　　微水试验。微水试验也叫冲击试验,因为微水试验简单、经济、有一定的精确度,在很短的时间内能被多次重复,因此常做微水试验。微水试验包括取代井内水的塞的出入,以及直至达到平衡状态时排水量与时间之间关系的量测。冲击棒一般由密封良好的柱状 PVC 管或充填有砂的不锈钢管制成。另一种方法涉及由引入水[如图 2.21(a)]或引入空气[如图 2.21(b)]造成的井内出事排水量。此后分析数据计算渗透系数。

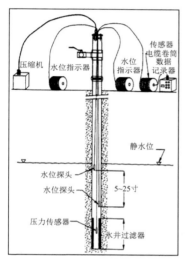

（a）注水微水试验设备

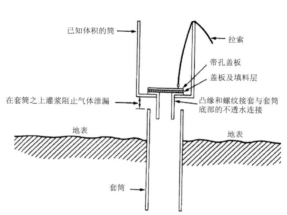

（b）气动上升头微水试验设备安装

图 2.21　微水试验

　　试验方法。冲击试验的试验设备包括:冲击棒;水位指示器;压力传感器;数据记录器;便携式计算机。对于弱渗透性土壤而言,排水量很缓慢,排水量比时间的数据通过水位指示器获得。但是,对于中高渗透性土壤而言,排水量比时间的数据只需要通过压力传感器和数据记录器就能得到精确测量,所得到的数据直接连接到电脑进行数据处理。冲击试验通常包括以下步骤:

　　a. 打开井孔。

　　b. 用水位指示器量测套管顶部到水面的距离。

　　c. 将压力传感器插入水面以下 10 英尺,避免因为与随后插入的冲击棒连接造成的损坏。压力传感器与水面的距离需要足够接近,以提供较准确的水位量测值。固定好传感器及其拉索,以便压力传感器能固定在要求的位置。

d. 连接压力传感器与数据记录器,编制数据记录器的水位信息和传感器校正常数的程序。

e. 测量冲击棒及其拉索的长度,以保证冲击棒能完全浸没于水中,且当其插入井中时位于传感器上方。

f. 插入冲击棒,同时开始记录数据,以采集水位信息。

g. 在水位达到平衡状态以后,从井中拔出冲击棒,同时,用数据记录器记录数据。

h. 重复以上试验步骤,重复确认。

i. 将数据导入计算机,用于存储和分析。

数据分析过程。沃斯列夫方法(1951年)、库珀方法(1967年)、鲍尔-莱斯方法(1976年)或鲍尔方法(1989年),均可用于通过求井内水位上升或下降与时间的关系确定渗透系数。

③ 抽水试验。抽水试验用于确定含水层的渗透系数。抽水试验由在已知速率下抽水和测量抽水井以及附近一两个观测井的水位下降值两部分组成(如图2.22所示)。至抽水井和每个观测井内达到平衡状态,停止抽水,达到平衡状态瞬间切断泵的电源。水位测量应该在抽水井和观测井内进行,且需要在特定的时段即抽水和试验恢复阶段期间进行。测量水位使用加权法、电子水位指示器、商业适用数据指示器和压力传感器进行量测。商业适用数据指示器有多种类型,它能在试验期间同时监测所有井内的水位。

在抽水试验之前,需要对含水层的渗透系数作初步评估,简单分析估计抽水速率、抽水井的影响范围以及抽水井和监测井的水位下降情况,然后再安装抽水井和监测井。假如在抽水试验期间要用到监测井和供水井,则需要净化所有安置于井内的设备。建立和运作抽水试验的现场工作人员应该对试验的基本目的和操作有所了解。

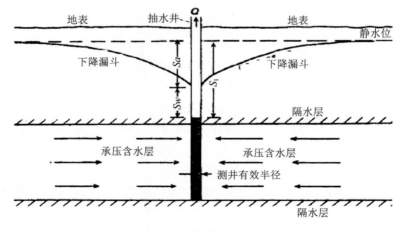

(a) 单井试验

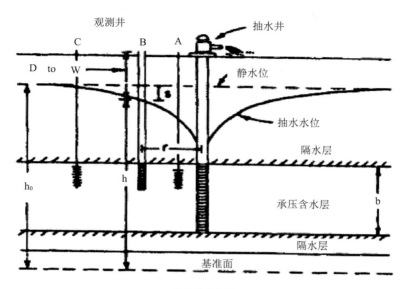

（b）复合井试

图 2.22　抽水试验

试验方法。主要的抽水试验方法包括以下步骤：

a. 必须关闭在预计影响区内或者观测井内的所有抽水泵，直至水位达到静态平衡条件。

b. 在开始证实试验达到平衡状态之前，先测量抽水井和观测井内的静止水位。

c. 测量所有至井底的深度。于是可以计算得到每个井内水的体积。

d. 在抽水井内安装潜水泵。

e. 把压力传感器安装在抽水井和观测井内在静水位以下的预选深度。压力传感器安装在井内预计水位下降以下，保证在试验期间传感器完全浸没在水面以下。传感器必须与数据记录器连接。

f. 将水位测量值录入数据记录器，编制程序，使得在频繁的时间间隔内采集水位数据值。

g. 重测井内水位，使其能与静水位保持一致。

h. 开始抽水，同时启动数据记录器记录水位值。

i. 计算流速。流速的计算如下：通过量测出在已知时间间隔内所抽出水的体积，定期检查核对是否抽出的水为连续流态。

j. 在所要求的时间内（通常为 24 小时）抽水完毕后，关闭抽水泵，在数据记录器下立即开始进行水位恢复。

k. 水位到达初始静水位或水位没有太大变动以后，就可认为试验完成。从井中撤离抽水泵和传感器。

抽水试验有一系列步骤。在每个步骤中,抽水泵应该保持恒定的排水量直至观测到所有观测井都达到平衡状态。在下一个步骤,要增大抽水泵的排水量,达到新的平衡状态后停止采集数据。在实验过程中,这些步骤应该重复进行。

数据分析过程。进行抽水试验数据分析确定含水层渗透系数,有很多适用的方法。对于承压含水层而言,通常使用泰斯法、库珀-雅各布法、帕帕多普洛斯-库珀法、泰斯恢复法。在各种数据分析方法中做出过很多假定,这些假定包括:

a. 含水层是等厚度无限大区域;b. 含水层是均质、各向同性的;c. 含水层无完全密闭;d. 含水层电位表面起初是水平的;e. 井完全贯穿含水层;f. 抽水速率恒定;g. 流向是水平的,在非稳定流态下(起初抽水时的流态)基本沿着抽水井抽水方向;h. 忽略井的储能效应;i. 水从储能态瞬间排出。

通常泰斯法和库珀-雅各布法使用较多。对于承压含水层的抽水试验,则将纽曼曲线与上述过程结合使用。

（2）驱动法

为评价水文地质情况,测压管和监测井的安装可以用驱动方式来替换。在这些方法中,使用液压机构或锤击机构能使得锥形设备贯入土壤层中所需深度。此后通过操控设备能够获得地下水样以及进行渗透系数试验。近几年来,被标准化的直接推进法广泛用于监测井的安装。小口径直接推进安装井以及地下水样也可用于测定土壤渗透系数。如前所述,直接推进法简单、节省时间和成本,最大程度地降低了废弃物产生以及辐射危害。因此,这些方法在受污染地区较为常用。

一般而言,较为常用的驱动方法有两种类型,即液压钻孔法和 BAT(Bengt-Awe Torstonscon)法。如图 2.23 所示,液压钻机由支架和水井滤网组成。把液压钻机推进或敲进地下,在达到所需深度之前滤网都必须受到支架的保护。到达所需深度时,将整个机构向上提升 1.5 英尺,此时,在静水压力作用下,滤网被水充填。洞室被填满的同时将液压钻机提升至地表,并把样品转移至取样瓶内。

如图 2.24 所示,BAT 装置是一种带多孔过滤器的锥形装置。该装置备有如下两种类型的探针之一:一种是带外露过滤器的探针,另一种是带屏蔽过滤器的探针。无论何种情况,较之液压打钻法,对现场静水压力条件下采集密闭样品的过程中,BAT 法具有明显的优势。BAT 法通过钻杆插入排空的试管与双头针的一端连接来实现,双头针的另一端则安装在多孔过滤器上。足够的取样时间之后,撤出试管,并将其储藏到冷藏柜中。BAT 法也可用于测定潜水位的深度和土壤水平向水力梯度,以及进行示踪试验。而在透度计的驱动下可将 BAT 探针贯入地下。

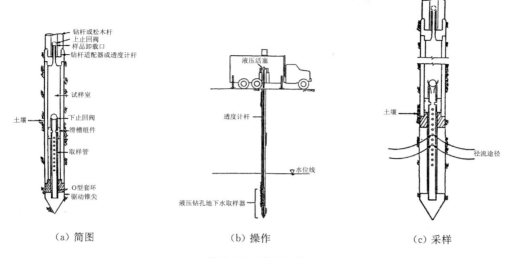

（a）简图　　　　　　（b）操作　　　　　　（c）采样

图 2.23　液压打钻

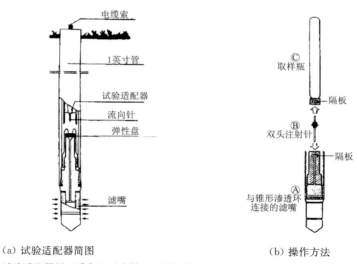

（a）试验适配器简图　　　　　　（b）操作方法

试验适配器用于采集地下水样和天然气样品

图 2.24　BAT 系统

BAT 法的局限是，在土壤含大规模砂砾石或粗砾石的地区，BAT 设备无法深入土壤。而在要得到相对较小的取样（35 mL 左右）条件下，BAT 法也受到限制。研究表明，与在监测井内使用蠕动泵做比较，使用 BAT 法提高了获得挥发性有机物样品的质量。蠕动泵可能使得挥发性有机物从液态转换为气态。但是，这并不就意味着 BAT 法能够取代监测井的长期监测能力。

2.5.3 获得化学数据的方法

对常规的岩土场地特征的研究随着对场地地质和水文地质特征的研究达到顶峰。然而,在处理受污染的场地时,也必须对污染类型和污染范围的额外特征进行处理。为此,要对渗流区和饱水带的土壤和地下水进行试验以确定其化学组成。采集、试验土样和地下水样便于描绘出受污染水平向和垂直向位置。尽管该方法不常用,在某些工程现场中,也会要求在渗流区内采集土壤水分样品和壤中气体样品。

为了描述场地污染,在对土样和地下水样的采集和处理时需要非常谨慎,必须执行严格的质量保证和质量控制协议。除此之外,对所获得的取样进行测试时,必须使用分析试验认证的标准化学分析方法。

取样过程。该部分也将提及对于在监测井中采集地下水样的方法。进行地下水采样的常用方法见表 2.1,样品数量和保存方法取决于进行分析的类型。取样之前,先测量水面深度,并计算井内水的体积。撤离最小体积的三套管,抽干井内的水或使其自动干燥。如图 2.25 和图 2.26 所示为常用的两种类型的泵——气囊泵和潜水泵。使用气囊泵时,气囊泵必须由不锈钢或塑料制成。取样时应记录水的物理表征,包括颜色、含沙量和气味等,也要测量水的 pH 值、电导率和水温。水力条件稳定时在处理过的容器内采集样品,并用冰贮藏以运送至实验室。

净化程序。所有接触到土壤样品的设备在使用之前和两个取样点之间都必须清洗。土壤取样设备的清洗,是通过在设备内外表面直接用高压热洗涤液冲洗设备内外表面来完成。之后,高压喷雾剂可用于配置 50/50 的丙酮-蒸馏水混合液。通过直接高压热洗涤液冲洗并晾干设备使得混合液得到漂洗。

所有含有地下水的设备(包括水位指示器、提水筒、漏斗等),必须使用去污剂或类似溶液清洗,然后用蒸馏水或去离子水漂洗。漂洗之后,配置丙酮-蒸馏水混合溶液。最后,在蒸馏水中漂洗混合溶液。或者,也可以利用每一口监测井内的专用泵或提水筒阻止交叉污染的发生。

诸如 pH 计、电导计、温度计等脆性设备应该在放样测量之间频繁漂洗。

质保/质控取样。实地方案必须包含现场土壤和地下水取样的质保/质控程序。该方案包括现场坯料和运送坯料。现场空白指的是靠在清洗后的采样设备(提水筒、泵、钻机、铲子等)下对游离态分析物去离子水进行试验得到的样品,然后将其置于合适的样品取样容器内用于分析。现场坯料用于确定净化程序是否充分。土壤现场坯料也称作残余样品。运送坯料则在实际样品采样器采样之前就已准备好,并贯穿于整个样品调查阶段。然后将运送坯料和其余样品打包装运送至分析处。一切就绪后,在到达实验室之前绝对不能打开样品取样器。

每种样品都有特定的质保/质控样品的采集频率。在工作任务中会提到,该频率必须以采样的估计数目为基础。质保/质控的采样可根据所采集样品的实际数量进行调整。用以下准则确定采集质保/质控样品的数目:对于土样而言,现场坯料应按照调查样品:现场坯料=20:1的比例进行;土样不需要运送坯料。对于地下水样而言,现场坯料同样按照调查样品:现场坯料=20:1的比例进行,地下水样的运送坯料则应按照调查样品:现场坯料=25:1的比例进行。

表 2.1　地下水样采集一般流程

步骤	操作程序	必测内容	备注
测井检查		水位测量	水位测量误差±0.3 cm (±0.01 ft)
测井清洗		代表水评估	至少连续两次测量所抽水体积时,井的清洗参数(pH,T,Ω,Eh)稳定在±10%
		典型水样评估验证	
样品采集		合理采样机制最少的样品处理上部游离采样	对挥发性有机物和气敏参数而言,泵排量须限制在 100 mL/min 以内
			过滤:微量金属离子,无机阴阳离子,碱性
		最小通气量或最小压强	不过滤:TOC,TOX,挥发性有机混合物样,其余有机混合物在需要时再过滤
保存现场坯料标准		现场测定下的最小空气接触量	在所有可能条件下,需要分析样品的含气量、酸碱度及 pH 值
		充分洗涤避免污染	在当天的采样中至少要包含一种坯料或一种敏感性参数,对于好的质保/质控,推荐使用加料样品
		储藏态最小空气接触量	根据有关部门推荐,观测最多数量的保持或储藏的样品。认真做好实际保存时期的文件记录
储藏、运输		分析前样品完整性最低损失	

备注:样品是否需要过滤确定其可溶性成分。应该在现场滤料和水泵压力或液氨压力方法下完成过滤结构。可溶气体和挥发性物质不能参与过滤。在测井建造过程中不允许产生浊样,而且该过程容易引起偏差。切开样品必须与过滤前标准结合。要确定两种类型下的恢复情况,切开的样品和常规样品都需要分析。

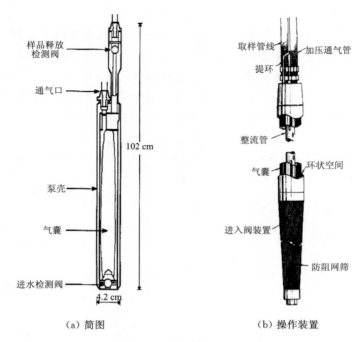

（a）简图 （b）操作装置

图 2.25 气囊泵

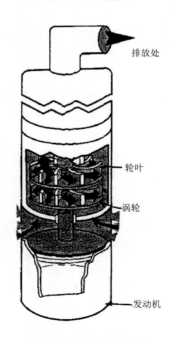

图 2.26 潜水式离心泵

链式保管程序。用于分析的样品应被置于密闭冷藏器中。每个冷藏器上要贴上编过号的密封条。正确形成链式保管体制必须与样品相结合。链式保管体制必须至少包括下列信息：测井编号和取样位置编号、采样者姓名、集装箱内所有采样瓶和采样容器的详细清单、打开样品箱的时间和日期、样品更换时间和日期的完整记录。大部分合同式实验室对取样瓶或样品箱提供自己的链式保管体制。

化学分析方法。根据适用试验方法给出的试验程序，进行土样和地下水样的实验室试验程序。例如，便携式气相色谱法通常用于评估现场有机化合物的组成。其他特定的测试方法用于确定特定的化学物当前浓度或确定表征污染物存在证据的指标参数。

2.5.4 数据分析和评估

用适当的形式收集地质资料、水文资料和化学数据，然后用这些资料来确定污染范围。

（1）地质资料。为每一个钻孔或采样点准备详细的记录。记录应该包含对位置、钻孔方式、取样方式、所处地层的描述，以及所有可用的实验室试验和现场试验结论。常见钻孔记录见图 2.27，钻井位置用于沿着所选位置绘制土壤剖面图，确定底层变化（如图 2.28 所示）。对于每个地质单元而言，需要准备评估包含整个工程现场的地质单元顶部和底部的等高线图（例图见图 2.29）。此外，还要准备所选地质单元厚度的等值线图即等厚线图（例图见图 2.30）。这些数据有助于描述所处场地的不同地质单元。

（2）水力资料。准备好测压管和监测井位置的概要和其竣工图。合理分析现场渗透系数试验结果，计算不同地质单元的水力特性。基于所得水力特性，将地质单元定义为含水层、半隔水层和滞水层。以水位测量为基础，含水层进一步可分为承压含水层和无压含水层，在每个地质层组内同时进行的水位测量应该被标记以绘制等势面图和水位线图（如图 2.31）。这些图能够定义出水平流向，通过这些图能够计算出水平向水力梯度；在不同地层相同位置的嵌套或复合井内水位测量，能够计算出两个地质单元之间的垂直向水力梯度。一般而言，地下水流速的计算使用达西定律：流速＝（渗透系数×水力梯度）÷有效孔隙率。有效孔隙率由土质试验结果评估或基于常用文献假定。

（3）化学数据。对于化学数据的分析，首先必须评价以紧接的质保/质控程序为基础的数据正确性。土壤和地下水的化学数据用于确定化合物浓度的背景值水平，确定污染面积的界限。通过数据分析可确定背景值浓度，还能确定场地土壤适用考察标准。最后，将化学数据分析的结果绘制成侧面图，并以场地等值线图的形式绘制受污染区域的三维图像，见图 2.32。

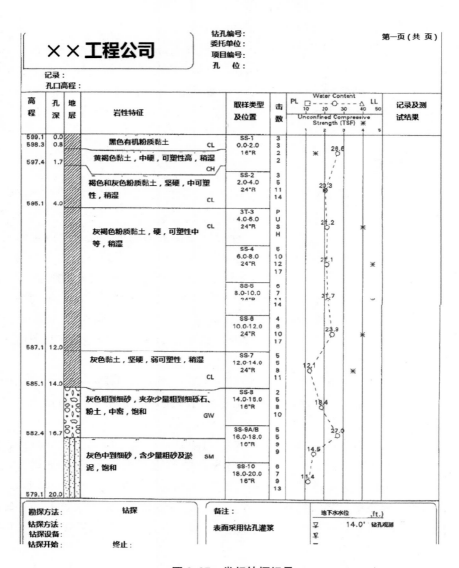

图 2.27　常规钻探记录

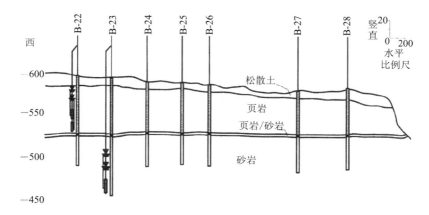

图 2.28　典型的场地钻孔地质剖面图

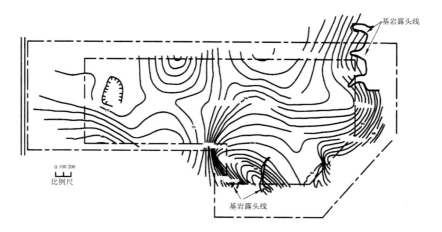

图 2.29　典型的地层等高线

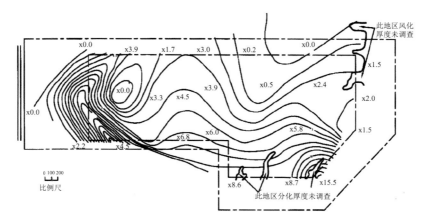

图 2.30　选定场地的土层或岩石层等厚度图

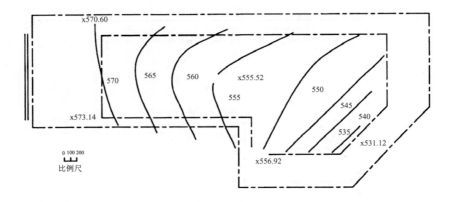

图 2.31　典型的场地含水层等势面图

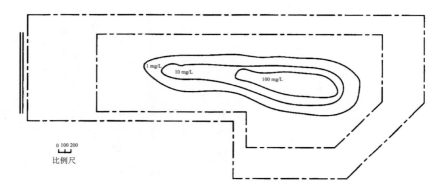

图 2.32　典型地下水污染物(苯)分布图

（4）报告准备。审查全部地质资料、水力资料和污染数据以确认其一致性。当地地质资料有助于确认现场地质特征和当地资源数据是否预示着与现场水文地质的一致性。完成场地特性程序后,编写调查过程和结果,准备项目报告,报告中应包含安全健康计划和质保/质控计划。

2.6　场地特征快速鉴定

关于常规场地特征鉴定和快速场地特征鉴定的对比见表 2.2。一个涵盖地质、水文、化学系统的多学科专家组成的小组在施工现场能够实行"动态"的工作计划,灵活、负责地选择鉴定的方法和测量位置,从而达到优化数据收集的目的。其中包括:(1)通过深入汇编、质量评价和独立解释先期数据建立一个初步场地概念模型;(2)通过采用多种互补的现场地质和水文调查方法,快速收集和解释数据,做到严格的质量控制数据收集;对日常现场决策进行数据分析与解释,然后用这些数据进行暴露评估和风险评估,并依据搜集的数据采取相应行动。

表 2.2　常规场地特征鉴定和快速场地特征鉴定对比

对比项	常规鉴定	快速鉴定
1. 项目工期	时间较长:多项工作动员消耗和不同地点数据汇编和分析时间间隔	时间短:协调动员较少,现场分析和归档数据,可靠的监管和社会认可度
2. 项目领导	项目负责人远离现场,技术员在现场	项目负责人随同富有经验的多学科团队在现场
3. 前期数据的使用	通常只进行审查,但不进行仔细评估或分析	仔细编制、质量评估、分析和解释作为场地开发初步概念模型的一部分
4. 技术方法	各个阶段不同学科数据采集和分析解释上往往独立进行	在调查的所有阶段,数据的收集、汇总、分析和解释同时进行
5. 实地调查的方法	通常不通过互补的方法进行证实,而侧重于监测井的安装	使用多个互补的方法,重视使用无创和微创调查方法
6. 工作计划	通常在全面动员之前制定场地表征和抽样计划,并且在动员过程中不进行修改(若使用 DQO,则可能会修改) 对于化学取样和分析的 QA/QC 计划通常不用于其他表征工作 数据管理计划通常不是正式工作计划的一部分 社区关系计划通常不是工作计划的一部分	采用动态的技术方法,能够通过数据,指导调查的类型、测量和取样的位置 QA/QC 计划可用于现场数据采集和处理的各个方面;QA/QC 计划中对各个团队所承担的责任高度重视 数据管理计划是正式工作计划的一部分 社区关系计划是工作计划重要的一部分
7. 动员人数	多次动员,在一个给定的调查阶段,分别有不同小组进行数据分析,但彼此往往交流很少	通常每一个调查阶段(共两个)仅需一次全面的动员,受单核心的技术团队直接控制和参与
8. 数据处理及分析	实地工作之后,数据的分析和解释通常需要几周甚至几个月,计算机通常不使用于数据管理和分析领域	在现场进行的数据搜集、解释和存档(数小时至数天)作为动态技术方案的一部分,现场进行数据管理中使用计算机作为数据分析的援助手段

第三章
污染场地的风险评估

在对场地特性进行详尽调查基础上,若已确定了场地中有污染物的存在,则需要进行风险评估。风险评估,即所谓的影响评价,是一项对由已检测到的污染对人类健康和周围生态系统在现在及未来条件下的潜在危险的系统评价。一旦风险评估判定风险是不可接受的,那么必须制定治理措施以解决问题。风险评估的结果将提供合理的治理目标,尽可能地减少潜在风险。

我国自 1989 年开始,先后颁布了《中华人民共和国环境保护法》(1989)、《中华人民共和国固体废物污染环境防治法》(2005)、《中华人民共和国水污染防治法》(2008)、《中华人民共和国土壤污染防治法》(2018)、《场地环境调查技术导则》(HJ 25.1—2014)、《污染场地风险评估技术导则》(HJ 25.3—2014)和《污染场地土壤修复技术导则》(HJ 25.4—2014)等一系列法律法规及行业标准。

3.1 污染场地风险评估技术导则

为了贯彻《中华人民共和国环境保护法》,保护生态环境,保护人体健康,加强污染场地环境保护监督管理,原环保部于 2014 年发布了《污染场地风险评估技术导则》(HJ 25.3—2014),规范了污染场地人体健康风险评估的原则、内容、程序、方法和技术要求。

污染场地风险评估工作内容包括危害识别、暴露评估、毒性评估、风险表征,以及土壤和地下水风险控制值的计算。图 3.1 显示了污染场地健康风险评估程序。

3.1.1 危害识别

收集环境调查阶段获得的场地相关资料和数据,掌握场地土壤和地下水中关注污染物的浓度分布,明确规划土地利用方式,分析可能的敏感受体,如儿童、成人、地下水体等。

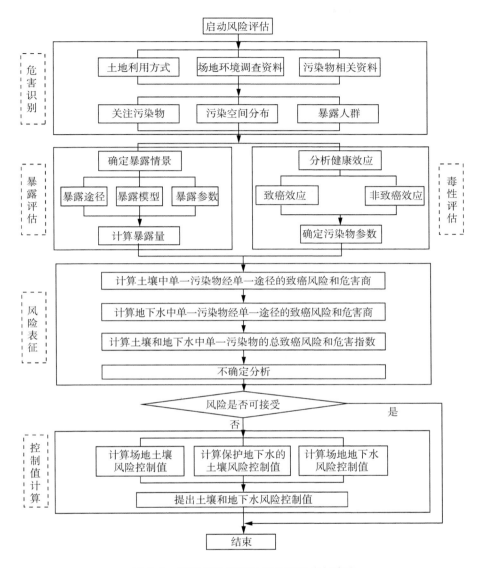

图 3.1 污染场地健康风险评估程序与内容

（1）收集相关资料

对场地进行环境调查及污染识别，获得以下信息：

① 较为详尽的场地相关资料及历史信息；

② 场地土壤和地下水等样品中污染物的浓度数据；

③ 场地土壤的理化性质分析数据；

④ 场地（所在地）气候、水文、地质特征信息和数据；

⑤ 场地及周边地块土地利用方式、敏感人群及建筑物等相关信息。

（2）确定关注污染物

根据场地环境调查和监测结果，将对人群等敏感受体具有潜在风险、需要进行风险评估的污染物，确定为关注污染物。

3.1.2　暴露评估

在危害识别的基础上，分析场地内关注污染物迁移和危害敏感受体的可能性，确定场地土壤和地下水污染物的主要暴露途径和暴露评估模型，确定评估模型多数取值，计算敏感人群对土壤和地下水中污染物的暴露量。

（1）分析暴露情景

① 暴露情景是指特定土地利用方式下，场地污染物经由不同暴露路径迁移和到达受体人群的情况。根据不同土地利用方式下人群的活动模式，本标准规定了两类典型用地方式下的暴露情景，即以住宅用地为代表的敏感用地（简称"敏感用地"）和以工业用地为代表的非敏感用地（简称"非敏感用地"）的暴露情景。

② 敏感用地方式下，儿童和成人均可能会长时间暴露于场地污染而产生健康危害。对于致癌效应，考虑人群的终生暴露危害，一般根据儿童期和成人期的暴露来评估污染物的终生致癌风险；对于非致癌效应，儿童体重较轻、暴露量较高，一般根据儿童期暴露来评估污染物的非致癌危害效应。

敏感用地方式包括《城市用地分类与规划建设用地标准》（GB 50137—2011）规定的城市建设用地中的居住用地（R）、文化设施用地（A2）、中小学用地（A33）、社会福利设施用地（A6）中的孤儿院等。

③ 非敏感用地方式下，成人的暴露期长、暴露频率高，一般根据成人期的暴露来评估污染物的致癌风险和非致癌效应。

非敏感用地包括《城市用地分类与规划建设用地标准》（GB 50137—2011）规定的城市建设用地中的工业用地（M）、物流仓储用地（W）、商业服务业设施用地（B）、公用设施用地（U）等。

④ 除上述以外的《城市用地分类与规划建设用地标准》（GB 50137—2011）规定的城市建设用地，应分析特定场地人群暴露的可能性、暴露频率和暴露周期等情况，参照敏感用地或非敏感用地情景进行评估，或构建适合于特定场地的暴露情景进行风险评估。

（2）确定暴露途径

① 对于敏感用地和非敏感用地，本标准规定了 9 种主要暴露途径和暴露评估模型，包括经口摄入土壤、皮肤接触土壤、吸入土壤颗粒物、吸入室外空气中来自表层土壤的气态污染物、吸入室外空气中来自下层土壤的气态污染物、吸入室内空气中来自下层土壤的气态污染物共 6 种土壤污染物暴露途径，和吸入室外空气中来自地下水的气态污染物、吸入室内空气中来自地下水的气态污染物、饮用地下水共

3 种地下水污染物暴露途径。

　　② 特定用地方式下的主要暴露途径应根据实际情况分析确定,暴露评估模型参数应尽可能地根据现场调查获得。场地及周边地区地下水受到污染时,应在风险评估时考虑地下水相关暴露途径。

　　(3) 计算敏感用地土壤和地下水暴露量

　　① 经口摄入土壤途径

　　敏感用地方式下,人群可因经口摄入土壤而暴露于污染土壤。对于单一污染物的致癌和非致癌效应,计算该途径对应土壤暴露量的推荐模型见如下公式:

$$OISER_{ca} = \frac{\left(\dfrac{OSIR_c \times ED_c \times EF_c}{BW_c} + \dfrac{OSIR_a \times ED_a \times EF_a}{BW_a}\right) \times ABS_o}{AT_{ca}} \times 10^{-6}$$

式中:$OISER_{ca}$—经口摄入土壤暴露量(致癌效应),kg 土壤·kg^{-1}体重·d^{-1};

　　$OSIR_c$—儿童每日摄入土壤量,mg·d^{-1};

　　$OSIR_a$—成人每日摄入土壤量,mg·d^{-1};

　　ED_c—儿童暴露期,a;

　　ED_a—成人暴露期,a;

　　EF_c—儿童暴露频率,d·a^{-1};

　　EF_a—成人暴露频率,d·a^{-1};

　　BW_c—儿童体重,kg,

　　BW_a—成人体重,kg,

　　ABS_o—经口摄入吸收效率因子,无量纲;

　　AT_{ca}—致癌效应平均时间,d。

$$OISER_{nc} = \frac{OSIR_c \times ED_c \times EF_c \times ABS_o}{BW_c \times AT_{nc}} \times 10^{-6}$$

式中:$OISER_{nc}$—经口摄入土壤暴露量(非致癌效应),kg 土壤·kg^{-1}体重·d^{-1};

　　AT_{nc}—非致癌效应平均时间,d。

　　② 皮肤接触土壤途径

　　敏感用地方式下,人群可因皮肤接触土壤而暴露于污染土壤。对于单一污染物的致癌和非致癌效应,计算该途径对应土壤暴露量的推荐模型见如下公式:

$$DCSER_{ca} = \frac{SAE_c \times SSAR_c \times EF_c \times ED_c \times E_v \times ABS_d}{BW_c \times AT_{ca}} \times 10^{-6}$$
$$+ \frac{SAE_a \times SSAR_a \times EF_a \times ED_a \times E_v \times ABS_d}{BW_a \times AT_{ca}} \times 10^{-6}$$

式中:$DCSER_{ca}$—皮肤接触途径的土壤暴露量(致癌效应),kg 土壤·kg^{-1}体重·d^{-1}；

SAE_c—儿童暴露皮肤表面积，cm^2；

SAE_a—成人暴露皮肤表面积，cm^2；

$SSAR_c$—儿童皮肤表面土壤黏附系数，$mg \cdot cm^{-2}$；

$SSAR_a$—成人皮肤表面土壤黏附系数，$mg \cdot cm^{-2}$；

ABS_d—皮肤接触吸收效率因子，无量纲；

E_v—每日皮肤接触事件频率，次·d^{-1}。

$$SAE_c = 239 \times H_c^{0.417} \times BW_c^{0.517} \times SER_c$$

$$SAE_a = 239 \times H_a^{0.417} \times BW_a^{0.517} \times SER_a$$

式中：H_c—儿童平均身高，cm；

H_a—成人平均身高，cm；

SER_c—儿童暴露皮肤所占面积比，无量纲；

SER_a—成人暴露皮肤所占面积比，无量纲。

$$DCSER_{nc} = \frac{SAE_c \times SSAR_c \times EF_c \times ED_c \times E_v \times ABS_d}{BW_c \times AT_{nc}} \times 10^{-6}$$

式中：$DCSER_{nc}$—皮肤接触的土壤暴露量（非致癌效应），kg 土壤·kg^{-1} 体重·d^{-1}。

③ 吸入土壤颗粒物途径

敏感用地方式下，人群可因吸入空气中来自土壤的颗粒物而暴露于污染土壤。对于单一污染物的致癌和非致癌效应，计算该途径对应土壤暴露量的推荐模型：

$$PISER_{ca} = \frac{PM_{10} \times DAIR_c \times ED_c \times PIAF \times (fspo \times EFO_c + fspi \times EFI_c)}{BW_a \times AT_{ca}} \times 10^{-6}$$
$$+ \frac{PM_{10} \times DAIR_a \times ED_a \times PIAF \times (fspo \times EFO_a + fspi \times EFI_a)}{BW_a \times AT_{ca}} \times 10^{-6}$$

式中：$PISER_{ca}$—吸入土壤颗粒物的土壤暴露量（致癌效应），kg 土壤·kg^{-1} 体重·d^{-1}；

PM_{10}—空气中可吸入悬浮颗粒物含量，$mg \cdot m^{-3}$；

$DAIR_c$—儿童每日空气呼吸量，$m^3 \cdot d^{-1}$；

$DAIR_a$—成人每日空气呼吸量，$m^3 \cdot d^{-1}$；

$PIAF$—吸入土壤颗粒物在体内滞留比例，无量纲；

$fspo$—室外空气中来自土壤的颗粒物所占比例，无量纲；

$fspi$—室内空气中来自土壤的颗粒物所占比例，无量纲；

EFI_c—儿童的室内暴露频率，$d \cdot a^{-1}$；

EFI_a—成人的室内暴露频率,$d \cdot a^{-1}$;

EFO_c—儿童的室外暴露频率,$d \cdot a^{-1}$;

EFO_a—成人的室外暴露频率,$d \cdot a^{-1}$。

$$PISER_{nc} = \frac{PM_{10} \times DAIR_c \times ED_c \times PIAF \times (fspo \times EFO_c + fspi \times EFI_c)}{BW_c \times AT_{nc}} \times 10^{-6}$$

式中:$PISER_{nc}$—吸入土壤颗粒物的土壤暴露量(非致癌效应),kg 土壤 $\cdot$ kg^{-1} 体重 $\cdot$ d^{-1}。

④ 吸入室外空气中来自表层土壤的气态污染物途径

敏感用地方式下,人群可因吸入室外空气中来自表层土壤的气态污染物而暴露于污染土壤。

⑤ 吸入室外空气中来自下层土壤的气态污染物途径

敏感用地方式下,人群可因吸入室外空气中来自下层土壤的气态污染物而暴露于污染土壤。

⑥ 吸入室内空气中来自下层土壤的气态污染物途径

敏感用地方式下,人群可因吸入室内空气中来自下层土壤的气态污染物而暴露于污染土壤。

⑦ 吸入室外空气中来自地下水的气态污染物途径

敏感用地方式下,人群可因吸入室外空气中来自地下水的气态污染物而暴露于受污染地下水。

⑧ 吸入室内空气中来自地下水的气态污染物途径

敏感用地方式下,人群可因吸入室内空气中来自地下水的气态污染物而暴露于受污染地下水。

⑨ 饮用地下水途径

敏感用地方式下,人群可因饮用地下水而暴露于场地地下水污染物。

(4)计算非敏感用地土壤和地下水暴露量

① 经口摄入土壤途径

非敏感用地方式下,人群可因经口摄入土壤而暴露于污染土壤。

② 皮肤接触土壤途径

非敏感用地方式下,人群可因皮肤直接接触而暴露于污染土壤。

③ 吸入土壤颗粒物途径

非敏感用地方式下,人群可因吸入空气中来自土壤的颗粒物而暴露于污染土壤。

④ 吸入室外空气中来自表层土壤的气态污染物途径

非敏感用地方式下,人群可因吸入室外空气中来自表层土壤的气态污染物而暴露于污染土壤。

⑤ 吸入室外空气中来自下层土壤的气态污染物途径

非敏感用地方式下,人群可因吸入室外空气中来自下层土壤的气态污染物而暴露于污染土壤。

⑥ 吸入室内空气中来自下层土壤的气态污染物途径

非敏感用地方式下,人群可因吸入室内空气中来自下层土壤的气态污染物而暴露于污染土壤。

⑦ 吸入室外空气中来自地下水的气态污染物途径

非敏感用地方式下,人群可因吸入室外空气中来自地下水的气态污染物而暴露于污染地下水。

⑧ 吸入室内空气中来自地下水的气态污染物途径

非敏感用地方式下,人群可因吸入室内空气中来自地下水的气态污染物而暴露于污染地下水。

⑨ 饮用地下水途径

非敏感用地方式下,人群可因饮用地下水而暴露于地下水污染物。

3.1.3 毒性评估

在危害识别的基础上,分析关注污染物对人体健康的危害效应,包括致癌效应和非致癌效应,确定并关注污染物相关的参数,包括参考剂量、参考浓度、致癌斜率因子和呼吸吸入单位致癌因子等。

(1) 分析污染物毒性效应

分析污染物经不同途径对人体健康的危害效应,包括致癌效应、非致癌效应、污染物对人体健康的危害机理和剂量效应关系等。

(2) 确定污染物相关参数

① 致癌效应毒性参数

致癌效应毒性参数包括呼吸吸入单位致癌因子(IUR)、呼吸吸入致癌斜率因子(SFi)、经口摄入致癌斜率因子(SFo)和皮肤接触致癌斜率因子(SFd)。

呼吸吸入致癌斜率因子(SFi)根据呼吸吸入单位致癌因子(IUR)外推获得;皮肤接触致癌斜率因子(SFd)根据经口摄入致癌斜率因子(SFo)外推获得。

② 非致癌效应毒性参数

非致癌效应毒性参数包括呼吸吸入参考浓度(RfC)、呼吸吸入参考剂量($RfDi$)、经口摄入参考剂量($RfDo$)和皮肤接触参考剂量($RfDd$)。

呼吸吸入参考剂量($RfDi$)根据呼吸吸入参考浓度(RfC)外推得到;皮肤接触参考剂量($RfDd$)根据经口摄入参考剂量($RfDo$)外推获得。

③ 污染物的理化性质参数

风险评估所需的污染物理化性质参数包括无量纲亨利常数(H')、空气中扩散系数(Da)、水中扩散系数(Dw)、土壤-有机碳分配系数(Koc)、水中溶解度(S)。

④ 污染物其他相关参数

其他相关参数包括消化道吸收因子($ABSgi$)、皮肤吸收因子($ABSd$)和经口摄入吸收因子(ABS)。

3.1.4　风险表征

在暴露评估和毒性评估的基础上,采用风险评估模型计算土壤和地下水中单一污染物经单一途径的致癌风险和危害商,计算单一污染物的总致癌风险和危害指数,进行不确定性分析。

(1) 一般性技术要求

① 应根据每个采样点样品中关注污染物的检测数据,通过计算污染物的致癌风险和危害商进行风险表征。如某一地块内关注污染物的检测数据呈正态分布,可根据检测数据的平均值、平均值置信区间上限值或最大值计算致癌风险和危害商。

② 风险表征得到的场地污染物的致癌风险和危害商,可作为确定场地污染范围的重要依据。计算得到单一污染物的致癌风险值超过 10^{-6} 或危害商超过 1 的采样点,其代表的场地区域应划定为风险不可接受的污染区域。

(2) 计算场地土壤和地下水污染风险

① 土壤中单一污染物致癌风险

对于单一污染物,计算经口摄入土壤(CR_{ois})、皮肤接触土壤(CR_{dcs})、吸入土壤颗粒物(CR_{pis})、吸入室外空气中来自表层土壤的气态污染物(CR_{iov1})、吸入室外空气中来自下层土壤的气态污染物(CR_{iov2})、吸入室内空气中来自下层土壤的气态污染物暴露途径(CR_{iiv1})致癌风险的推荐模型,以及计算土壤中单一污染物经上述 6 种暴露途径(C_{Rn})致癌风险的推荐模型,分别见如下公式:

$$CR_{ois} = OISER_{ca} \times C_{sur} \times SF_o$$

式中:CR_{ois}——经口摄入土壤途径的致癌风险,无量纲;

C_{sur}——表层土壤中污染物浓度,mg·kg^{-1};必须根据场地调查获得参数值。

$$CR_{dcs} = DCSER_{ca} \times C_{sur} \times SF_d$$

式中:CR_{dcs}——皮肤接触土壤途径的致癌风险,无量纲。

$$CR_{pis} = PISER_{ca} \times C_{sur} \times SF_i$$

式中:CR_{pis}——吸入土壤颗粒物途径的致癌风险,无量纲。

$$CR_{iov1} = IOVER_{a1} \times C_{sur} \times SF_i$$

式中:CR_{iov1}——吸入室外空气中来自表层土壤的气态污染物途径的致癌风险,无量纲。

$$CR_{iov2} = IOVER_{a2} \times C_{sub} \times SF_i$$

式中:CR_{iov2}——吸入室外空气中来自下层土壤的气态污染物途径的致癌风险,无量纲;

C_{sub}——下层土壤中污染物浓度,$mg \cdot kg^{-1}$;必须根据场地调查获得参数值。

$$CR_{iiv1} = IIVER_{a1} \times C_{sub} \times SF_i$$

式中:CR_{iiv1}——吸入室内空气中来自下层土壤的气态污染物途径的致癌风险,无量纲。

$$CR_n = CR_{ois} + CR_{dcs} + CR_{pis} + CR_{iov1} + CR_{iov2} + CR_{iiv1}$$

式中:CR_n——土壤中单一污染物(第 n 种)经所有暴露途径的总致癌风险,无量纲。

②土壤中单一污染物危害商

对于单一污染物,计算经口摄入土壤、皮肤接触土壤、吸入土壤颗粒物、吸入室外空气中来自表层土壤的气态污染物、吸入室外空气中来自下层土壤的气态污染物、吸入室内空气中来自下层土壤的气态污染物暴露途径危害商的推荐模型,可以参照《污染场地风险评估技术导则》(HJ 25.3—2014)。

③ 地下水中单一污染物致癌风险

对于单一污染物,计算吸入室外空气中来自地下水的气态污染物、吸入室内空气中来自地下水的气态污染物、饮用地下水暴露途径致癌风险的推荐模型,可以参照《污染场地风险评估技术导则》(HJ 25.3—2014)。

④ 地下水中单一污染物危害商

对于单一污染物,计算吸入室外空气中来自地下水的气态污染物、吸入室内空气中来自地下水的气态污染物、饮用地下水暴露途径危害商的推荐模型,可以参照《污染场地风险评估技术导则》(HJ 25.3—2014)。

(3)不确定性分析

① 应分析造成污染场地风险评估结果不确定性的主要来源,包括暴露情景假设、评估模型的适用性、模型参数取值等多个方面。

② 暴露风险贡献率分析

单一污染物经不同暴露途径的致癌风险和危害商贡献率分析推荐模型,可以参照《污染场地风险评估技术导则》(HJ 25.3—2014)。

根据上述公式计算获得的百分比越大,表示特定暴露途径对于总风险的贡献率越高。

③ 模型参数敏感性分析

敏感参数确定原则：选定需要进行敏感性分析的参数（P）一般应是对风险计算结果影响较大的参数，如人群相关参数（体重、暴露期、暴露频率等）、与暴露途径相关的参数（每日摄入土壤量、皮肤表面土壤黏附系数、每日吸入空气体积、室内空间体积与蒸气入渗面积比等）。

单一暴露途径风险贡献率超过 20% 时，应进行人群和与该途径相关参数的敏感性分析。

敏感性分析方法：模型参数的敏感性可用敏感性比值来表示，即模型参数值的变化与致癌风险或危害商发生变化的比值。

敏感性比值越大，表示该参数对风险的影响也越大。进行模型参数敏感性分析，应综合考虑参数的实际取值范围以确定参数值的变化范围。

3.1.5　土壤和地下水风险控制值的计算

在风险表征的基础上，判断计算得到的风险值是否超过可接受风险水平。若污染场地风险评估结果未超过可接受风险水平，则结束风险评估工作；若污染场地风险评估结果超过可接受风险水平，则计算土壤、地下水中关注污染物的风险控制值；若调查结果表明，土壤中关注污染物可迁移进入地下水，则计算保护地下水的土壤风险控制值。根据计算结果，提出关注污染物的土壤和地下水风险控制值。

（1）可接受致癌风险和危害商

本标准计算基于致癌效应的土壤和地下水风险控制值时，采用的单一污染物可接受致癌风险为 10%；计算基于非致癌效应的土壤和地下水风险控制值时，采用的单一污染物可接受危害商为 1。

（2）计算场地土壤和地下水风险控制值

① 基于致癌效应的土壤风险控制值

对于单一污染物，计算基于经口摄入土壤、皮肤接触土壤、吸入土壤颗粒物、吸入室外空气中来自表层土壤的气态污染物、吸入室外空气中来自下层土壤的气态污染物、吸入室内空气中来自下层土壤的气态污染物暴露途径致癌效应的土壤风险控制值，可以参照《污染场地风险评估技术导则》（HJ 25.3—2014）。

② 基于非致癌效应的土壤风险控制值

对于单一污染物，计算基于经口摄入土壤、皮肤接触土壤、吸入土壤颗粒物、吸入室外空气中来自表层土壤的气态污染物、吸入室外空气中来自下层土壤的气态污染物、吸入室内空气中来自下层土壤的气态污染物暴露途径非致癌效应的土壤风险控制值，可以参照《污染场地风险评估技术导则》（HJ 25.3—2014）。

③ 保护地下水的土壤风险控制值

污染场地地下水作为饮用水源时,应计算保护地下水的土壤风险控制值。对于单一污染物,依据《地下水质量标准》(GB/T 14848—2017)计算保护地下水的土壤风险控制值,可以参照《污染场地风险评估技术导则》(HJ 25.3—2014)。

④ 基于致癌效应的地下水风险控制值

对于单一污染物,计算基于吸入室外空气中来自地下水的气态污染物、吸入室内空气中来自地下水的气态污染物、饮用地下水暴露途径致癌效应的地下水风险控制值的推荐模型,可以参照《污染场地风险评估技术导则》(HJ 25.3—2014)。

⑤ 基于非致癌效应的地下水风险控制值

对于单一污染物,计算基于吸入室外空气中来自地下水的气态污染物、吸入室内空气中来自地下水的气态污染物、饮用地下水暴露途径非致癌效应的地下水风险控制值的推荐模型,可以参照《污染场地风险评估技术导则》(HJ 25.3—2014)。

(3) 分析确定土壤和地下水风险控制值

① 比较上述计算得到的基于致癌效应和基于非致癌效应的土壤风险控制值,以及基于致癌效应和基于非致癌风险的地下水风险控制值,选择较小值作为污染场地的风险控制值。若场地及周边地下水作为饮用水源,则应充分考虑到对地下水的保护,提出保护地下水的土壤风险控制值。

② 按照《污染场地土壤修复技术导则》(HJ 25.4—2014),确定污染场地土壤和地下水修复目标值时,应将基于风险评估模型计算出的土壤和地下水风险控制值作为主要参考值。

3.2 其他风险评估方法

3.2.1 USEPA 风险评估方法

20 世纪 90 年代,美国环保局(U. S. Environmental Protection Agency)提出了一项针对被污染场地及相应风险的综合性评估法。在风险评估的初始阶段,也称为基础风险评估,对人类健康的潜在风险进行量化。除此以外,还进行生态风险评估以确定潜在风险对活的有机体、野生生命等构成的影响。生态风险评估将会非常复杂,决定于具体的场地条件。基础风险评估包括以下四个步骤:数据采集及评估;接触评估;毒性评估;风险特性描述。

(1) 数据采集及评估

数据采集及评估由场地特性描述数据分析,以及确定需要考虑的潜在化学制品组成。具体的影响:① 污染物特性;② 污染物浓度对主要源头及介质的影响;③ 污染物来源的特征;④ 影响污染物持久性、运输及最终结果的环境背景特征。

化学数据按照介质(土壤、水及空气)进行分类然后进行评价。评价内容应该包括取样分析和运用解析方法及有关量化界限的数据特性等。评价结束后,一份包含相应数据的暂时性混合物列表将被用于更进一步的评估。

(2)接触评估

接触评估由人类接触在已选择的相关潜在化学物质的类型和等级组成。接触定义为化学或生物媒介与机体外部边界的接触。在一段特定时期,通过对人体可见外部(如皮肤、嘴、鼻孔)的可用媒介数量的测量与估计,决定接触等级。接触评估是对接触渠道、频率、持续时间及等级的确定或估计(定性的或定量的)。接触评估同时考虑现在和未来的位置。接触评估程序由以下三个任务构成:① 描绘接触位置特征;② 确认接触途径;③ 接触浓度的量化。

第一个任务是描绘接触位置特征,包含场地自然特征。具体来说,场地自然特征包括气候及天气条件、植被、地质情况、水文地质及地表水联系。此外,与场地有关的人类聚居地及人类活动模式同样是描绘接触位置特征的一部分。

第二个任务是定义不同的接触途径。结束场地特征描述后,需要确定场地中化学物质的类型及位置、化学物质的来源及释放机制、化学物质可能的环境运输方式及结果、暴露在外部的人类聚居地及活动等。对于每个接触途径,接触的时刻和途径是需要进行区分的。

第三个任务,与化学物质的接触浓度有关频率、接触持续时间需要进行量化。化学趋势与运移模式被用来评估现在和将来的暴露浓度。运用这些暴露浓度,化学物质摄入量被表示为单位单元体质量单位时间内污染物重量与主体的接触(如 mg/kg·day)。

(3)毒性评估

毒性评估从污染物对人类健康的不利影响开始(如癌症、先天缺损),也被称为危险鉴别,需要获得污染物剂量反应关系的数据。这个关系反映了污染物的剂量或者人、动物接受的接触数量以及对暴露人群健康构成有害影响的发生率。

毒性评估(危险鉴别)过程包括毒理学数据的检阅,主要源于流行病学的研究。化学制品的毒理学数据可以从多方面获得,化学制品被分成非致癌物和致癌物。对于非致癌物,参考剂量(RID)被用于表达日常接触水平。参考剂量是一项日常口腔接触人口的评估(不确定的跨度可能是一个数量级),有可能在一生中没有明显的有害影响的危险。它可能来自无视观察有害效应水平(NOA-EL)、最低观察有害效应水平(LOAEL)或者参照点剂量,并伴有不确定因素,大体上适用于反应数据使用的限度。参考剂量的价值被普遍用于 EPA 的非癌症健康评估。

对于致癌物,坡度因子(SF)被用来表述与他们接触的潜在危险水平。坡度因子是一个上界,大约为 95％置信界限。这个估计,经常被称为被影响的人口比例单元每毫克每千克每天(mg/kg·day),一般被保留作为使用剂量反应关系的低剂量范围,即对于接触风险小于 1/100。

(4)风险描述

风险描述结合接触和毒性评估在定量和定性的危险表现,通过进行以下任务完成。

任务 1 组织接触和毒性评估结果。接触和毒性信息被用在每个接触途径,接触途径要正确匹配毒性和接触值(例如口对口,吸入对吸入)。

任务 2 风险量化方法。对于个体非致癌物质,非癌症危险商(HQ)用来计算非癌症健康影响。数学表达式如下:

$$HQ = \frac{E}{RfD} \tag{3.1}$$

式中:E—接触水平(或者化学摄入量),从接触评估中获得;RfD—推荐剂量,从与 E 相同的接触途径的毒性评估中获得;如果 HQ 少于单位,对健康存在不利影响的关注便会减少。对于个体致癌物质:

$$risk = (CDI)(SF) \tag{3.2}$$

式中:$risk$ 是没有单位的,是一个人可能发展成癌症的可能性;CDI—超过 70 年长期平均日常摄入量(mg/kg·yr),来自接触评估;SF—坡度因子(mg/kg·day),来自毒性评估。

当多种化学品或化学混合物出现时,就需要进行累积风险计算。对于非致癌混合物,HQ 值由每种接触方式相加得到,这个和也被称为危险指数(HI)。对于致癌物质,总的致癌风险是每项致癌风险考虑内容的总和。

任务 3 结合风险接触途径。接下来的任务是总结结合风险接触途径以计算总的风险。对于这个总和,合理的接触途径结合被鉴定。另外,同一个人面对超过一种接触途径的可能性被考察。

任务 4 评估和提出不确定性。不确定性结合所选化学物质的浓度、毒性值、场地相关变量和接触中的假设需要被确定并明确提出。

综上所述,基本风险评估的最终结果包括估计所有接触途径的致癌和非致癌风险和用来分析的土地以及所有关注的化学物质。如果非致癌风险 HI 大于 1,那么推断出对健康有不利影响的化学物质。总的来说,癌症风险超过 10^{-6}(百万分之一)是不可接受的。

例 3.1 在某场地,发现两种非致癌污染物。计算超过接触时期(30 年)的每种污染物的接触水平,同时获得每种污染物来自相同接触时期的推荐剂量(RID)。所有这些数据总结如下:

污染物	接触水平,E(mg/kg · day)	推荐剂量,RfD(mg/kg · day)
丙酮	0.01	0.1
甲基二磺隆	0.02	0.03

计算场地污染物所构成的风险。

解:对于非致癌物质,危险用危险商(HQ)表示,用公式(3.1):

$$HQ = \frac{E}{RfD}$$

如果 $HQ>1$,需要关注潜在非致癌物健康影响。

$$HQ_{(丙酮)} = \frac{0.01}{0.1} = 0.1$$

$$HQ_{(甲基二磺隆)} = \frac{0.02}{0.03} \approx 0.7$$

个别地,$HQ<1$。但是须考虑到污染物针对同一器官(例如肝、肾)来计算危险系数(HI)。在这个特例中,丙酮和甲基二磺隆都针对肾,因此 $HI=0.1+0.7=0.8$(针对器官肾)。$HI<1$,得出对目标器官没有不利影响。

例 3.2 某场地发现苯和八氯莰烯,根据接触评估,报告了超过生命周期的每周污染物的长期日常摄入量(CDI)。坡度因子(SF)定义每种污染物的剂量和反应之间的关系。所有这些数据总结如下:

污染物	CDI(mg/kg · day)	SF(mg/kg · day)
苯	0.005	0.03
八氯莰烯	0.004	1.1

计算场地污染物所构成的风险。

解:对于致癌污染物,风险被评估为作为接触污染物的结果,即人在一生中发展成癌症的可能性,通过公式计算:

$risk=(CDI)(SF)$

$risk(苯)=(0.005)(0.03)=0.000\ 15$

$risk(八氯莰烯)=(0.004)(1.1)=0.004\ 4$

total $risk=0.000\ 15+0.004\ 4=0.004\ 55$

总体上,$risk>1\times10^{-6}$ 是不可接受的。场地污染物构成的危险远大于可接受水平,因此这个风险值是不可以接受的,同时需要进行补救行动。

3.2.2 ASTM 风险评估方法

ASTM 标准 E1739 提供了一个用于进行风险评估,和用来确定石油泄漏场地(ASTM,1995)的风险补救措施(RBCA)。这个方法融合了风险和接触评估实习与场地评估活动和改善措施选择,确保了所选择的活动保护人类健康和环境。RBCA 过程应用了分级方法,可以使得改善措施适用于场地的特殊条件和风险。图 3.2 展示了 RBCA 中的不同分析任务。与 USEPA 风险评估程序相同,在进行风险评估之前首先要有场地描述和场地分类。场地描述被用来鉴定现在场地上存在的所有污染物,同时场地分类用来描述当前污染物的紧迫初始反应。依据对人类健康、安全或者环境敏感受体构成的危害,一个场地可以分为以下四种类型。

一级:直接威胁;

二级:短期威胁(0~2 年);

三级:长期威胁(>2 年);

四级:不可验证的长期威胁。

最初响应行动应当包括通知有关当局、业主和可能受影响的各方,同时评估需要:(1) 疏散居民;(2) 安装蒸汽屏障(例如顶盖、泡沫);(3) 移除土壤、覆盖土壤或限制接近;(4) 检测地下水并且评估替代供水的需要;(5) 其他措施,依据场地的特殊条件而采用。在评估关注的污染物以后,开始分级评估。RBCA 包括三级(一级、二级、三级),结合实例说明如下。

1. 一级评估

一级评估从场地评估开始,通常包括对场地活动的历史记录和过去释放的回顾;鉴定所关注的化学物质;关注化学物质主要来源的位置和它们在土壤和地下水中的最大浓度;可能被影响的人类和环境受体的位置(接触点);识别潜在的重大运移和接触途径。一级评估还包括确定场地及周围土地、地下水、地表水及敏感栖息地在当前或潜在未来的使用;确定区域水文地质和地质特点;对环境受体的影响进行定量评估。

在一级评估中,使用了基于风险甄别水平的查询表(RBSLs)。如果 RBSLs 查询表不能使用,那么它应该被改善。该查询表是对潜在接触途径、媒介(土、水、空气)、各种增加致癌风险水平、危险商等于一和每种关注的化学物质的潜在接触情况所绘制的化学物质浓度表。在一级评估中,假设接触点和符合点位于临近来源区或者所关注的化学物质最高浓度被确定的区域。表 3.1 给出了一个根据一定的具体假设依据标准E1739而设定的 RBSLs 查询表。使用者需要参考 ASTM 标准 E 1739的假设细节。

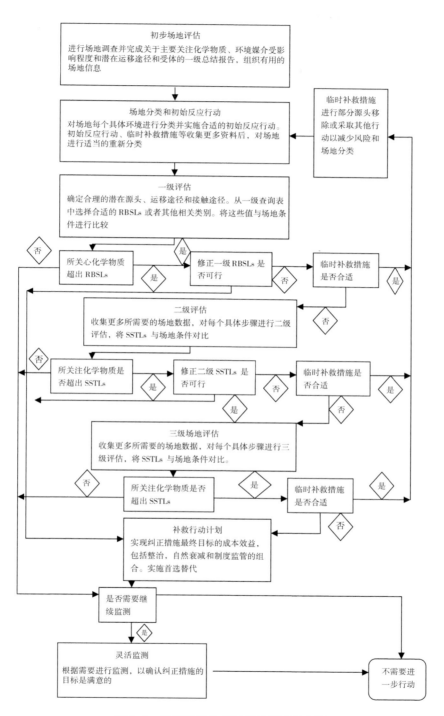

图 3.2 基于风险的纠正措施程序流程图

表 3.1　一级基于风险甄别水平查询表示例

接触途径	受体方案	目标水平	苯	乙苯	甲苯	二甲苯	萘	苯并芘
					空气			
吸入接触室内甄别水平（$\mu g/m^3$）	住宅	致癌风险＝1E－06	3.92E－01					1.86E－03
		致癌风险＝1E－04	3.92E＋01					1.86E－01
		长期 $HQ=1$		1.39E＋03	5.56E＋02	9.73E＋03	1.95E＋01	
	商业/工业	致癌风险＝1E－06	4.93E－01					2.35E－03
		致癌风险＝1E－04	4.93E＋01					2.35E－01
		长期 $HQ=1$		1.46E＋03	5.84E＋02	1.02E＋04	2.04E＋01	
吸入接触室外甄别水平（$\mu g/m^3$）	住宅	致癌风险＝1E－06	2.94E－01					1.40E－03
		致癌风险＝1E－04	2.94E＋01					1.40E－01
		长期 $HQ=1$		1.04E＋03	4.17E＋02	7.03E＋03	1.46E＋01	
	商业/工业	致癌风险＝1E－06	4.93E－01					2.35E－03
		致癌风险＝1E－04	4.93E＋01					2.35E－01
		长期 $HQ=1$		1.46E＋03	5.84E＋02	1.02E＋02	2.04E＋01	
允许的最高接触浓度（OSHA TWA PEL）（$\mu g/m^3$）			3.20E＋03	4.35E＋05	7.53E＋05	4.35E＋06	5.00E＋04	2.00E＋02
			1.95E＋05		6.00E＋03	8.70E＋04	2.00E＋02	
室内背景浓度范围（$\mu g/m^3$）			3.26E＋00－2.15E＋01	2.20E＋00－9.70E＋00	9.60E－01－2.91E＋01	4.86E＋00－4.76E＋01		
					土			
土壤挥发到室外空气（mg/kg）	住宅	致癌风险＝1E－06	2.72E－01					RES
		致癌风险＝1E－04	2.73E＋01					RES
		长期 $HQ=1$		RES	RES	RES	RES	

接触途径	受体方案	目标水平	苯	乙苯	甲苯	二甲苯	萘	苯并芘
土壤挥发到室外空气（mg/kg）	商业/工业	致癌风险＝1E−06	4.57E−01					RES
		致癌风险＝1E−04	4.57E+01					RES
		长期 $HQ=1$		RES	RES	RES	RES	
土中水汽侵入到建筑物（mg/kg）	住宅	致癌风险＝1E−06	5.37E−03					RES
		致癌风险＝1E−04	5.37E−01					RES
		长期 $HQ=1$		4.27E+02	2.06E+01	RES	4.07E+01	
	商业/工业	致癌风险＝1E−06	1.69E−02					RES
		致癌风险＝1E−04	1.69E+00					RES
		长期 $HQ=1$		1.10E+03	5.45E+01	RES	1.07E+02	
表层土食入/表皮/吸入（mg/kg）	住宅	致癌风险＝1E−06	5.82E+00					1.30E−01
		致癌风险＝1E−04	5.82E+02					1.30E+01
		长期 $HQ=1$		7.83E+03	1.33E+04	1.45E+06	9.77E+02	
	商业/工业	致癌风险＝1E−06	1.00E+01					3.04E−01
		致癌风险＝1E−04	1.00E+03					3.04E+01
		长期 $HQ=1$		1.15E+04	1.87E+04	2.08E+05	1.50E+03	
土渗滤液保护地下水摄入目标水平（mg/kg）	MCLs		2.93E−02	1.10E+02	1.77E+01	3.05E+02	N/A	9.42E+00
	住宅	致癌风险＝1E−06	1.72E−02					5.50E−01
		致癌风险＝1E−04	1.72E+00					RES
		长期 $HQ=1$		5.75E+02	1.29E+02	RES	2.29E+01	
	商业/工业	致癌风险＝1E−06	5.78E−02					1.85E+00
		致癌风险＝1E−04	5.78E+00					RES
		长期 $HQ=1$		1.61E+03	3.61E+02	RES	6.42E+01	

接触途径	受体方案	目标水平	苯	乙苯	甲苯	二甲苯	萘	苯并芘
地下水								
地下水挥发到室外空气（mg/L）	住宅	致癌风险＝1E－06	1.10E+01					>S
		致癌风险＝1E－04	1.10E+03					>S
		长期 HQ＝1		>S	>S	>S	>S	
	商业/工业	致癌风险＝1E－06	1.84E+01					>S
		致癌风险＝1E－04	>S					>S
		长期 HQ＝1		>S	>S	>S	>S	
地下水食入（mg/L）	MCLs		5.00E－03	7.00E－01	1.00E+00	1.00E+01	N/A	2.00E－04
	住宅	致癌风险＝1E－06	2.94E－03					1.17E－05
		致癌风险＝1E－04	2.94E－01					1.17E－03
		长期 HQ＝1		3.65E+00	7.30E+00	7.30E+01	1.46E－01	
	商业/工业	致癌风险＝1E－06	9.87E－03					3.92E－05
		致癌风险＝1E－04	9.87E－01					>S
		长期 HQ＝1		1.02E+01	2.04E+01	>S	4.09E－01	
地下水中的地下水蒸气侵入建筑（mg/L）	住宅	致癌风险＝1E－06	2.38E－02					>S
		致癌风险＝1E－04	2.38E+00					>S
		长期 HQ＝1		7.75E+01	3.28E+01	>S	4.74E+00	
	商业/工业	致癌风险＝1E－06	7.39E－02					>S
		致癌风险＝1E－04	7.39E+00					>S
		长期 HQ＝1		>S	8.50E+01	>S	1.23E+01	

一级评估基本包括比较场地污染物浓度与一级 RBSLs。为了完成比较，需要选择场地的潜在接触情况。接下来，基于确定的受影响媒介，确定主要来源、次要来源、运输机制和接触途径。然后根据现在和预期未来的使用选择受体，同时考虑

土地的使用限制和周边土地使用。如果大多数限制路线污染物浓度低于 RBSLs，那么污染物并不需要采取进一步的措施。如果大多数限制路线污染物浓度超出了 RBSLs，得出结论：（1）进行下一级评估是合理的；（2）应实施临时补救措施；（3）RBSLs适用于作为补救目标水平。例 3.3 和例 3.4 显示了依据一级评估的典型程序。

例 3.3　在一项房地产投资评估中发现服务站地下储存罐泄漏。据了解，在罐填充端口区域有受石油影响的表层土，然而何种土壤影响程度未知。过去此处销售汽油和柴油，新主人计划继续经营服务站设施。基于以往的知识，此处设施曾派发过汽油和柴油，土和地下水的化学物质分析便限于苯、甲苯、乙苯、二甲苯和萘。场地评估结果表明，石油影响的土壤范围限于罐的填充端口周围地区。有证据表明，土壤被影响只出于储罐的泄漏和溢出。混凝土车道高度开裂。该场地有细层粉砂岩构成基础。地下水在地表以下 13 英尺处未被影响。检测到氢的最大深度是 10 英尺。最大检测土壤浓度如下：调查表明两处生活用水的水井临近源区。进行 RBCA 一级评估并确定纠正措施是否必要。

解：一级现场评估的分步过程如下：

场地分类和初步反应行动：此处场地被列为第三类，因为它对人类健康和环境资源构成了长期威胁。适当的初步反应是评价地下水监测项目的必要性。但是结果要推迟到一级评估完成。

开发一级风险甄别水平查询表：假定用于获得例如一级 RBSLs，查询表 3.1 对该场地推定有效。

接触途径评估：该场地的接触途径为（1）现场工作人员吸入周围蒸汽；（2）浸滤地下水、地下水运移到下降梯度饮用水井和摄入地下水。RBSLs 所关注的两个途径比较，表明与浸滤途径相关的 RBSLs 是两个中更关键的。

场地条件与一级 RBSLs 的比较：根据表 3.1，苯和甲苯的浓度超标（苯在土壤中的浓度 10 mg/kg，但是表 3.1 中可接受的界限是 0.057 8 mg/kg）。

一级评估的结果：浅含水层尚未被影响。快速移除源头将消除对地下水监测的需要。相对于二级分析过程的成本，满足一级标准的有限的土壤挖掘在进行罐的移除时是快速经济的。如果该区在开挖后修建了新的混凝土人行道以防止未来的浸滤，将不需要进一步的措施。

例 3.4　在应用计量棒人工反复测量后，一起 500 加仑[注]的超级无铅汽油泄漏发生在单壁罐。该场地土壤是多砂的地下水浅层。同时在附近观测井 24 小时监测内发现自由产物。该场地位于一处公寓旁，地下室有供租户使用的投币式洗衣机和烘干机。进行最初的快速场地评估并确定即时危险情况是否存在。

注：1 加仑≈3.79 升（L）。

据地质评估了解,首先遇到的地下水是不能饮用的。该区地下水监测井对漂浮产物外观进行定期检查。在公寓地下室发现强烈的汽油味。进行 RBCA 一级评估。

解:一级现场评估的分步过程如下。

场地分类和初步反应行动:该处场地被列为二级场地,根据观测的蒸汽浓度、泄漏规模和地质浓度,实施的初步反应如下:

- 对地下室开始定期监测并告知居民。
- 安装自由产物回收系统以防止流动液体汽油的进一步迁移。
- 安装地下蒸汽萃取系统以防止蒸汽侵入大楼。

开发一级风险甄别水平查询表:目标土壤和地下水浓度的确定依据 1×10^{-4} 苯的长期吸入风险和其他化合物几何的危险商。

接触途径评估:地下水的使用可能性很低。由于临近公寓楼,蒸汽侵入是一个问题。

场地条件与一级 RBSLs 的比较:各方面统一,现在的 RBSLs 有可能被超出。

一级评估的结果:基于一级 RBSLs,业主决定实施一项临时行动,但是保留将来提出二级评估的权利。

一级补救行动评估:蒸汽萃取系统打算用来修复土壤源,同时继续运行液压控制系统。在含水层内放置一个压强计,定期监测地下水和地下室。当氢去除率下降,土壤和地下水评估计划将建立,用来收集数据以支撑二级评估。

2. 二级评估

二级评估为所关心的化学物质的应用在符合点和来源区提供了一个选项,来确定场地具体的符合点和相应场地具体的目标水平(SSTLs)。对于二级评估,一级评估以上的增量结果是最低限度的获得额外场地数据。一般将获得关于土和地下水边界的信息(例如土的类型和水力传导)作为二级评估的一部分。依据远离污染源区域的相关化学物质的衰减的测量和预测,应用相对简单的数学模型计算SSTLs。在某些情况下,场地的特定数据在多个场地中类似,二级 SSTL 值表被创建。表 3.2 是 SSTLs 的一个例子,对于土和地下水,计算依据某些具体假设,使用者在对任意场地使用这些值前应回顾这些假设。所关注的化学物质浓度应当与确定符合点或者来源区 SSTLs 进行比较。正如在一级评估中得出的结论:(1)进行下一级评估是合理的;(2)应实施临时补救措施;(3)二级 SSTLs 被作为补救目标水平。例 3.5 和例 3.6 显示了典型 RBCA 二级评估过程。

表 3.2 土壤和地下水的二级场地具体目标水平示例

场地	接触途径	受体环境	到源头的距离 [ft(m)]	SSTLS 在砂质土壤源头，天然生物降解的致癌风险 $=1\times10^{-5}$，HQ=1				SSTLS 在黏土土壤源头，无天然生物降解的致癌风险 $=1\times10^{-5}$，HQ=1			
				苯	乙苯	甲苯	二甲苯	苯	乙苯	甲苯	二甲苯
土壤	土壤蒸气从土壤侵入到建筑物(mg/kg)	住宅	10（3）	0.052	18	11	450	2	570	300	##
			25（7.6）	0.47	160	160	1.7a	65	11a	10a	RES
			100（30）	3.1a	RES	RES	RES	RES	RES	RES	RES
									1 200	650	
		商业／工业	10（3）	0.13	39	24	980	4	24a	22.5a	2.0a
			26（7.6）	1.2	340	340	3.6a	950	REC	REC	REC
			100（30）	8.0a	REC	REC	REC	REC			REC
	表层土的食入和皮肤接触(mg/kg)	住宅		22	5 100	5 400	280	22	5 100	5 400	280
		商业／工业		120	9 600	1.7a	1 500	117	9 800	1.7a	1 500
	保护地下水土壤渗滤污水摄入目标水平(mg/kg)	住宅	0（0）	0.17	47	130	2 200	0	47	130	2 200
			100（30）	0.32	88	250	4 200	0	130	760	RES
			500（152）	4	1 200	6 300	RES	RES	RES	RES	RES
		商业／工业	0（0）	0.58	10	350	6 200	1	130	350	6 200
			100（30）	1.1	250	670	1.2a	1	380	2 100	RES
			500（152）	13	3 300	1.75a	RES	RES	RES	RES	RES
地下水	摄入地下水(mg/L)	住宅	0	0.029	3.6	7.3	73	0	3.6	7.3	73
			100	0.054	6.8	14	140	0	10	43	>Sc
			500	0.68	90	15	>S	>S	>S	>S	>S
		商业／工业	0	0.099	10	20	200	0	10	20	200
			100	0.185	19	38	>S	0	29	120	>S
			500	2.3	250	>S	>S	>S	>S	>S	>S
	地下水蒸气从地下水侵入建筑(mg/L)	住宅	10	0.11	32	17	510	5	>S	>S	>S
			25	0.72	210	160	>S	1 200	>S	>S	>S
			100	>S	>S	>S	>S	>S	>S	>S	>S
		商业／工业	10	0.28	70	36	>S	13	>S	>S	>S
			25	1.9	>S	350	>S	>S	>S	>S	>S
			100	>S	>S	>S	>S	>S	>S	>S	>S

例 3.5 在加油站附近发现受影响的土壤。过去，该设施销售石油和柴油，已经经营超过 20 年。在该场地进行场地评估。土和地下水的化学物质分析限于苯、

甲苯、乙苯、二甲苯和萘。受石油影响的土壤范围被界定在罐和分配器的周围地区。有证据表明,土壤被影响只出于储罐的泄漏和溢出。沥青车道完整,无裂缝。另一个服务站位于水压下降梯度,在路口斜对面。该场地以粉细砂和一些不连续黏土层做基础。被影响的地下水在地表以下 32 英尺处首次遇到。地下水的流动梯度非常低。含水层被认为潜在饮用水供给源。调查表明,在南部边界或服务站电话亭周围土壤中没有发现可探测到的烃类气体。在土壤和地下水中所发现的各污染物最大浓度如下:

化合物	土壤(mg/kg)	地下水(mg/L)
苯	20	2
乙苯	4	0.5
甲苯	120	5
二甲苯	100	5
萘	2	0.05

调查表明,在场地半米内没有生活用水井,进行 RBCA 一级和二级评估。

解:场地分类和初步反应行动:此处场地被列为第三类,因为它对人来健康和环境资源构成了长期威胁。适当的初步反应是评价地下水监测项目的必要行动。

开发一级风险甄别水平查询表(RBSL):假定用于获得例如一级 RBSL 查询表 3.1 对该场地推定有效。

接触途径评估:以当前和预计的未来使用为基础,在该场地没有潜在的接触途径。然而,考虑到未来不控制使用该含水层,管理机构要求业主对地下水转换成住宅饮用水的摄入途径。

场地条件与一级 RBSLs 的比较:根据数据和查询表 3.1,一级土和地下水中的苯超标。

一级评估的结果:负责方决定对苯和相关接触途径进行二级评估,而不是策划纠正行动计划以满足一级标准。这是基于以下原因:

· 地下水运动非常缓慢,溶解的羽流是稳定的。

· 满足一级标准所进行的土壤开挖造价很高。

· 对该场地进行二级评估,在获得最少的额外数据同时可达到预期的保护结果,是较低成本的纠正措施。

二级评估:业主收集了额外的地下水监测数据并证明如下。

· 没有移动的自由阶段物质出现。

· 溶解的羽流是稳定的并且浓度随时间降低。

· 溶解的羽流程度被限制在土地边界 50 英尺。

· 溶解氧的浓度很高,具备一定的好氧降解水平。

·简单的地下水运移模型显示观察结果与预期的场地条件一致。

补救行动评价:业主协商纠正行动计划基于以下几个方面。

·在该区采取限制措施以组织使用地下水,直到溶解水平降到饮水 MCLs 以下。

·通过契约限制,以确保该场地土地的使用不会发生明显变化。

·应该每年继续进行地下水监测井采样。

·如果将来浓度超出了一级 RBSLs,纠正行动计划则需要进行修订。

·在未来两年,如果溶解条件保持稳定或者溶解浓度下降,终止将被允许。

例 3.6　在前一个服务站的监测井中发现了受石油污染的地下水。地下罐和管道被移走,现在该场地被用作汽车修理厂。场地评估显示,场地污染物为苯、甲苯、乙苯和二甲苯。这些污染物在土壤中最大浓度总结如下。受碳氢化合物影响的土壤面积大约为 18 000 平方英尺[注],深度少于 5 英尺。羽流在场地外。场地以黏土为基础。碳氢化合物影响的上层滞水在地下 1 到 3 英尺处。地下水监测到的最大浓度如下表。

化合物	土壤(mg/kg)	地下水(mg/L)
苯	39	1.8
乙苯	12	0.5
甲苯	15	4
二甲苯	140	9

地下水流速为 0.008 ft/day,根据塞测试和地下水高程测量,假设土壤孔隙度为 50%。调查表明,最近的地下水井在一英里以外,最近的地表水体在 0.5 英里外,到最近敏感栖息地的距离大于一英里,最近的房子是 1 000 英尺,商业大厦 25 英尺。进行 RBCA 一级和二级评价。

解:场地分类:该处场地被列为四级,对人类健康具有不可验证的长期威胁。由于受碳氢化合物影响的土壤被处于良好状态的沥青混凝土覆盖并无法取得联系,仅没有被当地使用的可饮用的上层滞水被污染,并且没有能对附近建筑物产生紧急影响的潜在爆炸水平或浓度。

开发一级风险甄别水平查询表(RBSL):根据数据和查询表 3.1,一级土和地下水中的苯超标。

接触途径评估:完整路径是地下水和土壤挥发到封闭的空间和环境空气中,建筑工人直接接触到受影响的土壤或地下水。对这些关注途径的 RBSLs 比较表明,

---

注:1 英尺=0.304 8 米(m)。

与土壤中碳氢化合物挥发到封闭的空间有关的 RBSLs 是最关键的 RBSLs。

场地条件与一级 RBSLs 的比较:根据查询表 3.1,土和地下水中的苯的浓度和地下水中的甲苯浓度超标。

一级评估的结果:负责方面决定进行二级评估而不是进行纠正行动计划,基于以下原因。

• 浅层上层滞水受到影响,羽流在紧致黏土中流动缓慢。

• 为满足一级目标的土壤开挖代价是昂贵的。

• 诸如泵和治理或蒸汽萃取处理技术将是无效的。

• 二级评估不需要额外数据,同时达到预期的保护结果和较低成本的纠正措施。

开发二级具体目标表:除了提出 SSTLs 所关注的接触途径作为从源头到受体的距离函数和土壤类型外,二级表与一级查询表类似。假定用于获得例如二级 SSTL 表(表 3.2)对该场地推定有效。

场地条件与二级表 SSTLs 的比较:根据表 3.2 中的 SSTLs,所有土壤和地下水中的污染物浓度在范围内。

二级补救措施评价:在下降梯度监测井中的地下水年度达标监测将显示浓度降低。如果将来超标,纠正措施行动计划应该被重新评价。在未来两年内,溶解浓度如果保持不变或下降,将被准予终止。

3. 三级评估

在三级评估中,SSTLs 对于源区和屈服点在更复杂的统计和污染物结局及运移模型的基础上展开,对于接触环境,应用直接和间接的场地特定数据输入。这种评价水平通常包括远多于一级和二级评估所要求的大量额外的场地信息,并完成广泛的建模工作。SSTLs 对在相同屈服位置场地内化学物质浓度进行对比。如果场地浓度高于 SSTLs,必须进行纠正行动以减少浓度达到 SSTLs。

在完成 RBCA 活动后,准备一份 RBCA 报告并提交给监管机构。这份报告通常包括场地描述、场地的所有权和使用情况的总结、过往泄漏情况、现在和已完成的活动、区域和场地具体的水文地质条件、关于有益利用和纠正行动的讨论。这份报告中还应包括分级评估的总结、分析数据和使用的 RBSLs 及 SSTLs 和生态评估总结。

3.2.3 TACO 风险评估方法

由伊利诺伊州环保局(IEPA)开发的风险评估程序是至今(2002)开发的最全的程序之一。该风险评估程序名为分级达到纠正行动目标(TACO),已经用来确定场地所探测到的污染物是否构成环境危害(IEPA,2002)。如果场地污染物被确定构成危害,TACO 程序如同 ASTM 程序,也会确定土壤和地下水中的补救目标水平。根据 IEPA，地下水分为：

Ⅰ类：饮用水地下水资源；

Ⅱ类：一般地下水资源；

Ⅲ类：特殊资源地下水；

Ⅳ类：其他地下水。

TACO 解决Ⅰ类和Ⅱ类地下水问题，适合于从地下储罐泄漏场地到 RCRA 纠正行动场地这类污染场地。

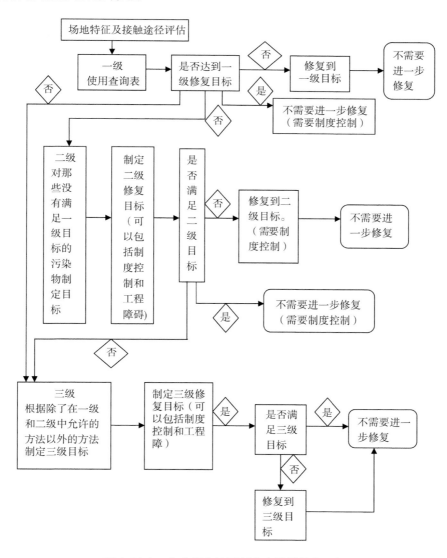

图 3.3(a)　在分级方法下制定土壤的修复目标

依据图 3.3(a)、图 3.3(b)显示的某些场地特点,TACO 使用了三级方法制定了土壤和地下水的修复目标。因此,TACO 方法的第一个步骤是进行现场鉴定,其中包括以下参数表征:污染物来源、现在和未来的接触路线、污染程度和场地及周边的重要物理特征。根据这些数据,我们必须评估哪级或各级的结合应该被用于确定成适当的清洗目标。为了确定清洗目标,以下因素必须加以解决:接触路线、受体、所关注的污染物、土地使用和地下水分类。

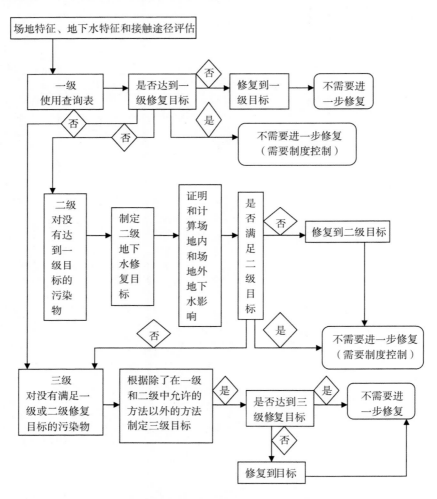

图 3.3(b)　在分级方法下制定地下水修复目标

一级评估将场地检测到的污染物浓度与基础污染物清洗目标进行比较。为了完成一级评估,必须知道相关污染物的污染程度和浓度、地下水类型、场地土地的用途分类和土的 pH 值。清洗目标可以基于任何住宅物业或工业/商用物业。如果清洗目标扩展到基于工业/商用用途,那么需要制度监管(构成土地使用限制的合法机制）。以下三种接触路线在一级评估中必须被评估：食入、吸入和地下水迁移。用户在使用以前，应当审查补救目标的扩展所作出的假设。TACO 也为工业/商用物业的土壤修复目标的一级表及地下水的摄食路线的土壤构成提供 pH 值的特定土壤修复目标和无机物、有机物电离（对Ⅰ类和Ⅱ类地下水），这些可以在 IE-PA（2002）中找到。如果场地中所检测到的相关污染物浓度低于任意接触路径的一级值，那么没有对这一路径进行进一步评估的必要。如果场地中所检测到的化学物质不在一级值中，负责人必须要从 IEPA 场地的具体清洗目标或者在三级评估的指导下，提出他自己的场地具体清洗目标。

　　二级评估仅在发现所探测到的化学物质低于一级评估中的三种接触途径之一超出一级清洗目标的化学物质浓度。土壤和地下水的二级评估方法如图 3.4(a) 和图 3.4(b) 所示。如果想在二级框架外使用场地具体信息，该项目必须进行三级评估。以下三类等式用来进行二级土壤评估：（1）土壤的摄取路线、蒸气和颗粒物吸入、化学接触的结合；（2）亚表层土的环境气体吸入路线；（3）地下水运移路线。当计算工业/商业土地使用的土壤清洗目标时，任何计算都必须执行使用的工业/商业接触默认值和建筑工人的接触值。从这些计算得出的更严格的土地清洗目标，必须用于进一步的二级评估。

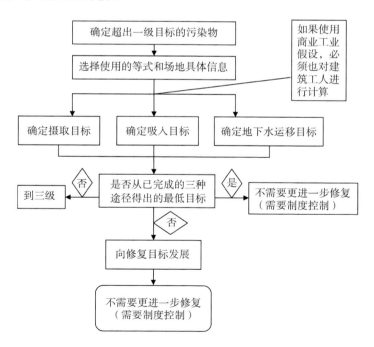

图 3.4(a)　土壤的二级评估

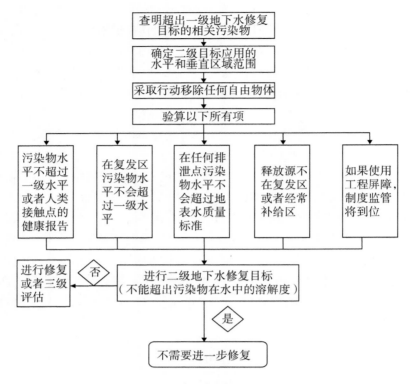

图 3.4(b) 地下水二级评估

当进行二级地下水评估时,任何污染物必须是可被修复的一级清洗目标或二级或三级评估才能进行。超出一级清洗目标是允许的扩展清洗目标。这些包括但不限于:确定二级地下水清洗最大值;确定羽流运移程度;展示纠正行动已被用来移除任意自由无核控制地下水污染源;证明没有现存的饮用水供水井会被任何剩余地下水污染。这些可以做到,当确定所检测到的化学物质浓度水平对人类健康和环境不构成重要危险,便无需花费大量的金钱以坚持一级目标。

当一级和二级评估不能满足场地具体条件时,进行三级评估。然而,尽管进行三级评估时不需要一级和二级评估,但是来源于他们的数据能够帮助开展充分的三级评估。当进行三级评估时,负责人必须向 IEPA 提交建议,获得同意以确定解释和结论是否被所收集的信息支持。在很多实例中,技术信息可能表明从某一特定接触途径到受体没有所关注的污染物的实际的或潜在的影响。

第四章
原位污染物的控制措施

由于过去对废物处理不当,导致很多地方的土壤和地下水已被有毒化学品污染。因此,可能需要采取短期原位控制作为临时补救措施,以防止污染物的扩散,从而减少影响公众健康和环境的威胁。在某些情况下,特别是在大型废弃物处置场所,如废置的堆填区和尾矿处置场所,由于其他类型的清除技术不是成本过高就是不切实际,所以原位控制可以作为一个永久性的补救措施。

原位废弃物围堵方式可分为两大类:被动系统和主动系统。如图4.1所示,被动系统指在废弃物周围安装低渗透挡墙来包围整个污染区域,从而有效减小区域内污染物扩散的可能性。这些系统都可用于地下渗流区和饱和区,包括一个或以下几个组件的组合:

(1)垂直格栅,用于限制污染物的横向扩散;

(2)底部衬垫,用于限制渗漏污水向下扩散;

(3)地表的堵头或覆盖,用于减少地表水和污染物的渗透以及控制来自废弃物的挥发性成分释放的可能。

主动系统通常用在有地下水污染的饱和区,含有控制水力坡度的抽水井或地下排水沟。在某些情况下,被动系统和主动系统相结合可有效地控制废弃物和地下水污染。被动控制废弃物系统,主要包括垂直格栅、水平隔板和地表堵头;主动控制废弃物系统主要包括地下水的抽取和地下排水沟。

4.1 垂直格栅

4.1.1 垂直格栅及其类型

垂直格栅,也被称为垂直防渗挡墙、垂直防渗墙或者空墙壁,其作用在于在地下控制污染物或者通过阻断地下水横向流动来改变地下水的流动方向。垂直格栅可用在多种布局中。垂直挡墙可以延伸到天然的顶部挡墙或人工的底部挡墙,(如图 4.1),通常采用垂直格栅嵌入隔水层或嵌入弱透水层(如图 4.2)。如果污染物主要漂浮在水位线上(例如轻质非水溶性液态污染物),这时可采用悬挂墙(如图 4.3),悬挂墙可延伸到地下水位以下包住污染水,必要时可能需要进行内部抽水来保持向内的梯度。

垂直格栅的横切面形状可以是环状、反梯度、顺梯度,分别如图 4.4、图 4.5、图 4.6 所示。其中环状式垂直格栅可以包围整个垃圾场,在地下水流向不确定或未知的情况下,这种特殊布局是首选。但是,反梯度式和顺梯度式也很常用,反梯度式可用于防止地下水流经污染区而引起污染物扩散;顺梯度式垂直格栅,结合地下水开采井,通常允许地下水流经污染区来冲刷这个地方的污染物。表 4.1 为各种挡墙布局汇总表。

完全不透水的挡墙是不可能建成的,但要符合低渗透性要求,要能抵挡化学药品由于平流引起的流动(液压梯度引起溶解和悬浮物质在地下水中的流动)和扩散(化学浓度梯度引起的化学药品的流动)。低渗透系数导致水流低速通过材料,从而使污染物低速平流传播,但是污染物的扩散在这些材料中占主导地位,尤其当渗透系数小于 1×10^{-6} cm/s 时。

在选择垂直挡墙的类型时,应该结合现场和地质条件考虑挡墙的功能和布局,最常见的类型有五种:(1) 高压实黏土屏障;(2) 泥浆护壁屏障;(3) 薄浆隔离层;(4) 现场搅拌屏障;(5) 钢板桩屏障。

表 4.1 连续壁布局汇总表

垂直布局	水平布局		
	环状	反梯度	顺梯度
嵌入式	最常用但很贵 控制最彻底 大大减少污水的繁殖	不常用 用于转移场地陡峭位置的地下水 可以减少污水的繁殖 兼容性不是主要的	用于治理易混合的或沉没的污染物 流入没有限制,可提高水位线 兼容性至关重要
悬挂式	用于漂浮污染物在多个方向上移动(例如在地下分水岭)	很少用 可能会暂时降低它下面的地下水位 可以使污水不繁殖但不能使它不流动	用于治理漂浮污染物 流入没有限制,可提高水位线 兼容性至关重要

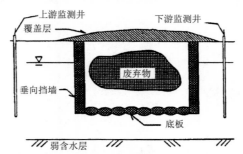

图 4.1 采用被动控制系统控制废弃物的一般装置

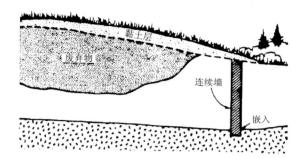

图 4.2　嵌入的连续墙

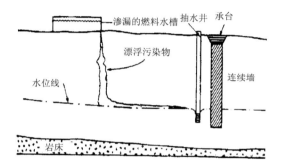

图 4.3　悬挂式连续墙

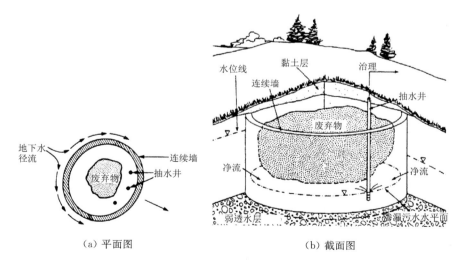

（a）平面图　　　　　　　　　　（b）截面图

图 4.4　环绕式屏障

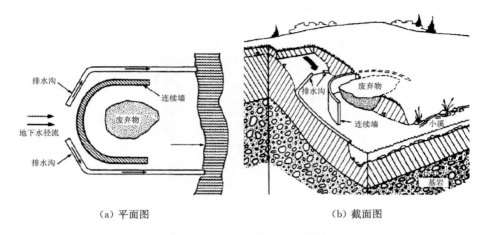

（a）平面图　　　　　　　　　　（b）截面图

图 4.5　有排水渠的反梯度屏障

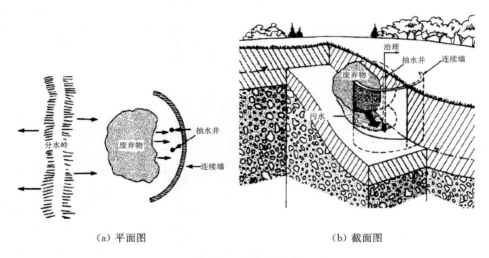

（a）平面图　　　　　　　　　　（b）截面图

图 4.6　顺梯度屏障

4.1.2　高压实黏土屏障

　　高压实黏土屏障的形成,首先要开挖一个沟槽,然后在里面填上黏质土,最后压实,形成一个高密度薄层(如图 4.7)。其选定的压缩标准(含水率和夯实能量)应该提供最低的渗透性。高压实黏土屏障适用于隔水层埋藏比较浅,水流以较低的速度进入明沟,并且在挖掘时不出现侧壁崩塌。此外,必须要有足够的满足条件的黏土随时可用。采用此方法的一个优点在于:当黏土在沟槽中压实时,可以被监测和控制。不过,高压实黏土屏障的深度增加,取决于当地的土壤和水质条件。

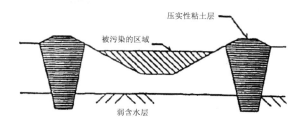

压实性粘土层

被污染的区域

弱含水层

图 4.7 高压实黏土屏障(Mitchell 和 Van Court,1992)

4.1.3 泥浆护壁屏障

(1)定义

泥浆护壁屏障,也称为泥浆沟槽截断墙或者泥浆墙,最常用在有危害的废弃物处理场,是由挖掘一个狭窄的纵沟而成的,一般为 2～4 英尺宽。随着开挖的进行,越来越多的泥浆充填在沟槽里使沟槽壁稳定,从而防止崩塌,泥浆渗透到周围可渗透的土壤中,在槽沟中形成一个过滤器来防止泥浆的流失,并有助于已经完成的低渗透挡墙,然后用泥浆混合物对这种狭窄的沟槽进行回填,通过回填,形成各种泥浆屏障。

泥浆护壁屏障的设计应考虑场地条件,其防渗要求满足设计标准和一般的施工要求。初步勘查要有一个详尽的场地评价,包括场地地质和水文地质、性质及污染程度和场地岩土性质。沿着预计的挡墙路线应该进行钻探,并且搜集样本来获取岩土信息用于污染物的分析,同时模拟地下水屏障效果。表 4.2 结合目的和来源列出了设计泥浆沟槽挡墙的相关资料。

场地条件包括水文地质、化学相容性和渗透性,是选择沟槽宽度和深度的依据。泥浆沟槽采用反铲通常可挖至 50 英尺,更大的深度需要在吊机装上索斗铲或者蛤壳式铲斗。如果泥浆屏障要进入基岩,可能需要钻孔或爆破来挖掘岩石,但特种爆破技术必须保持基岩的完整性。各种类型的泥浆沟槽的挖掘设备列于表 4.3。

(2)浆料

浆料一般是膨润土和水的混合物,或者水泥、膨润土和水,用来确保沟槽开挖过程中的稳定性。泥浆有两个独立的作用:第一,由于传递的静水压力大于任何一边地下水,它维护了槽壁的稳定性;第二,泥浆分布在密集且渗透性很低的膨润土滤饼槽壁上。如图 4.8 所示,沟槽中泥浆深度维持在现有水位之上,以便外静水压力反作用于槽壁,泥浆的最小单位重量为 1 025 kg/m³。

表 4.2　泥浆截断沟槽/墙的数据要求

数据描述	目的	来源/方法
场地通达度	选择墙的类型	场地勘查
地形地貌	土墙要求周边大范围地势平坦	USGS 地形图,场地勘查,具体地点的地形/等高线图,水位图
到连续隔水层或基岩的深度	嵌入式或悬挂式的选择	钻孔,物探,基岩和表层地质图
地下不均匀性的形成	墙的类型选择,挖掘到的材料可能不适合混合	表层地质图,坑探,地面钻孔,地球物理调查
不透水层垂直和水平的渗透系数	确定合适的地层	重锤试验法,室内试验
出土土壤类型	沟槽回填材料的适宜性	级配分析,渗透试验
基岩破碎度	评价污染物在连续墙下面迁移的可能性	岩芯,钻探记录,地质图
地下水埋深、流速、流向		已有的水文地质图,钻探记录,观测井,水压计
受污染土壤的导水率	连续墙抽出水处理系统的有效性评价	抽水试验,重锤试验法
土壤化学性质	水泥和膨润土改良成可以适应各种化学性质	土壤取样与分析
废弃物和地下水的物质组成	在污染地下水和土壤环境中,水泥或膨润土和墙体材料的兼容性测试	地下水取样和化学分析,滤液损失,自由膨胀率,渗透性测试

　　永久屏障的建造采用一种低渗透性回填土取代泥浆来回填沟槽,其单位重量应该比泥浆多 240 kg/m³(15 Ib/ft³)。回填沟槽通常采用与挖掘沟槽相同的设备来完成。一辆推土机可用来沿着沟槽混合土壤和泥浆,还可以回填一部分的沟槽,回填时必须注意确保没有泥团的泥浆被放入,否则可能会大大减小屏障的有效性。

表 4.3　用来建造泥浆沟槽的挖掘设备

类型	沟槽宽度(ft)	沟槽深度(ft)	注释
正规挖掘	1~5	50	最迅速但最廉价的挖掘方法
改进挖掘	2~5	80	使用延长的铲斗柄,改装发动机和配重平衡框架;快速、相对便宜
抓斗	1~5	>150	连接到方钻杆或起重机;需要至少 18 吨的起重机;可以是机械或液压
拉锁挖掘机	4~10	>120	主要用于宽而深的膨润土沟槽
旋转钻机,冲击钻机,大凿	—	—	用来打碎巨砾和嵌入坚硬的含水层;可能减慢建设进度并导致不规则槽壁

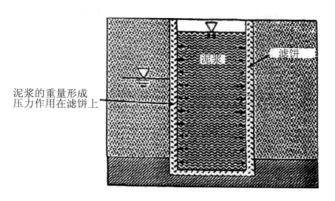

图 4.8　泥浆沟槽稳定性（Daniel 和 Koerner，1995）

（3）沟槽的稳定性

泥浆的配料必须要谨慎选择以确保沟槽的稳定性。夏尔马和刘易斯（1994）以及 Xanthakos（1994）以极限理论为基础提出了泥浆沟槽稳定性分析的一般方法，图 4.9 显示了滑动块体 ABC，在力的作用下必须满足平衡条件来确保沟槽的稳定。假设一个统一的附加压力（q）作用在地表，黏土的单位重量为 γ，黏聚力为 c，充填泥浆后的单位重量为 γ_f，则在黏性土（$\varphi=0$）中挖掘沟槽的临界深度（H_{σ}）可表示为：

$$H_{\sigma} = \frac{4c - 2q}{\gamma - \gamma_f} \tag{4-1}$$

假定：①没有泥浆通过土壤泥浆界面流失到地面，而且有一个渗透性非常低的屏障在分界面，使得泥浆充分发挥静压推力；②挖掘是暂时性的，并且很短时间内无支护，则沟槽干燥无黏性土（$c=0$）的情况下，抗滑稳定性系数（Fs）可表示为：

$$Fs = \frac{2\sqrt{\gamma\gamma_f}\tan\varphi}{\gamma - \gamma_f} \tag{4-2}$$

对于地表附近地下水浸润的饱和砂土，表达式（4-2）可修改为：

$$Fs = \frac{2\sqrt{\gamma'\gamma'_f}\tan\varphi}{\gamma' - \gamma'_f} \tag{4-3}$$

式中 $\gamma' = \gamma - \gamma_w$，$\gamma'_f = \gamma_f - \gamma_w$。如果泥浆和地下水位有一个变化，如图 4.10，可得到如下表达式：

$$\gamma_f = \frac{\gamma(1-m^2)K_a + \gamma'm^2K_a + \gamma_w m^2}{n} \tag{4-4}$$

式中 $K_a = \tan^2\left(45 - \dfrac{\varphi'}{2}\right) = \dfrac{\gamma_f - \gamma_w}{\gamma'}$，$m$、$n$ 定义 见图 4.10。

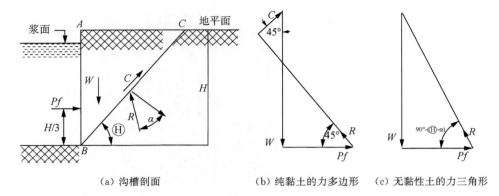

（a）沟槽剖面　　　（b）纯黏土的力多边形　　（c）无黏性土的力三角形

图 4.9　泥浆沟槽的稳定性（Xanthakos,1992）

对回填料的选择,要以确保低渗透性作为最重要的设计参数。泥浆护壁屏障的总体(或有效的)渗透性取决于回填土和由泥浆构成的滤饼。根据达西定律和连续性方程,通过屏障的水平流量可以由下式给出:

$$Q = Ki = K\frac{h}{2t_c + t_s} = K_c\frac{h_c}{2t_c} = K_s\frac{h_s}{t_s} \tag{4-5}$$

式中:K 为渗透系数;t 为厚度;h 为水头损失,$h = h_c + h_s$(下标为 c 的是滤饼,s 是回填土)。由于 t_s 远远大于 t_c,式(4-5)可简化为:

$$K = \frac{t_s}{t_s/K_s + 2(t_c/K_c)} \tag{4-6}$$

式(4-6)假设滤饼仍是完好无损的。如果回填材料密实性适合,并且没有大的颗粒擦伤侧壁,那么这个假设是合理的。如果回填材料中含有 20% 或更多的细粒,水流的渗透力就不会对滤饼造成任何损失。

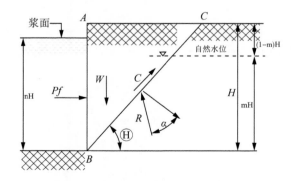

图 4.10　任意泥浆和自然水位下沟槽的稳定性

除了渗透性,屏障材料和场地污染物的化学相容性也需要评估,采用污染物运移模型来评价。由于屏障墙的低渗透性，当考虑污染物穿过屏障运移，平流运移与扩散性流动相比显得微不足道。

为了避免如图 4.11 中描述的那些潜在问题，严格的施工质量保证和施工质量控制计划是必须的。这些问题包括：回填土混合不均匀、回填泥浆的陷落、回填颗粒的分离、沟槽侧壁的陷落以及嵌入底层低渗透材料或水平屏障不充足。此外，泥浆护壁屏障可能需要完工后进行监测以确保屏障控制废弃物的有效性，包括监测屏障附近地面的移动量、顺梯度的地下水水质和屏障的渗透性。

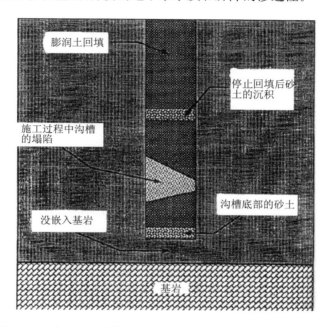

图 4.11　造成泥浆沟槽施工不合理的因素(Daniel 和 Koerner,1995)

（4）泥浆护壁屏障类型

根据回填材料，泥浆护壁屏障可分为四类：膨润土屏障；水泥-膨润土屏障；塑性混凝土屏障；复合屏障。

① 膨润土屏障。膨润土屏障通常用在存在危险的废弃物场地。建造膨润土墙的回填材料由级配良好的土壤、水和膨润土组成。回填材料中膨润土的含量在 $1\%\sim5\%$。回填材料的渗透系数在 $10^{-8}\sim10^{-7}$ cm/s。膨润土屏障的施工要求为给膨润土堆放、浆料制备设备、储水罐、水化池、循环水泵、泥浆储存池、临近沟槽堆放挖掘土的沟槽堆土区以及混合膨润土和回填土料的回填混合区留有充足的空间，一个典型的膨润土屏障施工现场如图 4.12 和 4.13 所示。表面等级应该小于 1%，否则陡坡可能会造成泥浆流，并会导致在沟槽上坡部分泥浆量很低，降低沟槽稳定性，可能导致需要在沟槽施工前对场地等级作出调整。

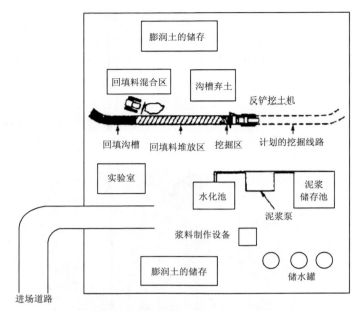

图 4.12　典型泥浆护壁屏障施工现场

　　图 4.13 展示了膨润土屏障的沟槽横截面,包括挖掘和回填作业。沟槽的挖掘采用反铲、牵引或者抓斗,取决于深度(见表 4.3),开挖过程中,由 4‰~6‰的膨润土组成的膨润土水泥浆通过在水中重力悬浮运移到沟槽来稳定沟槽两侧。在临近沟槽的土壤中,泥浆克服主动土压力并沿着槽壁形成滤饼,起到了稳定沟槽的作用。膨润土泥浆应该在运移到沟槽之前充分水化,一般要 12~24 小时,因此需要临时的池塘或水罐来水化和储存泥浆(图 4.12),沟槽中浆面应保持或接近于沟槽顶并且在地下水位以上。

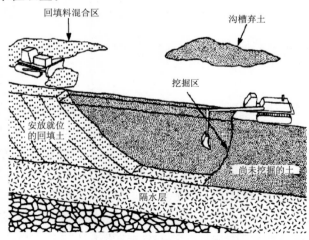

图 4.13　泥浆护壁沟槽开挖和回填作业的横截面展示图

　　浆料配比设计需要对重量、黏度和泥浆滤液的损失作出估计,泥浆的重量应足以克服主动土压力来稳定开放的沟槽,但是泥浆又必须足够轻,使得在膨润土回填时能被运移。用来水化膨润土的水质需要确定。虽然饮用水通常也是符合要求的,但是水和膨润土的兼容性还是需要试验确定。

　　从沟槽中挖掘出来的土通常用作沟槽回填料,除非物理或污染物特性使它不合适。在回填设计中,应该详细列出单位重量、滑移、级配和渗透性的标准。回填料应由级配优良的粗粒和细粒的混合材料构成。土的类型和膨润土含量与膨润土回填料的渗透性的关系如图 4.14 所示。为降低最大渗透性,用来回填的土与膨润土混合料应该包含 20％～25％细粒土〔土体颗粒要通过一个直径 0.075 mm(200网孔)的筛子〕。为确保长期的渗透性降低,差不多需要 40％～45％的细粒土。如果现场的土粒太粗,需要添加额外的细粒土或膨润土。可塑性细粒土在降低渗透性方面比非可塑性土更好。膨润土屏障的渗透性随细粒土的增加而减小,如图4.15所示。

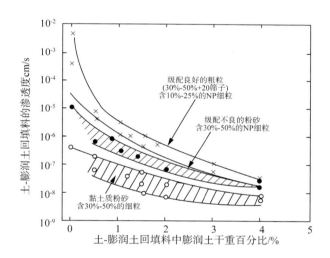

图 4.14　渗透性与加到膨润土回填料中膨润土的量之间的关系

　　一些污染物,包括一些溶剂和盐类,已被证实可以改变膨润土的膨胀特性,这将导致较高的渗透值。表 4.4 列出了各种污染物的析出对膨润土渗透率的影响。膨润土和水泥浆混合到土中形成混合的土-膨润土回填料,它的滑移距离大约在 4～6 英寸之间。回填料的单位重量至少比泥浆的单位重量重 15 Ib/ft³,确保泥浆在回填位置能运移。通常情况下,回填料的单位重量在 1 442 到 1 682 kg/m³ 之间。回填料通过流下浅坡在沟槽中运移(图 4.13),不能自由空投到沟槽中。以适当方式安置沟槽中的土-膨润土回填料是有必要的,这样可以改变回填料中没有圈闭扁豆状泥浆的膨润土水泥浆。

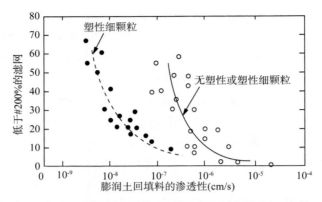

图 4.15　膨润土回填料中塑性和非塑性细颗粒含量对渗透性的影响

表 4.4　各种污染物引起的膨润土回填料渗透率的增加

污染物	渗透率的增加
Ca^{2+} or Mg^{2+} 含量达 1‰	N
Ca^{2+} or Mg^{2+} 含量达 1%	M
NH_4NO_3 含量达 1%	M
酸性(pH>1)	N
强酸性(pH<1)	M/H*
碱性(pH<11)	N/M
强碱性(pH>11)	M/H*
HCl(1%)	N
H_2SO_4(1%)	N
HCl(5%)	M/H*
NaOH(1%)	M
$Ca(OH)_2$(1%)	M
NaOH(5%)	M/H*
苯类	N
酚溶液	N
海水	N/M
卤水(SC=1.2)	M
酸性矿山排水($FeSO_4$, pH=3)	N
木质素(在含 Ca^{2+} 溶液中)	N
来自农药的有机残留物	N
醇	M/H

注:N,无明显影响,稳定状态下渗透性增加最多 2 倍;M,适度的影响,稳定状态下渗透性增加 2~5 倍;H,渗透性增加 5~10 倍,很有可能解体。

施工质量保证和质量控制对膨胀土屏障发挥作用至关重要,这就需要:

a. 取样并测定泥浆的单位重量、黏度、滤失,以确保这些参数满足设计需要。在泥浆被运移到沟槽前后做这些工作。泥浆密度计、马氏漏斗和压滤机可分别用于测量实地单位重量、黏度、滤失。

b. 检查沟槽的宽度、深度,关键部位的渗透性、垂直度、连续性、稳定性和底部清理情况。最关键的因素是关键部位的渗透性,可以通过刚性探头深入到关键层测量其深度来检查。

c. 取样并测试回填料的单位重量、沉降、级配和渗透性,以确保它符合设计要求。

d. 小心处理受污染的回填料或泥浆,并防止工人或其他受体直接接触。

② 水泥-膨润土屏障。水泥-膨润土屏障需要挖掘一条沟槽,采用由水、水泥和膨润土组成的泥浆。在加入硅酸盐水泥前,要准备好膨润土-水泥浆并充分水合。加入水泥后,立刻将水泥-膨润土泥浆抽到沟槽中,令泥浆在适当的位置硬化,形成液压屏障。一般情况下,水泥-膨润土泥浆包含 4%～7% 的膨润土,8%～25% 的水泥和 65%～88% 的水。

表 4.5　泥浆槽墙施工中两种方法的对比

膨润土屏障法	泥浆-膨润土屏障法
造价低	造价高(高 30%)
化学兼容性范围广(能很好地抵抗大多数污染物)	化学兼容性范围窄——很容易化学侵蚀
渗透性低(1×10^{-9}～1×10^{-10} m/s)	渗透性高(1×10^{-8} m/s)
回填料可以专门混合,使之符合设计需要	不用依赖土的有效性或质量来用作回填料
需要较大的场地用作回填料混合区,当挖掘到的土可以混合成回填料,会造成极小的破坏问题	没有回填料混合的要求,因此,好于开挖和回填料混合空间不足
挖沟必须在一个方向上连续	允许沟槽施工的一些部分有所变动以满足场地限制
最小的力量,最高的压缩	较大的力量,较少的压缩
由于回填泥浆的流动性,对工作场地等级有要求	地形崎岖和场地等级,不切实际的场地都适合
槽墙的规格	
宽度:0.5～1.8 m	宽度:0.3～1.0 m
位移值=0.1～0.15 m,必须能稳定在坡度为 5:1～10:1 的坡上	无侧限抗压强度=1.5×10^4～2.8×10^4 kg/m²
泥浆的规格	
膨润土占总重的 4%～7%	膨润土占总重的 4%～7%
水占总重的 93%～97%	水占总重的 65%～88%

续表

膨润土屏障法	泥浆-膨润土屏障法
补给水低于总溶解固体量	补给水低于总溶解固体量
泥浆 pH 值 7.5～12.0	泥浆 pH 值 12.0～13.0
密度≈1 050 kg/m³	密度≈1 090 kg/m³
马氏漏斗黏度＝35～45；表观黏度＝15～20CP	马氏漏斗黏度＝30～50 秒
回填料规格	
膨润土占混合物总重的 2%～4%	膨润土占混合物总重的 6%
水约占总重的 25%～35%	水约占总重的 55%～70%
细颗粒约占总重的 10%～40%	土约占总重的 30%～40% 水泥约占总重的 18%
密度≈1 680～1 920 kg/m³	密度≈1 300 kg/m³（最大）

表 4.5 是膨润土屏障法和水泥-膨润土屏障法的对比。水泥-膨润土屏障的渗透性范围在 10^{-5}～10^{-6} cm/s，与膨润土屏障相比，渗透性较高是由于水泥减少了膨润土的膨胀性。由于它的渗透性相对较高，水泥-膨润土屏障不能在控制废弃物上应用，这方面渗透率往往需要达到 10^{-7} cm/s。

a. 非传统的水泥混合已经被用来降低渗透性和提高化学相容性。例如，矿渣微粉与硅酸盐水泥以 3∶1 或 4∶1 混合，其渗透性为 10^{-8}～10^{-7} cm/s。膨润土替代品也已被采用。比如用硅镁土，它是一种黏土矿物，比膨润土更耐化学降解。但是使用这种添加剂，整个屏障的成本就会显著增加。

b. 水泥-膨润土屏障的剪切强度比膨润土屏障要高。水泥-膨润土屏障的坚硬沟槽体现了硬黏土的一致性。因此，水泥-膨润土屏障用在需要高强度的地区。水泥-膨润土屏障施工的地表等级可比膨润土屏障更陡峭。由于水泥-膨润土屏障每天都在变硬，所以分级级距很容易完成。水泥-膨润土屏障的优点在于对沟槽回填料没有要求，减少了施工缺陷。水泥-膨润土屏障施工不需要像膨润土屏障施工那样大的场地，因为回填混合区不是必需的。

c. 从水泥-膨润土屏障沟槽中挖掘出来的土需要处理。如果挖掘出来的土已经被污染，处理这批土可能是一个重要的成本因素，有可能需要额外的设计考虑。如果适用，使用这批土作为回填料是可行的。

d. 需要对水化的膨润土水泥浆混合物进行测试，包括单位重量、黏度、添加水泥前的滤失，因为水泥一硬化，这些属性将改变。在加入水泥后，泥浆也要测试这些参数，并且将结果与设计要求比较。在场地上准备水泥-膨润土屏障泥浆测定圆筒，允许硬化（在 100% 潮湿环境中通常为 28 天），并在实验室进行剪切强度和渗透性的测试。由于水泥-膨润土屏障泥浆在沟槽中硬化，每天施工都要建造一个干净的接触面与前一天的相接。因此,每天施工一开始,需要挖掘水泥-膨润土屏障沟槽的末端,来确保有一个干净的面连接新的水泥-膨润土屏障泥浆筑成的沟槽。

③ 塑性混凝土屏障。塑性混凝土(PC)屏障的施工通过在类似于膨润土屏障的膨润土泥浆的环境下挖掘沟槽,并采用由水、水泥、骨料和膨润土混合而成的一种高效混凝土进行回填。塑性混凝土屏障通常采用隔板建成,如图4.16所示。回填料通过导管运移。塑性混凝土屏障的渗透系数的范围在 $10^{-8}\sim10^{-6}$ cm/s。

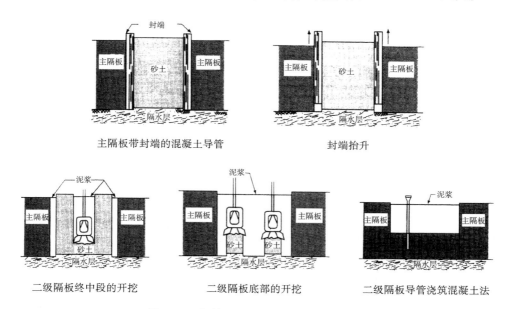

图 4.16 塑性混凝土屏障的隔板施工方法

塑性混凝土屏障的设计考虑类似于膨润土屏障和水泥-膨润土屏障。由于塑性混凝土屏障的施工在膨润土-水泥浆环境下,所以泥浆的标准和膨润土屏障相似。和水泥-膨润土屏障一样,塑性混凝土屏障:a. 要求处置挖掘料;b. 可建在陡坡上;c. 有较高的强度,在要求结构荷载的情况下可以使用。泥浆、沟槽施工和回填参数应该保持符合设计要求。

塑性混凝土屏障的强度比膨润土屏障和水泥-膨润土屏障更大。因此,当需要附加强度时,应该考虑采用塑性混凝土屏障。有限的可用数据表明,塑性混凝土屏障比水泥-膨润土屏障更耐有机污染。塑性混凝土屏障比膨润土屏障和水泥-膨润土屏障投资大,原因有三点:a. 出土料的处理费用;b. 隔板施工比连续沟槽工期长;c. 使用骨料的附加费用。

④ 复合屏障。复合屏障是采用材料的组合构建而成的。图4.17和图4.18展示了在泥浆槽墙中插入一块土工膜而成的复合型屏障。这样的复合屏障提高了

传统膨润土屏障的性能,使渗透性降低了 4～5 个数量级,并且加强了屏障对化学污染的抵抗力。

在泥浆槽墙中正确安装土工膜是至关重要的,应注意:a. 安装的土工膜没有孔洞或裂缝,并且在相邻的土工膜之间形成连续的密封;b. 通常,土工膜装在一个已安装完的框架上,这个框架放入充满泥浆的沟槽(图 4.19);c. 联锁土工膜(图 4.20)已被用来改善接头密封,土工膜每一边的联锁接头都用亲水性衬垫或泥浆来密封,然后将安装好的框架拆除;d. 在土工膜的底部加重以便衬垫沉入沟槽或者使用打桩机将硬化的土工膜面板打入地下。

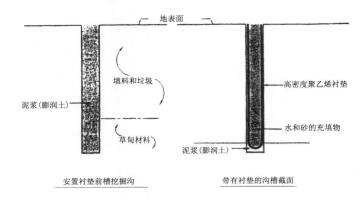

图 4.17 复合屏障:带土工膜的沟槽屏障

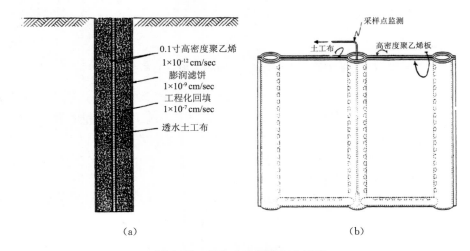

图 4.18 纳入土工膜的复合屏障

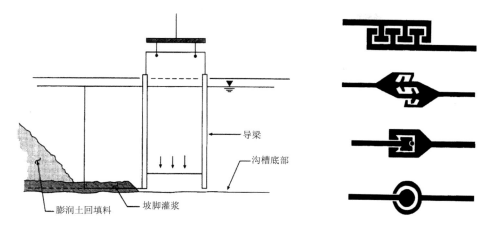

图 4.19　土工合成材料的复合屏障的安装方法　　图 4.20　土工合成材料复合屏障的联锁

4.1.4　薄浆隔离层

（1）定义

薄浆隔离层又称为灌浆帷幕,都是通过向地下灌浆形成的。压力灌浆和喷射灌浆是两种常用的注浆方法,将浆料混合物从每个孔中注入土壤或岩石的空隙和裂隙中,这些孔是间隔排列的,使处理后的区域部分重叠,从而形成一道连续的屏障。通常采用两排或三排的灌浆孔形成一个连续的低渗透屏障,如图 4.21 所示,其注浆孔的间距是特定的,由浆液从孔中扩散的渗透半径决定。理想情况下,注入浆液的相邻孔洞的浆液应该接触,如图 4.22 所示。注入浆液也可以由振动梁法完成。通过工字钢把浆液注入土桩移除后的空间。所有的灌浆屏障都要嵌入下层的低渗透土壤层或持力层基岩。

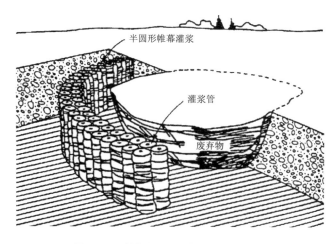

图 4.21　垃圾场周围半圆形灌浆帷幕

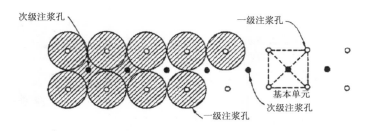

图 4.22　帷幕灌浆的灌浆管布局

表 4.6　各类浆液的重要特性

类型	特性
硅酸盐水泥或颗粒浆液	适合高渗透率(大粒)土壤;使用适当时,为所有浆液中最便宜的;是在美国使用最广泛的灌浆手段(约占 90%)
硅酸钠	使用最广泛的化学灌浆方法;浓度在 10%～70%,对应黏度在 1.5～50cP;通过冻结或解冻来抵抗变质;可以减少砂土的渗透性(10^{-2}～10^{-8} cm/s);可用在淤泥和黏土含量在 20%以上的注入速率相对较低的地方;硅酸盐水泥可用来加强止水
丙烯酰胺	因为具有毒性,使用时应谨慎;有机聚合物砂浆的第一次发展;可与其他浆液结合使用,如硅酸盐、沥青、黏土或水泥;在细土中比其他浆液用得多,因为可以使它是低黏度的(1cP);极好地控制了凝胶时间,因为从开始催化到规定时间/胶化时间一直是黏性的;在稳定土层中无限抗压强度为 344～1 378 kPa(50～200 psi);在水位线以下或在土壤中湿度接近 100%,凝胶是永久的;在冻融和干湿循环下很脆弱,特别是在以干旱期为主的地区将会机械地衰退;由于易于处理(低黏度),可实现更高效的安装并且可以和其他浆液有成本竞争力
酚醛树脂(酚醛塑料)	由于成本很高,很少使用;由于它有毒性,与饮用水供应接触地区应谨慎使用;低黏度;如果胶化后有大量的(化学兼容)水留下,则可能收缩(受损完整性);在稳定土层中,无侧限抗压强度为 344～1 378 kPa(50～200 psi)
氨基甲酸酯	通过多步聚合配置,反应次序可以暂停,添加剂可以控制聚合和发泡;黏度在 20～200 cP 之间;胶化时间从几分钟到几小时不等;预聚物是可燃的
脲醛树脂	由于成本很高,很少使用;要和一种酸或中性盐胶化;凝胶时间的控制很理想;低黏度;永久性的(稳定性好);溶液有毒性和腐蚀性;相对地表现出惰性和难溶性
环氧树脂	从 1960 年开始使用;在水下应用中很有效;黏度可变(由分子量决定);一般情况下,胶化时间很难规范;良好的耐久性;耐酸、碱和有机化合物
聚酯纤维	只在特殊的应用中有效;黏度从 250 到几千 CP;凝结时间从几小时到几天;在碱性介质中水解;在固化过程中收缩;成分有毒,需要特殊处理
木质素磺酸盐	由于毒性大,很少使用;木质素可引起皮肤问题,六价铬有剧毒(两者在材料中都有);不能和硅酸盐水泥结合使用;pH 值冲突;易于操作;在潮湿土壤中逐渐失去完整性;初始土壤强度为 344～1 378 kPa(50～200 lb/in²)

（2）浆液种类

　　浆液的选择取决于土壤的渗透性、土颗粒大小、土壤和地下水的化学性质、浆液与目前的污染物的相容性以及地下水流速。一般情况下,浆液可分为两大类:颗粒浆液(或悬液浆)和化学浆液。颗粒浆液包括由膨润土或水泥或两者与水组成的泥浆。化学浆液通常包含主化学成分、催化剂和水或其他溶剂。常见的化学浆液有硅酸钠、丙烯酸酯和氨基甲酸乙酯。表4.6总结了各类浆液的重要特性，表4.7列出了选择的浆液和各种污染物的相容性。图4.23展示了各种浆液对不同的土壤的适用性。颗粒浆液黏度比化学浆液高，常用于砂土区、砾石区或修补大开的断裂，而化学灌浆常用于粉细砂或淤泥区。也可采用颗粒浆液和化学浆液的混合物，大空隙可先用颗粒灌浆充填，接着再用化学灌浆填补小空隙。

必须通过详细的现场描述来确定帷幕灌浆的适用性。特别是有关土壤剖面，控制可灌性的土壤性质（例如，粒度分析、渗透性、孔隙度），岩石取芯中水的损失。需要场地的地下水化学特性和污染物类型的数据来评估浆液和污染物的相容性。

（3）灌浆法

由于其成本高，灌浆帷幕不用在危险的废弃物场地。泥浆护壁屏障比灌浆帷幕花费小并且渗透性低。然而，灌浆帷幕可能更适合于充实裂隙岩体。灌浆帷幕的施工可通过渗透（压力）注浆法、喷射灌浆法、或者采用振动梁法。

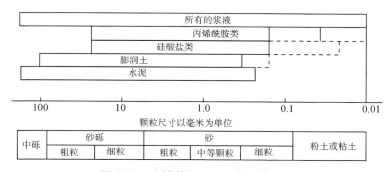

图4.23　土壤等级和对应的浆液类型

① 渗透（压力）灌浆法。在渗透（压力）灌浆中，土壤空隙被密封的浆液填满。为了达到低渗透的效果，土壤空隙必须充填完全，并且控制侧向范围内浆液的渗透。渗透灌浆屏障的设计需要考虑土壤的渗透性、浆液黏度以及土和浆液的颗粒大小。一般情况下，当土壤的渗透性大于 10^{-3} cm/s，渗透灌浆采用化学浆液比较合适。当土壤的渗透性大于 10^{-1} cm/s，可采用粒状材料浆液。

表4.7　浆液与特定门类的化合物之间的相互作用

浆液类型 化学种类	硅酸盐水泥					
	类型 I	类型 II 和 V	膨润土	水泥-膨润土	硅酸盐	丙烯酰胺
有机化合物						
醇类和二醇类	? d	? d	? d	? d	?	? d
醛类和酮类	?	?	? d	?	?	? a
脂肪化和芳香化碳氢 化合物	2a	2?	? d	?	?	? a

浆液类型 化学种类	硅酸盐水泥					
	类型 I	类型 II 和 V	膨润土	水泥-膨润土	硅酸盐	丙烯酰胺
酰胺类和胺类	?	?	?	?	?	?
氯化烃	2d	2d	?	?	?	? a
醚类和环氧化合物	?	?	?	?	?	? a
杂环族化合物	?	?	? d	?	?	? a
腈	?	?	?	?	?	?
有机酸和酸性氯化物	1d	1d	? d	? a	?	2a
有机金属化合物	?	?	?	?	? a	?
酚类	1d	?	? d	?	?	?
有机酯	?	?	?	1a	?	?
无机化合物						
重金属,盐类以及复合物	2c	2a	? d	2c	? a	2?
无机酸	1d	1a	? c>	? c	?	2c
无机碱	1a	1a+	? c>	? d	?	3d
无机盐	2d	2a	2d	? d*	1a	3d

注:对凝胶时间的影响:1. 无显著影响;2. 增加凝胶时间(延长或延缓凝胶);3. 缩短凝胶时间

对耐用性的影响:a. 无显著影响;b. 提高耐久性;c. 降低耐久性(短期内产生破坏);d. 降低耐久性(在很长一段时间内产生破坏行为)

﹡,除硫酸盐,都是? c

+,除了氢氧化钾和氢氧化钠,都是 1d

>,改良的膨润土是 d

?,数据不可用

渗透灌浆施工方法有两种:通过多点注浆法或者 TAM 注浆法(也被称作套管注浆)。在多点注浆法中,灌浆管插入足够深处,当套管取出时,浆液通过它的底部注射。通常注射点被安置在灌浆孔主要和次要的三重线上。预定量的浆液被抽进主孔。在主孔中的浆液凝固或胶化后,开始灌注次孔。二次灌浆要将一次灌浆留下的间隙填充满。因此,连续墙的形成如图 4.22 所示。一级灌浆孔一般间隔 3～5 英尺。

在 TAM 方法(套管注浆法)里(图 4.24),每隔 1 英尺有个小孔的套管被放入灌浆孔。小孔被橡胶套管包裹,橡胶套管起单向阀作用,允许浆液被压入地层。一个双栓塞被放置在套管中,通过这种方法使它横跨微管轴,浆液通过压力被注入。如果所需遏制的渗透性不能实现,那么 TAM 法允许在同一地点重复灌浆。这种方法也允许不同类型浆液在同一地方使用(例如,用水泥浆液填充大空隙,用化学浆液填充小空隙）。

　　渗透灌浆屏障的设计必须要对采用的灌浆压力进行评价。压力过大可能导致压裂,使进入压裂段的浆液不能完全充填土壤空隙。如果发生这种情况,那么屏障不满足设计的渗透性要求。

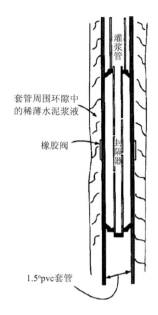

图4.24　TAM渗透灌浆法

　　② 喷射灌浆法。喷射灌浆法涉及浆液、空气和水的综合应用。它们通过一个小喷嘴或者钻头上的喷嘴在很高压力下(通常达5 000～6 000 psi)输送。当钻杆推进到所需深度后,采用挖掘和旋转,通过喷射浆液来清除土壤,形成一个大的圆柱孔(如图 4.25 所示)。采用喷射灌浆时,一般用硅酸盐水泥或者水泥-膨润土浆液。水泥浆液和土壤混合在地下形成土壤-水泥柱状混合物。多余的水和土壤被压至转杆的表面。一个水平连续屏障可通过连续的喷射灌注桩形成。

　　三种类型的灌浆——单杆、双杆和三杆(均指钻杆上的通道数)——已经研制出来。在单杆喷射中,只有浆液通过泵在钻杆中输送并被喷射到土壤中。土壤和浆液柱状物混合后,多余的土壤和水移动到表面。单杆圆柱状孔在粒状土中的宽度可达 1.2 m,在黏性土中宽度可达 0.8 m。在双杆喷射中,空气通过和浆液同一喷嘴注入土壤中。注入的空气用来保持喷嘴的洁净。它是通过阻碍地下水和喷嘴切割的土壤并帮助将碎土运移至地表。双杆圆柱状孔比单杆圆柱状孔大两倍。然而,双杆圆柱状孔的高含气量可能导致更高的渗透性。在三杆喷射中,空气和水通过用来切割和运移土壤的喷嘴注入,导致大部分原土壤流失。转杆提升时,浆液通过另一个喷嘴注入,充填圆柱状孔,使圆柱状孔几乎完全充满浆液。三杆圆柱状孔

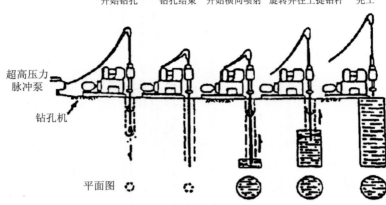

开始钻孔　　钻孔结束　开始横向喷射　旋转并往上提钻杆　完工

超高压力
脉冲泵

钻孔机

平面图

图 4.25　喷射灌浆法

在粒状土中的宽度可达 3 m,在黏性土中可达 1.5 m。

喷射灌浆可用于砾石到重质黏土范围内的土壤,其屏障深度可大于 200 英尺,不过 100 英尺以下垂直度和由此引起的喷射灌浆屏障的连续性很难控制或确定。喷射灌浆工程的一个缺点是:被置换的土壤和水的唯一出口就是暴露在地表的钻孔,如果开口被封闭,就会产生剩余压力和劈裂;另一个缺点是可能产生大量弃土,废弃物区的弃土通常要经过净化和再沉积,这样会大大增加成本。

③ 振动梁法。振动梁屏障是一种适合浅深度的灌浆屏障,其施工包括将改进的工字桩用振动锤打入地下,后通过桩底的喷嘴喷射浆液。在桩体打入过程中,少量的浆液通过喷嘴注入起润滑作用,另一方面填补工字桩被撤回后留下的空隙。这个过程如图 4.26 所示。打入和充填过程以覆盖花型重复,形成了连续屏障,封闭了污染物和废弃物。

水泥膨润土浆液通常作为振动梁屏障的材料,有时也用含沥青的浆液(沥青为主)。振动梁屏障的厚度只有 2～3 英寸,其劈裂的可能性很高。振动梁屏障的渗透性取决于所用的浆液,使用水泥-膨润土浆液渗透性可达 $10^{-6}\sim10^{-5}$ cm/s。

振动梁屏障的主要优点在于不需要处理挖掘物,主要的缺点在于工字桩偏离垂直方向,使得屏障在深处的连续性不能确定,不能通过检查振动梁屏障底部来确定垂直度和嵌入深度。

4.1.5　现场搅拌屏障

现场搅拌屏障,也被称作深层土搅拌屏障或土壤搅拌墙,是在原位通过土壤和泥浆的混合物建成的。当钻杆向上提时,三个带螺旋钻的杆组成的特殊设备被用来注入水-膨润土或水泥-膨润土浆液并将它混入土壤中。这样就形成一个与土壤

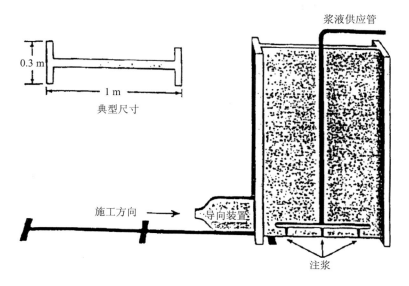

图 4. 26 振动梁屏障

充分混合的柱形物。通常宽度在 0.5～0.9 m 的连续墙通过交错贯入形成,施工顺序如图 4.27 所示。

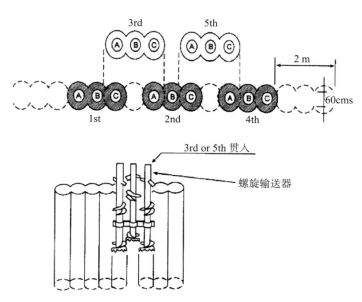

图 4. 27 现场搅拌屏障的施工顺序

现场搅拌屏障比其他屏障相对要宽（比如振动梁屏障）,渗透率能达到 10^{-7} cm/s。因为假定受污染的土壤没被挖掉,这类屏障减少了健康风险和安全问题并且削减了处理受污染土壤的费用。其最主要的缺点是不能通过检查现场搅拌屏障的底部来确定嵌入深度。

4.1.6 钢板桩屏障

钢板桩已经被广泛应用在各种各样的土木工程中,包括阻止地下水流向挖掘区。钢板桩屏障又被称为板桩截断墙或板桩屏障,可用于封闭地下污染物和使污染区周围地下水转向,是通过独特的双动冲击力或振动打桩机将互锁的钢板的单独部分打入土中,从而形成一个薄的不透水屏障,如图4.28所示。每一块钢板桩和邻近的钢板桩用滚珠和承窝连接,可以使用带有各种各样配置和配件的钢板桩,这取决于特殊场地的情况,包括土壤类型和打入深度。

作为一种有效的屏障,钢板桩应扩展到低渗透土层或基岩。通过标准的打桩方法将钢板桩打入低渗透土层(例如黏土,粉质黏土)相对比较容易,然而将钢板桩打入岩石单位比较困难,桩测试和钻孔到不透水土层或岩层可用来确定屏障的效果和桩之间的相互磨损,钢板桩最多可打入50~100 ft。

钢板桩屏障最主要的问题在于联锁部位渗漏,通常不用于控制废弃物。为了解决这个问题,最近出现了一些新类型的桩,可用于遏制废弃物:(1)联锁接头处可用一些土工膜;(2)接头处的空洞可用一种遇水膨胀的材料来填充,以确保完全密封;(3)此外,为减少联锁处的渗漏,钢板桩和水泥-膨润土结合使用,用这种方法建成的复合墙代价很大,但是渗透性非常低。钢板桩和当地污染物的兼容性也是设计考虑的重要因素,不适用于地下水中含高浓度盐或酸的情况,除非它们涂上煤焦油环氧树脂或使之成为阴极。

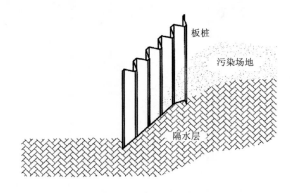

图4.28 钢板桩屏障

板桩的优点包括宽松的可用性、强度、施工迅速;但是这些优点和打桩引起的扰动、联锁处的渗漏、代价高相抵消。板桩不适用于密度非常大的土壤或含有巨砾的土壤,因为在安装的时候可能会损坏。板桩屏障作为一个短期的加强和控制措施可能很有效。

4.2 底部屏障

底部屏障通常用在自然环境下深度合适的、不存在低渗透岩层的废弃物区（图4.1），可通过几种方法建成，比如灌浆技术或利用坑道、土工膜和浆液（泥浆）相结合。

4.2.1 渗透灌浆

在粗粒土区，渗透灌浆是在污染场地下方建造一层重叠的泥浆球状物（如图4.29所示），是以一定的压力注入，通过灌浆替换孔隙中的水，并且保持土壤原结构，其压力不能太大，避免引起水力压裂。灌浆屏障的厚度要能够保证充足的水密性，采用套管注入法可以非常好地控制灌浆注入的深度，使之在期望范围内，而要求的厚度可以根据现场试验来确定。灌浆土壤的渗透系数从普通硅酸盐水泥的 10^{-6} cm/s 到丙烯酸盐浆液或者微硅粉浆的 10^{-10} cm/s 不等。

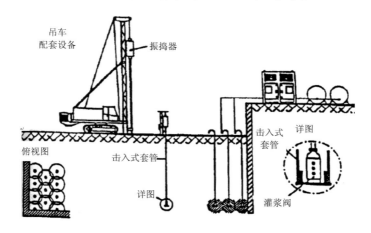

图 4.29 渗透灌浆形成的封底

4.2.2 高压喷射灌浆

高压喷射灌浆技术可以形成重叠的短柱或者盘状体密封在污染区之下（图4.30）。高压喷射灌浆和渗透灌浆类似，也可以用来封底和做竖直屏障，但是高压喷射灌浆的屏障特性更好，其原因为：(1) 很好地控制灌浆柱体的尺寸；(2) 很好地控制灌浆体的连续性；(3) 由于非均匀性而在土体里相对独立；(4) 可以使用普通硅酸盐水泥，因此有很高的耐腐蚀性而且经济划算（普通硅酸盐水泥浆液在许多土体中都不能注入,但使用高压喷射灌浆却几乎适用所有土体)。

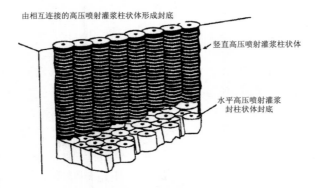

图 4.30　高压喷射灌浆形成的封底

由硅酸盐水泥浆液和膨胀土组成的一个典型高压喷射灌浆封底,其渗透系数可低至 10^{-7} cm/s。如果钻孔要通过污染区或者废弃物时,那么不允许在其上方放置灌浆封底的设备,可考虑斜钻来渗透灌浆或者高压喷射灌浆。然而,这种方法只有当污染区或者荒地的宽度较小时才适用。下面给出封底和竖向屏障结合使用的例子,如图4.31所示。

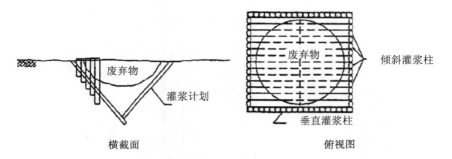

图 4.31　倾斜灌浆柱形成的封底

4.2.3　定向钻井和灌浆封底

定向钻井可以沿抛物线从地面的一点到达地面另外一点,可以不穿过废物堆或者污染区而到达其下部,如图 4.32 所示,其弧线最小半径大约为 15～30 m。定向钻井可以和渗透灌浆或者高压喷射灌浆相结合使用来封底。

4.2.4　水压致裂法和块体位移法封底

水压致裂法是有意识地将水或者气体以高压注入到场地中,致使土壤形成裂隙。在块体位移法中,如图 4.33,一系列的钻孔在高压下被同时注入液体(水或气

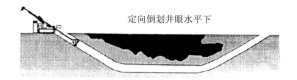

图 4.32　使用定向钻井技术进行封底

体），使得废弃物及其周围土壤整体抬升，并在其下部形成一个低渗透性的底部屏障。这种方法需要在废弃物周围及其中央打一些钻孔。膨润土浆液被同时在高压下压入到每个内部钻孔从而产生水平裂隙。膨润土浆液填满裂隙，使之变宽并横向扩张。这种增厚和扩张的裂隙促使块体向上位移。膨润土浆液同时可以防止裂隙闭合。这种充满浆液的裂隙的作用类似于封底。

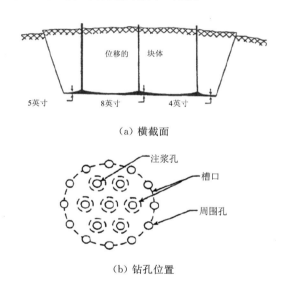

图 4.33　使用块体位移法技术进行封底

4.2.5　板桩结合灌浆

板桩和渗透灌浆相结合也可以围住埋藏的废弃物。将板桩按照某个角度朝向埋藏废弃物下的一个公共点或者一条直线放置，形成一个锥形或者楔形，和斜向钻进类似，如图 4.31 所示。一旦板桩被放置好，通过多种注浆孔利用渗透灌浆使得在废弃物和板桩楔形体之间的土体充满浆液。浆液填充土的空隙和各个板桩接合处，从而防止进一步的渗滤液运移。

4.3 表层罩

4.3.1 表层罩的定义

表层罩,也可以称之为顶盖或者表层屏障,和填埋场的最终覆盖系统相似。罩和填埋场覆盖相似,建在填埋废弃物的上方以防止降水的渗透,另外可以使产生的渗滤液最小化,如图 4.1 所示。它还可以防止污染物质迁移到大气中,减少侵蚀、改善环境。罩的类型主要取决于废弃物性质、场地条件和尽可能延长保养期的要求。罩可以是单层的植被土也可以是混合多层土或者土工合成材料。

表层罩可以用来控制含有各种污染物的废弃物,包括挥发物、半挥发物、金属、放射性物质、腐蚀性物质、氧化剂和还原剂。表层罩可以单独使用,或者与废弃物阻隔系统、修复技术相结合使用。废弃物阻隔系统包括垂直屏障,修复技术包括抽取和治理地下水系统、原位废弃物处理(例如:原位生物修复)等。表层罩可以作为一个临时的或最后修复措施。在选择更好的修复措施前或者正在实施治理过程中,它可使产生的沥滤液最小化。在由于废弃物体积太大而不能挖掘、搬移和由于潜在危险或不切实际的费用不能实施修复清理的场地时,表层罩也可作为最后的修复措施。被放弃的垃圾填埋场、废物坑和尾矿场是以表层罩作为最后修复技术的常用场地。

4.3.2 结构与材料

如图 4.34 所示,一般多层的表层罩的结构包括(从上到下):(1) 表面层或者侵蚀层;(2) 保护层;(3) 排水层;(4) 隔离层;(5) 气体收集层;(6) 基础层。表4.8总结了各层的功能和可以使用的材料。

(1) 表面层。其功能是将下面的构成部分与地表分开并尽量减少下层的温度和极值降水。表土、地工合成侵蚀防治材料覆表土、鹅卵石和铺路材料已全部用于表面层。表土是最常用的材料,但是过度侵蚀是个问题。由于这个原因,将地工合成侵蚀防治材料覆盖在表土上来限制侵蚀。

(2) 保护层。其功能有:① 储蓄渗过表面层的水,直到其蒸发或运移走;② 使废弃物与动物或植物根系完全分离废物;③ 尽可能减少人类的干扰;④ 保护下覆结构层,使其免于过分潮湿或者干燥从而导致一些材料的破裂。土是最常用的保护层材料。在多数情况下,表面层和保护层都被合成为一个单独的表土层。

(3) 排水层。其功能有:① 减少下覆隔离层的水头,最大限度地减少表层罩水的渗漏;② 排走从保护层和表面层渗入的水,以增加水存储量并且帮助减小对这些层的腐蚀;③ 减少表层罩材料的孔隙水压力,提高边坡的稳定性。排水层使用的材料包括:沙、砾石、土工网结合土工布过滤材料、土工复合排水材料。土工布可作为在植被层(保护层)和排水层之间的过滤材料。

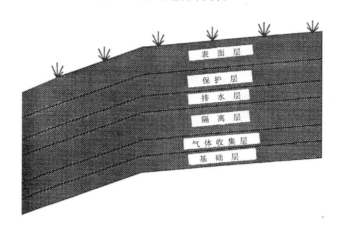

图 4.34 表层罩横剖面

(4) 隔离层。通过阻碍渗滤和促进上部结构层水的存贮或排水,使表层罩水的渗透减到最小。隔离层也制约着任何气体或废物散发的挥发性成分向上运动的可能。土壤隔离层通常由被压实的黏土组成,其渗透系数为 $1×10^{-7}$ cm/s 或更小,或者按地方性法规、场地限制要求。压实土隔离层一般以 6 英寸(或更薄)层层施工,最终形成厚度达 2 英尺或更厚的隔离层。复合隔离层使用土壤和土工膜。土工膜以大型卷筒的形式大量制造,并且可制成不同厚度(20 至 140 密耳)、宽度(15 至 100 英尺)、长度(180 到 840 英尺)。土工膜比黏土更难渗透。可把土工布铺在土工膜上作为保护层,以防止力学破损(例如撕裂、穿刺、超限应力)。复合隔离层已被证明是最有效的降低渗透的方式。

而压实黏土垫层不能总是得到令人满意的效果,因为干燥、冻融、下方过多的废弃物可能会导致其开裂。由于压实黏土垫层的这些问题,土工合成材料黏土垫层(GCLs)已经被开发作为隔离层材料,它是由一层薄的膨润土夹在两个土工合成材料间组成。在潮湿的情况下,膨润土膨胀形成一个低渗透、可重复密封的隔离层,称为“自我修复”。土工合成材料黏土隔离层的材料以卷筒的形式生产,它不需要接缝缝合,这点不同于土工膜。其他阻隔性材料如土壤混合膨润土,粉煤灰、膨润土、土壤混合物,高吸水性土工布,喷射土工膜,土壤颗粒黏合物,已经被开发来实现快速、简便安装,以更好地控制质量和节省成本。

(5) 气体收集层。表层罩的最底层,也被称为通风层。这一层传输气体到收集站,排走或燃烧或废热发电。这一层也作为基础层,应该足够结实以支撑上覆层和建筑设备。气体收集层通常使用颗粒状材料和管道。

不是所有的这些结构层在每个场地都需要。表层罩的材料和设计方案的选择要根据场地的特殊条件,例如:现场的可操作性、表层罩原材料的成本、表层罩的期望功能、被覆盖废物的性质、当地气候(降雨)、现场地形、水文地质条件、场地的未来规划使用。具体构成见表4.8。在许多实际使用的表层罩系统中,图4.35(a)和图4.35(b)给出了两个垃圾场表层罩系统的例子。

表 4.8　表层罩的构成

结构层	基本功能	可用材料
表面层	将下覆结构层和地表分隔 抗腐蚀 减少下覆层的极端温度和湿度	表层土(植被的) 土工合成材料 铺路材料
保护层	在渗透水运移前将其储存 分离垃圾 防止下覆结构层潮湿或者干燥 防止下覆结构层冻融	土壤 卵石 回收的或者可再利用废弃物(如:粉煤灰、底灰、造纸厂污泥)
排水层	降低隔离层的水头 降低降雨后饱和上覆层的浮托力	沙或砾石 土工网或土工复合材料 回收的或者可再利用废弃物
水力隔离层	阻碍通过表层罩的渗透水 限制废弃物产生的气体外泄	压实的黏土 土工膜 土工合成材料黏土垫层 回收的或者可再利用废弃物 沥青 沙或砾石毛状隔离层
气体收集层	收集和移除气体	沙或砾石 土工网或土工复合材料 土工布 回收的或者可再利用废弃物

4.3.3　设计

表层罩的设计与垃圾填埋场最后的封盖填埋类似。影响表层罩的主要设计因素包括:(1)废弃物整体稳定性检测;(2)下覆废弃物沉降分析;(3)表层罩系统的边坡稳定性分析;(4)排水分析;(5)渗滤液处理分析;(6)气体处理分析。废弃物整体稳定性检测涉及评估废弃物整体在所有可能的荷载条件下是否保持稳定,几种不同的荷载条件包括表层罩载荷、地震应力和建筑物荷载。沉降分析主要是评估在表层罩载荷条件下基础和废弃物的需加固情况,长期的沉降分析是必要的,还要为沉降制定监测计划。

应对表层罩系统本身的稳定性进行分析,以检测发生潜在事故的可能。该分析应解决:(1) 表层罩系统内的交接处稳定性(例如:黏土垫层和土工膜,GCL 和土工膜,土工膜和土工布);(2) 土工合成材料垫层边坡上土的张力;(3) 表层罩各部分的应力;(4) 差异沉降对土工合成材料的影响。

排水分析是必要的,以防止在低渗透结构层压力水头增加和上覆层由于渗透压失稳。排水分析应解决:(1) 排水能力;(2) 土工布过滤;(3) 径流控制;(4) 水土流失控制。气体处理分析主要评估拟建的气井的设计和布局,通常包括一个试点测试,以确定气体成分和生成率。如果需要设置被动式排气系统,那么其横向和垂直通风口的位置根据废弃物的性质确定。其他影响表层罩性能的设计考虑因素包括覆盖土的冻结和土工合成材料的易破损孔洞。表层罩的评估可能基于场地的特定环境,还需要考虑其他设计因素。

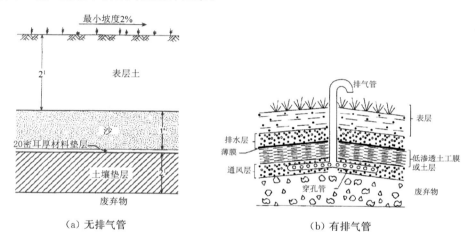

（a）无排气管　　　　　　　　（b）有排气管

图 4.35　表层罩系统实例

4.3.4　施工

表层罩通常用以提高径流。基础层,通常是在垃圾体上的气体采集层;低渗透层,如隔离层的黏土部分,就铺设在基础层上,黏土以几英寸厚层层铺设和压实,直至达到所需的厚度。每层在压实后都要划痕(使其粗糙),以消除任何一丝光滑表面,防止此层和上层之间出现打滑。最上层要被压实、碾平,使土工膜可以直接铺设在上面并且平整地接触。

土工膜铺设时不能有褶皱或处于紧绷状态,它的接缝应是完全和连续的,土工膜应在底层黏土表面变干和产生裂缝前铺设。如果有排气管,那么应该使其和土工膜小心接触,以防止下陷撕裂,搬运和铺设时应避免土工膜穿破和撕裂。此外,应考虑空气温度和季节变化对土工膜的影响;硬度和脆度与低的空气温度有关。如果在空气温度高时铺设,那么土工膜将扩张,然后向超应力点收缩。

土工布可放在土工膜表面,保护其不被上覆材料损坏,特别是当粗糙、尖锐的颗粒材料被用在上覆排水层时。排水层的设计是为了排走会渗透到隔离层的水。排水层可以是具有高渗透性的土壤颗粒或土工合成材料排水格栅或两层可渗透的土工布夹土工网。排水层上可铺设另一层土工布,防止排水层被上面的土壤堵塞。然后就可以铺补土和表层土,并在表土播种草籽或其他植被。

施工质量保证/施工质量控制(CQA/CQC)认证,包括测试,预计将增加 10%~15%(可能因项目不同而有所不同)的安装成本和完工时间,但一般公认建造的表层罩的质量和性能将因此提高。土壤测试用以确定其颗粒尺寸、阿太堡限度、渗透系数和压实特性。为了保证接缝质量,土工膜试纸接缝要经受强度(剪切和剥离)测试,以模拟设备、人员或气候变化的应力。安装程序要详细说明接缝沿斜坡向上还是向下,而不仅是横穿过,以降低接缝应力。

表层罩安装过程中需要的施工设备包括推土机、平地机、各种压路机和振动压土机。另外,还需要搬运、放置、土工合成材料接缝缝合的一些设备。表层罩所用的材料也需要储放场地。如果场地没有足够的施工所需的土壤,低渗透土壤必须用卡车运送。要确保供应充足的水,以使施工中所用土壤维持其最优比重。

对土壤垫层的 CQA/CQC 认证过程是为了确保:(1)土壤垫层是合适的材料;(2)土壤垫层材料的正确安置和压实;(3)保护完工的垫层免受恶劣的天气条件破坏。黏土资格预审测试要通过定期的土壤分类、压实曲线、改造渗透性测试。一个测试垫层通常要证实,设计的材料和方法会产生一个符合大型、原位渗透系数的垫层结构。施工中土壤垫层压实度检测应包括压实曲线和密度、含水量、未扰动渗透系数、阿太堡限度、颗粒尺寸测试。

制造质量控制测试应当包含土工膜隔离层,以确保土工膜符合适用的标准,并且达到所需的熔融指数、树脂指数和耐环境开裂应力。现场测试应定期评估土工膜厚度、拉伸强度、伸长率和抗穿破和撕裂能力。CQA 应检查现场的每个土工膜卷。接缝测试可以使用无损的(真空箱或空气压力)或者破坏性(剥离和剪切试验)方法。

一个好的设计和建造的表层罩系统通常应该运营顺利,并应需要最少的维护工作。然而,不均匀沉降、表面的水蚀影响应每季度或每半年监测一次。另外还应监测渗滤液质量、数量,泄漏探测,水渗透,气体质量、数量,地下水,这些将确保系统按设计要求运营。

4.4 地下水抽取系统

4.4.1 地下水抽取系统特征

地下水抽取系统是一种放射性废物控制系统,用于控制、管理地下水从而排除、转移和控制污染羽流或者调整地下水水位,防止羽流运动。图 4.36(a)描绘了一个制止污染羽流前沿推进的抽水井线使用平面图,从而防止污染饮用水供应。图 4.36(b)给出了系统的横截面图。抽水井的单独使用最适用于污染物与水易溶、易移动,水力梯度大,渗透系数高,不需快速去除的情况。抽水井经常与防渗墙、通常是垂直防渗墙,结合使用,以防止地下水漫过防渗墙,并尽量减少渗滤液接触防渗墙,以防止由于施加于防渗墙的高水头等条件下的防渗墙弱化,如图 4.4 和图 4.6 所示。

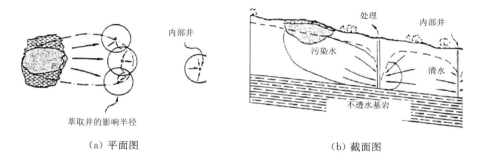

（a）平面图   （b）截面图

图 4.36　废物控制的抽水井线抽水系统

抽水井和注水井经常联合用于水力梯度相对平缓、渗透系数很稳定的地方的污染控制和去除。注水井的作用是引导污染物到抽水井,然后去除污染物,该方法已比较成功地用于不与水混溶的羽流。图 4.37 说明了抽水井-注水井去除羽流模型。这样布置井点的一个问题是,当使用这些布局时就会产生死点,即水的运动非常缓慢或不存在水流的地方。死点的大小直接与相邻的影响半径的重叠量有关,重叠量越大,死点越小。另一个问题是,注水井会遇到许多操作问题,如需要频繁保养和良好修复。

抽水井或注水井也可以用来调节地下水位,尽管此项应用并不广泛。在地下水位拦截了已处理废弃物的场地可以利用抽水井降低地下水位控制羽流的发展。为保证此抽水技术有效,必须隔离向废弃物的渗透并完全移除液体废弃物。如果这些条件得不到满足,那么就可能导致存在的污染物羽流扩展。使用抽水井系统降低地下水位的主要缺点是维护系统的持续费用较高。

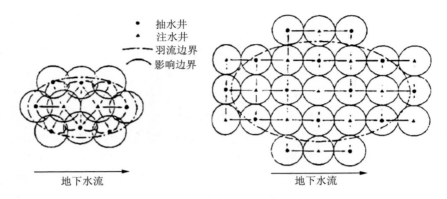

图 4.37　抽水井和注水井去除羽流模型

可以使用注水井作为地下水防渗墙来改变羽流方向和羽流的迁移速度。图
4.38展示了一个利用注水井线使羽流改道,以保护内部水资源的例子。通过建
立一个具有较高水头的区域,可强制改变羽流方向。当只需短期改道或改道能
提供足够的时间使羽流自然降解,因此不需要控制和清除污染时,这种技术是可
取的。

抽水效果在具有高渗透系数的含水层是最好的。其在渗透系数适度的含水层
和污染物沿裂隙基岩运动的场所已取得一些成效。必须研究清楚裂隙基岩的裂隙
发育模式,以确保安置正确的井位。

如果抽取了被污染的地下水,那么处理前必须考虑治理的必要性。该治理系
统的类型取决于存在的污染物。受污染的水可以现场治理或异地治理。如果必须
重新注水,那么现场的补救可能是必要的。

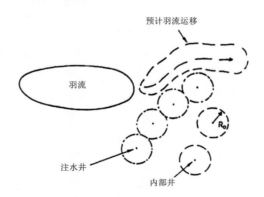

图 4.38　利用注水井使羽流改道

4.4.2 设计

必须先搞清详细的场地地质特征,以确定水文地质条件、自然状态和地下水的污染程度。还应绘制水势面图(即描绘等水头线的图)和现场地质剖面图并确定羽流的面积、水深、流速、方向。水泵测试应包括确定透过率和储水系数,抽水速率,以及测试井的影响半径。是否存在上层滞水面或其他异常情况也必须进行评估。表 4.9 总结了确定抽水系统是否适合站点和设计抽水井系统所需要的数据类型。

抽水控制羽流的基础是利用抽水井的影响半径吸收羽流。井系统的设计依赖于井流理论。井流理论不同于承压含水层和潜水含水层。当井抽水时,地下水位以一个圆锥形降低,这就是所谓的缩扁。缩扁的数量取决于抽水速率、渗透性、含水层厚度、地下水回灌、边界的存在和抽水时间。注水井和抽水井可以结合使用来控制羽流。除了下降锥、缩扁锥被倒置于地下水位或基准水压面(漏斗效应)上方,注水井理论和抽水井理论完全相同。

表 4.9 抽水和地下排水管^① 需要的数据

数据描述	用途^②	原始资料/方法
含水层深度/地下水位	选择适当的抽水方式、设计 P 和 SD	水文地质图,观测井,钻孔资料,水压计
地下材料的类型、厚度、不饱和或饱和程度	设计 P 和 SD	水文地质图,表层地质图/报告,钻孔资料,物探调查
地下材料的渗透系数和贮水系数	设计 P 和 SD	抽水试验,段塞测试,实验室渗透试验
控制的浓度、区域范围	确定井或地下排水管的选择深度	水质数据
水压面图,地下水流速和垂直/水平梯度	井或地下排水管的定位和设计	水位数据
地下水位的季节性变化	井或地下排水管的选择深度	长期水位监测
NAPL 密度/黏性/可溶性	预测污染物的垂直分布;设计井或地下排水管	相关文献
地下水/地表水的关系	设计井或地下排水管	渗流、水流测量
位置屏幕/开区间深度;场地对井抽水速率的影响	确定影响/干扰因素	井库存,抽水记录
降水、补给	设计井或地下排水管	NOAA 报告

注:① 适用于液压防渗阻水技术(例如,井系统);
    ② P 抽水、SD 地下排水管。

对于浮动污染物,可使水井部分穿透含水层。当一个井并不完全穿透含水层时,井附近的水必沿着曲线向井移动。要评价这种部分穿透的效果很复杂。然而,根据水井的穿透程度,当径向距离大于 0.5～2 倍饱和厚度时,部分穿透的影响对于流态和缩扁微不足道。

一个井系统设计包括:(1) 井的设计;(2) 井的组件(如滤管、外壳和泵)设计和选择。

(1) 井设计

井系统设计包括确定所需井的数量、井模式和间隔空间、个别特殊井的设计、抽水周期、需要的抽水速率及排放处理方法。确定给定的含水层井的影响半径是修复措施设计的关键,因为这可以用来确定井间隔空间、抽水速率、抽水周期和滤管的长度。井的影响半径随着抽水的进行不断变大,至达到平衡条件(即当含水层的补水等于抽水速率或排水率)。设计者必须决定是用平衡还是非平衡抽水,因为这会对影响半径范围产生影响。设计中常用平衡抽水,然而,在低渗透系数含水层、不混合的羽流、存在地下水屏障或补水条件有限的场地,非平衡抽水可能更现实点。

估算影响半径最准确的方法是通过抽水试验分析。抽水试验可鉴别出补水边界、屏障边界、储水缓慢释放状况。抽水试验应持续进行,直至达到平衡条件。一个典型的承压含水层试验持续时间约 24 小时,而潜水含水层的时间则可能是数天。一旦达到平衡条件,平衡或非平衡条件下的影响半径可根据表 4.10 的方程式估计。当抽水试验数据不足或不完整时,可使用表 4.10 给出的方程和使用透射率或渗透系数的值、抽水时间和存储系数得出影响半径的粗略近似值。通常潜水含水层的存储系数取值范围从 0.01 至 0.35,而承压含水层的取值范围则从 0.000 01 至 0.001。由于这些估计是近似的,而且不考虑补水,可取的做法是调整 R_0 值且取较小的值,以便下降锥有更大的重叠部分,因此降低污染物从井之间逃走的概率。

(2) 井间距

确定适当的井间距以完全捕获地下水羽流,可以说是在系统设计中最重要的项目。界内人士对建立井的间距有一个长期的经验法则,下降锥应重叠(即,影响半径应重叠)。这种方法对自然流速低的蓄水层无疑是准确的,但不会对自然流速高的含水层有效。对于后一种情况(最好是所有情况下),在了解速度分布的基础上对捕获区进行分析,以确定应采用的井间距并确保羽流捕获。捕捉区分析是基于驻点的测定(即排放的水和自然流动到井里是完全一样的抽水井的顺梯度位置)。驻点和井的抽水速率成正比(即抽水速率越高,驻点顺梯度越远),和自然流动成反比(自然流速越高,驻点与井越接近)。仅在极为罕见的自然流速为零的情况下,捕获区边界等同于计算的下降锥。这意味着,即使两个抽水井下降锥相交,它们也可能不会完全捕捉到羽流,除非它们的捕获区相交。

表 4.10　影响半径方程

条件	承压含水层	潜水含水层
平衡(准确解)	$\ln R_0 = [T(H-h_w)/229Q] + \ln r_w$	$\ln R_0 = [K(H^2-h_w^2)/458Q + \ln r_w]$
非平衡(精确解)	降水深度对 log 土块距离或 Theis 法	
非平衡(近似解)	$R_0 = r_w + (Tt/4790S)^{0.5}$	$R_0 = 3(H-h_w)(0.47K)^{0.5}$

（3）抽水速率

对于承压含水层,抽水量和抽水速率是和缩扁成正比的。提高抽水速率不会对影响半径产生影响,但会影响抽水所需的时间。因此,可以选择抽水速率以适应不同的情况。污染羽流漂浮的情况下,缩扁和抽水速率可能会比较小。污染分散在整个含水层、需要快速去除、天然地下水流动速率很大时,可取大缩扁、高抽水速率。

对于潜水含水层已经发现,缩扁为最大理论值的约 67% 时,井运营的效率最高;抽水速率此时应作相应的调整。这是因为下降锥内部分物质其实无水可抽,单位出水量随着缩扁增大而减少。当产出的单位给水量、容量最大——缩扁为最大值的约 67% 时,可实现最优运营性能。

（4）系统集成

一旦已经确定了井间距、抽水速率、缩扁,该系统可以视为一个整体进行设计。在这一点上,必须确定将要安装(注水或抽水)井的模式和类型。多种模式包括单独使用抽水井、单独使用注水井、两者都使用,这都是可行的。通常的选择依据有设计是为了控制还是去除、修复的可用时间、可用的脱水量。抽水井和注水井相结合的模式,可以在没有很大影响地下水位的情况下更迅速地去除污染物。这种模式更有优势,因为抽取后经处理的水可重新注入。

井模式选择好后,必须确定控制羽流需要的井的数目。这是建立在估计井间距和要求的缩扁基础上的。如前所述,在设计井间距以控制羽流时,必须知道井的捕获相互交叉区,使污染物不会在井间流动和逃走。所需要的井的数目可通过策划已选择的井的模式所需的间距来确定,而其所需的间距在场地的水势面图上可确定。完成此步骤后,就确定了缩扁。这将形成一个新的场地水势面图,此图可用来找出污染物可以逃脱的死点。

注水井和提取井可使用常规的钻井技术完成施工,井的直径必须足够大,以容纳潜水泵及预期水流。

4.5　地下排水管

4.5.1　地下排水管及其组成

地下排水管是抽水井控制地下水污染的一种替代方法,它由一个通过重力流传输和收集地下水的埋藏管道组成,其功能其实就像一个无限长的抽水井,并形成一个连续的影响区域,在此区域范围内的地下水都流向排水管。图 4.39 显示了一个地下排水系统。

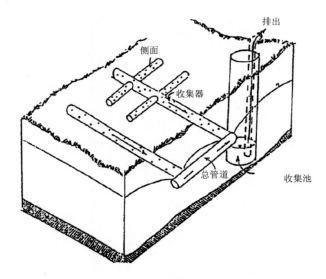

图 4.39　地下排水系统组成部分

一个地下排水系统的主要组成部分如下:
① 排水管:输送水流到储存罐或湿井;
② 封壳:输送水流从含水层流向排水管;
③ 过滤器:为防止微粒堵塞系统;
④ 回填:使排水管形成一定的坡度,防止积水;
⑤ 检修孔或湿井:收集水流,把排出的污水抽到处理厂。

地下排水管通常用于拦截羽流从污染源水力顺梯度下来,如图 4.40(a)所示。有时,排水管与隔离墙共同使用,通常称为排水/隔离墙,如图 4.40(b)所示。排水/隔离墙用来防止附近河流的大量清水的渗入,如图 4.40(a)和图 4.40(b)所示。地下排水管也可以围放在一个垃圾场周围,以降低地下水位或控制羽流,如图4.41所示。地下排水管最适合在地下水位较浅和污染靠近地下水位的场地,因为:(1) 它是 LNAPL(轻质非水相流体);(2)它被渗透系数低的下覆地层限制于一个薄的上覆含水层中;(3)它由于垂直梯度向上或者因没有足够的时间垂直迁移而无法向下迁移。排水管在相对低渗透的土壤使用效果更好,因为在这种土壤抽取地下水会很困难。分布广泛的羽流形态可能也会使排水管比抽水更有优势。不同于抽水,排水管的运营和维护成本比较低。

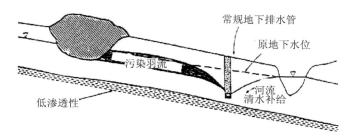

（a）常规的地下排水管系统

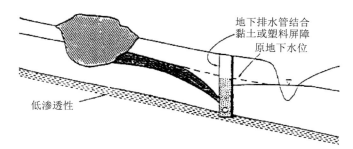

（b）地下排水管结合黏土或土工膜屏障

图 4.40 羽流控制方法

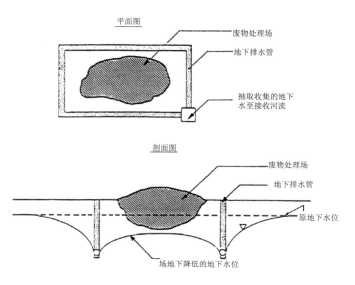

图 4.41 利用地下排水管降低地下水位

4.5.2 设计

设计地下排水系统之前,需要详细的现场特征数据。表4.9给出了设计排水系统所需要的具体数据。一个地下排水系统的设计包括以下内容:

选择位置和间距,使排水管位于必要的地下水水位。

选择管道直径和梯度,以确保充分的流动和结构稳定性。

封壳和过滤材料的选择,以防止堵塞。

设计抽水站(集水池和抽水系统,检修孔位置),以确保有效收集和去除。

(1)排水管的位置和间距

垂直安装的地下排水管用于地下水流动和拦截逆梯度污染源地下水。排水渠的位置取决于现场条件,利用现场的具体水势面(或水位)图、渗透系数数据、羽流边界限制、地质剖面图来选择排水管线的位置,然后沿着这条线打额外的钻孔。为了更好地拦截污染羽流,可在必要时可调整路线。在渗透系数有很大不同的分层土壤中,排水管应安装在低渗透系数的土层里。如果排水管被不透水层切断是比较危险的,因为渗滤液很有可能横向移动,跨越排水管后继续顺梯度流走。同样,如果排水管下方存在高渗透系数土层或地块,地下水羽流可能从下方流走。要决定排水管放在哪儿,就要知道合理地估计逆梯度、顺梯度对排水管的影响。

理论上逆梯度影响可以表示为方程(Donnan,1946)

$$D_u = 1.33 m_s I \tag{4.7}$$

其中,D_u 是缩扁逆梯度有效距离(英尺),m_s 是不影响排水系统的含水地层饱和厚度(英尺),I 是水力梯度(无量纲)。

顺梯度拦截降低地下水位的深度是与排水管深度成正比的。从理论上讲,真正的拦截排水管降低地下水位顺梯度的深度到排水管的深度。排水管顺梯度降低地下水位的有效距离是无限的,前提是地下水补给不是来自顺梯度的。但这基本是不可能的,因为降水渗透总是补给地下水(图4.43)。顺梯度影响可根据如下方程确定:

$$D_d = \frac{KI}{q}(d_e - h_d - D_2) \tag{4.8}$$

其中,D_d 是顺梯度影响(英尺),K 是渗透系数(英尺/天),I 是水力梯度(无量纲),q 是排水系统系数(英尺/天),d_e 是排水管深度(英尺),h_d 是要求的降水深度(英尺),D_2 是从地面到排水管顺梯度降水 D_d 前地下水位的距离(英尺)。在此公式中,D_d 和 D_2 是相互依存的变量。解决这个问题,应先估计 D_2,再进行试算。若 D_2 与实际值存在距离,则 D_d 会明显不同,需要进行第二次计算。其中 I 在整个地区是统一的值，D_2可被认为等于D_1（即从地面到地下水位的距离在排水管处测量）。如果需要第二层拦截使地下水位降低到所需的深度，它应设置在距第一层拦截顺梯度D_d处。

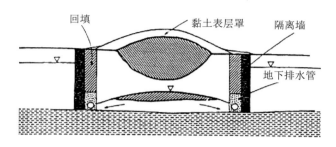

图 4.42　完全封闭的场地中的地下排水系统

（2）平行排水管间距和深度

基本平衡方程用于估算在两种情况下的排水管间距：① 排水管置于不可渗透土层里；② 排水管置于不可渗透土层上。该方程假设如下条件：稳定状态、补水分散、排水管之间区域的渗滤液是相同的，土壤均匀。为了更接近实际情况，可使用计算机进行数值模拟。

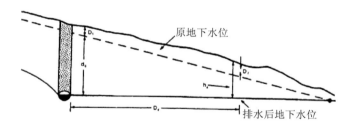

图 4.43　设置在低渗透屏障里的排水管水流

排水管常常在相对低渗透屏障深度较浅的地方使用，排水管便铺设在屏障上。在这种情况下使用排水管间距的公式，如果下卧土层渗透系数小于其上覆土层的十分之一，可认为下卧土层是不透水的。流向埋设于低渗透层的排水管的水流，如图 4.44 所示。此时流动漏间距可通过下式表示：

$$L = \sqrt{\frac{8KDH + 4KH^2}{q}} \tag{4.9}$$

其中，L 为漏间距（英尺），K 是排水材料的渗透系数（英尺/天），D 是排水管线水位和防渗屏障两者之间的距离（英尺），H 为地下水位高于两个水平排水管的中点的高度（英尺），Q 为渗滤液产生率（英尺/天）。对于埋设于防渗屏障上的排水管，参数 D 约等于管道半径，因此相较于 H（地下水位高于排水的高度）来说很小。

因此,方程(4.9)可以简化为

$$L = \sqrt{\frac{4KH^2}{q}} = 2H\sqrt{\frac{K}{q}} \qquad (4.10)$$

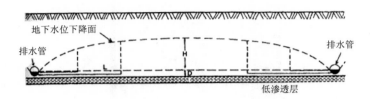

图 4.44　拦截排水管的顺梯度影响

如图 4.44,当两个排水管平行时,在理论上,各自的影响范围(L 或排水管间距)将在两条管线的中间相交。影响范围(L)是从排水管到水位下降可忽略不计的点的距离,通常称为影响区域。在上述方程中,排水管间距(L)和水头高度(H)是相互依赖的设计变量,同时也是渗滤液产生率(q)和排水材料渗透系数(K)的函数。假设 Q 和 K 是不变的,两个排水管之间的间距越接近,它们之间的水位下降曲线的重叠部分越大,水头高度会越低。在许多情况下,排水管可能无法安装到低渗透屏障的深度,因为在此深度安装排水沟的费用过高,或因为羽流并没有扩散到屏障的深度。在这种情况下,使用上述公式并不能充分说明水流的流动情况。

图 4.45 显示了不在低渗透层上的排水管水流。流线并不平行或者保持近似水平,如图 4.42 所示,相反,向排水管聚拢。这种收敛,通常被称辐流,会导致水头超比例损失,这是因为在排水管附近的水流流速比其他水流地区更大。其结果是地下水位高度和排水管间距将大于使用公式(4.10)计算的值。

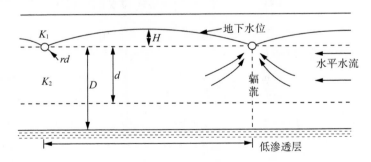

图 4.45　没有设置在低渗透屏障里的排水管水流

Hooghoudt(1940)提出了一个改进的辐流和水头损失的计算公式,使用等效深度 d 以取代方程(4.9)中的 D 来计算水头损失。该方程可以用来描述图 4.45

所示的情况,也就是说,安装在两个具有不同渗透系数 K_1 和 K_2 土层的交接界面处的排水管水流流动。对于这种情况,L 通过下式给出:

$$L = \frac{8K_2 dH + 4K_1 h_2}{q} \tag{4.11}$$

其中,d 是等效深度(英尺),K_1 是排水管上覆土层的渗透系数(英尺/天),K_2 是排水管下卧土层的渗透系数(英尺/天)。方程(4.11)中,排水管间距 L 和等效深度 d 都是未知数。d 的值通常根据具体的 L 值计算得出,因此 L 不能准确地解方程(4.11)。这个方程作为排水公式,要么是反复尝试选择 d 和 L,直到方程两边相等,要么使用特定的公式或列线图等效深度和排水管间距。

饱和厚度(D)大于 30 英尺时,可通过下述公式利用排水管间距来计算等效深度:

$$d = 0.57L + 0.845 \tag{4.12}$$

应该再次指出的是,Hooghoudt 方程尽管在排水管间距计算中广泛使用,但只有当排水管高度位于两土层之间的接口处时才是准确的。当排水管被放置于交接界面的上方或下方时,这个公式计算排水管间距可能不准确。如果水文地质条件比较复杂,那么应该用地下水流数值模拟更精确地计算排水管间距。

(3)管道直径和坡度

管道直径和梯度的设计参数用以确保水不需压力就可以到达管线。管道水力设计使用的公式是曼宁管道公式:

$$Q = \frac{1}{N}AR^{0.67}I^{0.5} \tag{4.13}$$

其中,Q 为设计排放流量(立方英尺/秒);N 为粗糙度系数;A 为流域面积(平方英尺);R 为水力半径(英尺),等于以潮湿周线为边界的湿横截面积 A_w(为整个流水管道直径的四分之一);I 为水力梯度。在设计地下排水系统时,选择坡度要足够大、足以使水流速度防止产生淤积(>1.4 ft/s),但又不会造成湍流(临界速度)。各种土壤类型中的临界速度见表 4.11。表 4.12 给出了在粗糙度系数取 0.011、0.013 和 0.015 时的临界速度下,不同规格排水管的坡度。表面粗糙度系数是排水材料的水力阻力的效果。

表 4.11 各种土壤类型中的临界速度

土壤类型	砂和砂质壤土	淤泥和粉沙壤土	粉沙黏壤土	黏土和黏壤土	粗砂和砾石
速度(ft/s)	3.5	5.0	6.0	7.0	9.0

表 4.12　选定的临界速度下的排水管坡度[①]（英尺/100 英尺）

水管尺寸（英寸）	速度（ft/s）					
	1.4	3.5	5.0	6.0	7.0	9.0
N＝0.011 的水管　陶土瓦、水泥瓦和混凝土管（结合得很好）						
4	0.28	1.8	3.6	5.1	7.0	11.5
5	0.21	1.3	2.7	3.9	5.3	8.7
6	0.17	1.0	2.1	3.1	4.1	6.9
8	0.11	0.7	1.4	2.1	2.8	4.6
10	0.08	0.5	1.1	1.5	2.1	3.5
12	0.07	0.4	0.8	1.2	1.6	2.7
N＝0.013 的水管　陶土瓦、水泥瓦和混凝土管（结合得很好）						
4	0.41	2.5	5.2	7.5	10.2	16.8
5	0.31	1.9	3.9	5.6	7.7	12.7
6	0.24	1.5	3.1	4.4	6.0	10.2
8	0.17	1.0	2.1	3.0	4.1	6.8
10	0.12	0.8	1.6	2.2	3.0	5.0
12	0.09	0.6	1.2	1.8	2.4	3.9
N＝0.015 的水管　塑料波纹管						
4	0.53	3.3	6.8	9.8	13.3	21.9
5	0.40	2.5	5.1	7.3	9.9	16.6
6	0.32	2.0	4.0	5.8	7.9	13.2
8	0.21	1.3	2.7	3.9	5.3	8.8
10	0.16	1.0	2.0	2.9	4.0	6.6
12	0.13	0.8	1.6	2.3	3.1	5.1

注：① N 是粗糙度系数，必须从管道制造商处获得。

　　设计排放流量等于各个排水管的排放流量的总和。估算总排放流量可利用水量平衡法。这种方法给出了排水管线之间地下水位渗流补给量的估计方法，一旦计算出了渗流速率，排放流量可用排水流域面积乘以渗流速率求得。

$$Q = qA \tag{4.14}$$

　　其中，Q 为设计排放流量（立方英尺/秒），q 为渗滤液产生速率或渗透速率（英尺/秒），A 为排水流域面积（平方英尺）。排水管直径是设计排水流量、水力梯度、表面粗糙度系数的函数。有了这些信息，可根据曼宁速率方程或使用曼宁公式绘制的列线图确定适当的排水管直径。图 4.46 是 N 值取为 0.015 的估算排水管直径的列线图。一般建议管直径比确定值大一号。

至关重要的是，所选的排水管在上覆土壤和其他地面施工设备的负荷要保持稳定。它们不能弯曲、挤压或产生大挠度。结构稳定性分析步骤与垃圾填埋场所用的渗滤液收集管道相同。

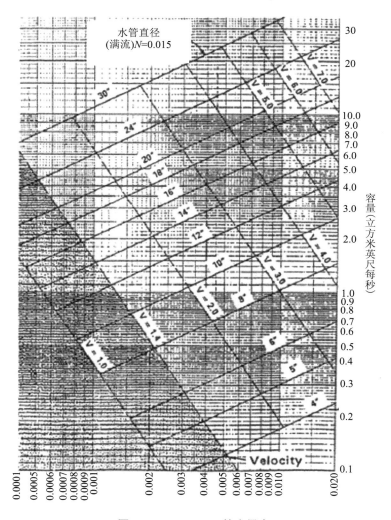

图 4.46 N＝0.015 的容量表

（4）过滤器和封壳

过滤器的主要功能是防止土壤颗粒进入和堵塞排水管。过滤器经常应用在土壤中有高比例细颗粒的土壤段。封壳的功能是通过一个比周围土壤有更好渗透性能的材料，增加水流量并降低进入水管的水流速度。封壳也可用于给排水管提供一个合适的基底，并稳定放置排水管的土壤物质。封壳要有多种功能。虽然过滤器和封壳的功能明显不同，但是分选良好的砂和砾石可以用来同时满足过滤器和封壳的功能要求。土工布也被广泛地用作过滤材料,一般由聚丙烯、聚乙烯、聚酯、或聚氯乙烯组成。选择过滤布应考虑其与渗滤液的相容性。

砂砾过滤器的一般设计步骤是:① 作土壤和计划的封壳材料的力学分析;② 比较两个颗粒分布曲线;③ 通过某套特定的标准决定封壳是否令人满意。如果允许一些不会堵塞过滤器的细土颗粒通过,但截住会沉淀在排水管里的大颗粒,过滤器就被认为是令人满意的。对于合成材料,过滤器是否合适,可通过比较颗粒大小分布比例和织物毛孔的孔径确定。

砂砾封壳首先要满足封壳的渗透系数比基础材料高的条件。通常建议封壳材料都应该通过1.5英寸筛,材料90%应该通过0.75英寸筛,通过60号筛(0.01英寸)的应不超过10%。过滤材料的最低限制是一样的。封壳的层次结构并不重要,因为它的设计目的并不是要作为过滤器使用。关于砾石封壳厚度,有的是管道周围的最小厚度为10厘米,有的是建议农业排水管周围的厚度在8厘米以上。

(5) 检修孔

检修孔在地下排水系统作为排水管之间的联结箱,淤泥和沙子的沉积处,观测井以及通向管道、检查、维护的进出口。检修孔应设在交接点、路线或坡度变化以及其它特殊点处。检修孔间距没有硬性的标准。检修孔应高于地面12至24英寸,以便于确认其位置。检修孔应该至少低于最低水管18英寸,作为沉积物的沉积处。检修孔通常在入口和出口管道之间设计一个落差,以在检修孔处弥补水头损失。图4.47是一个典型的检修孔设计。

(6) 集水池和抽水系统

受污染的地下水通过重力水流进入集水池,然后被抽取进行治理(图4.48)。集水池和抽水系统的设计主要包括以下步骤:

① 确定集水池的最大流入流量(Q_p)。最大流入流量基于总排放流量(Q)。流量通常超过设计流量的20%。

② 确定所需的存储量。抽水操作的周期决定了所需的存储量。流入流量为抽水排放流量的二分之一时存储量最大。因此,存储量(S_v)等于一半的循环时间(12分钟的抽水循环取6分钟)乘以 Q_p。

③ 确定抽水速率。抽水速率 Q_m(ft³/min)由下式计算:

$$Q_m = \frac{S_v + Q_p t_p}{t_p} \tag{4.15}$$

其中,Q_m 是抽水速率(ft³/min),S_v 为存储量(ft³),Q_p 为最大流入流量(ft³/min),t_p 为泵的运行时间(分钟)。

④ 确定开始、结束和排放水位。在一般情况下,开始抽水的最大水位约为将水排到集水池的排水管道顶部。最低水位约为高于集水池底部2~4英尺。

⑤ 确定集水池的大小。所需的存储体积加上最低水位应高于 2~4 英尺以上的集水池底部的标准就可确定集水池的大小。

⑥ 选择泵。选择一个有特殊应用的泵，要求确定总水头容量。制造商的性能曲线可以用来确定泵的效率和所需马力。一般使用离心式或隔膜泵。

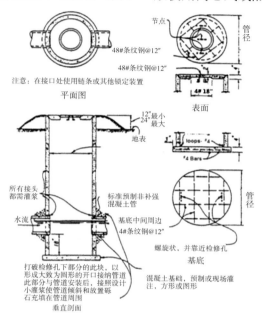

图 4.47 封闭式排水管的典型检修孔设计

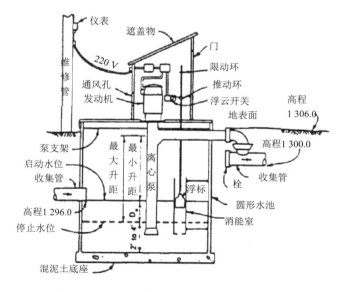

图 4.48 排水系统自动抽水设备的典型设计

4.5.3 地下排水管的施工

地下排水管施工的主要相关环节是：（1）沟槽开挖；（2）安装排水管；（3）放置封壳和过滤器；（4）回填。

（1）沟槽开挖

沟槽开挖通常使用挖沟机或反铲挖土机。起重机、抓斗和索斗挖土机也用于深开挖。挖掘进度的影响因素包括：① 土壤水分；② 土壤特性，如硬度、黏性和石头含量；③ 沟槽深度和宽度。一般来说，在合适的材料中进行连续挖掘比通过反铲挖土机挖掘快很多。沟槽可以通过后期改性来提供支撑，安装土工布封壳，给挠性管铺瓦，铺设水管，用砾石或挖掘土回填。反铲挖土机可以挖掘一半桶径的土和碎石，挖掘可达深度 40～60 英尺。当反铲挖土机不能进入通道时，可用起重机和抓斗进行更深的挖掘。索斗挖土机一般仅限于清除土壤中松散的石头。

如果开挖材料含有许多大石头或坚硬的岩石，那么将导致工期延误和大幅增加施工成本。通常必须把这些材料破碎，以便于搬运。在危险废物场地施工时，破碎岩石最常用的方法包括使用旋转或冲击钻；反铲式气动驱动冲击工具和拖拉机式机械松土机。施工过程中，爆破虽然常用于岩石破碎，但不建议在危险的废物场地使用。

地下排水管的坡度控制用于确保不产生积水，以及为排水管提供一个不淤积速度。自动激光或可视化坡度控制系统可以完成坡度控制，广泛适用于许多推土设备，包括挖沟机和反铲挖土机。在可视化控制中，沿沟槽选定点向设计路基打入等长的坡度桩，连接坡度桩顶点的线与沟槽的设计坡度平行。将目标打入到与坡度桩相邻处，然后调整到在坡度桩上方固定的距离。这个距离的选择取决于沟槽的深度和机器操作员与机器上的参考瞄准杆之间的视线。当挖沟机进行开凿斜坡时，目标将和参考瞄准杆在一条直线上。

正确的排水管安装（即坡度维修、管道放置和调整管道线路）一般要求脱水来实现干燥的环境。可用于脱水的基本选项有三个：开放式水泵、使用井点或井系统预排、拦截地下水。这些技术可单独使用或相结合使用，其中开放式水泵需要一个位于开挖最低点的集水洞或集水坑，这样水就可以流向坑并进行收集；井点和深水井可用于降低开挖附近的地下水位，是使用最广泛的和多功能的脱水技术之一；地下水拦截屏障如钢板桩、混凝土、膨润土泥浆也可与水井和井点一起使用，以减少所需的预排系统的规模。

沟槽开挖一般要求使用墙体稳定方法，以防止在排水管道的安装过程中出现塌方。在稳定土层中的浅层开挖不需要支撑，而利用斜壁使沟槽达到一个稳定的角度（通常是高宽比 1.5∶1）。支护，包括木结构或钢结构与支撑沟槽，是墙体稳定的最常用方法。浅沟槽支护方法包括使用插条支撑（通过在两条平行的钢板之间焊接工字梁进行现场施工作业)和可调整的铝支架。对于那些大于 10 英尺深的沟槽,打钢板桩或在 H 型钢桩之间插入横向木梁可用于支撑沟槽墙壁。

（2）排水管的安装

所有的地下水管,必须以设计坡度放置在稳定的基底上。对于无意中被过度开挖的沟槽,须用干土回填,并在斜坡铺设封壳材料,然后在平坦的土层铺设几英寸厚的具有良好分级的砾石,作为水管的基底。管道安装通常从最低挖坑处开始,然后向上进行。在安装过程中,允许水流经先前已安装的管道排走。封壳材料可以放在稳定的地层上。

为了利用柔性管的特性,应使用能够自动安装管道的设备,通过对挖掘机器进行修改,使其包含一个装运基底/封壳材料的漏斗并用斜槽输送材料,设计用于减少伸展的装管/过滤布的挂架,可自动回填的输送机。刚性管不能自动安装,长管道要人工搬运或起重机下到沟槽。当排水系统延伸到公路、建筑、植物根区、或不要求排水的地区,应使用无孔管。

（3）放置封壳和过滤器

管道四周设置砾石封壳可加大排水流量,降低排水管里的沉积物堆积,可用人工、反铲挖土机、料斗车或卡车进行施工。当使用连续挖沟排水管安装机时,碎石填充可与其他作业同时进行。有时砾石封壳四周安装过滤布,以防止细颗粒堵塞封壳和排水管。在用纤维过滤材料包装构建排水系统时,先安装纤维织物,紧接着是基底、水管、封壳,最后用土回填。纤维过滤材料可用人工或机器安装。

（4）回填

砾石封壳安装完成后,沟槽必须回填到原来的坡度。回填前,应检查排水管是否低于地面适当标高,保持适当坡度,必要时调整线路,检查水管是否被破坏以及砾石封壳的厚度。检查员应确保排水管道及检修孔没有泥、砂、砾石或其他异物的堆积,以及处于良好的工作环境。

几乎任何类型的挖掘设备都可用于回填沟槽,包括反铲挖土机、推土机、铲运机、反铲/前端装载结合机。在回填时,应小心确保排水管不受垂直或水平的力的影响。在整个回填操作开始前,应将约 1 英尺填料小心放置在封壳上。土工布可铺在封壳顶部,以防止回填材料使封壳淤积。为防止施工后回填沉降,定期进行分层的土的压实也是必要的。这可通过使用空气捣固机或压实振动机或弯脚羊蹄压路机实现。

4.5.4　运营与维护

地下排水管安装完成后,应进行排水障碍测试。对于短的排水系统,使用大功率电筒从一个检修孔照射水管,观察光束,就可以做到视觉检测;电视摄像机可用于大口径排水渠检查;机械方法既可以用来消除障碍,也可以用来障碍测试。运营初期的第一、二年,应经常检查检修孔和淤泥沉井以防止泥沙的积累。

水压计可安装在排水系统的各个部位,以确定过滤器、封壳、管道或系统的其他组件的运行是否有问题。可以通过测压计测量介质的水头损失,从而识别水流障碍,如封壳或过滤器堵塞;也可以在排水系统上顺梯度设置监测井。污染物的检测可显示系统故障或失灵。

地下排水故障可以归结为碳酸钙沉淀,铁、锰沉积的化学堵塞;生物黏泥堵塞;或物理机制,如塌陷的形成、因管道破裂和根系穿透引起的井喷。堵塞的排水管可以利用高压水射流设备、机械刮土机或刷子疏通。在某些情况下,可能会需要化学方法去除顽固存积。当出现结构性问题,如水管破损或不当的水管间距造成塌陷,排水管必须挖出来纠正条件。位于根系附近因穿孔而不能正常工作的排水管一定要挖出来,用完好的水管替代。

地下排水管安装和运营成本可分为四类:(1) 安装成本;(2) 材料成本;(3) 工程监理;(4) 运营和维护。安装成本主要取决于深度挖掘、土壤稳定性、要求的岩石破碎程度和地下水的流量;主要材料成本包括管道、砾石、检修孔、水泵,排水系统集水坑的配件;工程监督涉及排水管线放样,坡度控制和调整的查核及水管规格、质量的检查等,工程监督费用通常约占总费用的 $5\%\sim19\%$;安装地下排水管的资金成本,通常比安装抽水系统的高,特别是在需要开挖大量岩石的场地和需要广泛支撑围护的深开挖时。然而,如果合理设计和维护系统,排水管的相关运营和维护成本一般比抽水低,特别是在需要长时期的污染物羽流去除的场所。

不同的主动和被动原位控制技术都可以有效地控制废弃物。最常见的被动式原位控制方法包括使用低渗透屏障隔离废物(或污染区)。所有的垂直隔离屏障、封底、表层罩或其组合形式都可用来达到这个目的。由于阻隔材料渗透系数很低(10^{-12} 至 10^{-6} cm/s),水流量便大幅减少。由于浓度差,分子扩散有可能导致通过障碍的化学流动,需要长期的地下水监测方案以确保污染物不通过屏障迁移。

最常用的主动原位控制方法包括抽取地下水和地下排水管。主动原位控制系统一般比被动控制系统建设成本低。这种系统在其设计过程中提供了高度的灵活性,能以最小的费用实现新式井/水管的安装,可以变化抽水速率/注水速率,以满足系统的目标。地表环境的影响可忽略不计。另一方面,主动控制系统的运营和维护费用通常非常高,监控系统也可能很昂贵。

主动和被动系统的结合,可用于确保废物或污染区的有效控制。使用联合法时,一般的方法是使用被动的屏障系统,以减少必须由主动系统处理的地下水量。抽水可以使地下水转向,减少了污染物与阻隔材料的接触,可以减少施加在屏障上的静水压力,降低屏障上的水力梯度,从而减少通过屏障的渗流。

最常见的集成控制系统是利用圆周泥浆屏障,键入下卧隔水层,与内部抽水系统结合,以维持一个向心的水力梯度。屏障也和表层罩结合使用来形成一个完全封闭的废物区,防止干净的水通过废物被沥滤。膨润土屏障和表层罩之间的接口应合理地设计,图 4.49 显示了屏障、表层罩、抽水可以如何结合。垂直屏障和地下排水管可以一起使用,地下排水管可以在到达处理区前拦截水,从而控制渗滤液的产生。在泥浆墙附近拦截地下水也有助于减缓屏障自身的水压力。

　　各个控制方法都有自身的一些优点和缺点,总结见表 4.13。每个方法都必须根据场地特定水文地质和污染物条件,仔细评估其在给定场地的适用性。

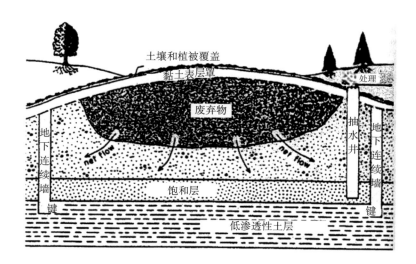

图 4.49　主动和被动废物控制系统相结合

表 4.13　各原位废弃物控制系统的优缺点

类型	优点	缺点
泥浆屏障	长期经济的地下水控制方法; 不需要长期的维护; 材料价格低廉,取材方便; 技术已被很好地证明; 根据监控要求,运营和维护成本通常较小	地下水或废弃物渗滤液可能与泥浆材料不相容 近地表不透水层不足; 巨石或地下洞室可能使安装困难或不切实际; 大于 10% 的斜坡施工困难
灌浆屏障	可以通过向相对较小直径的钻孔注入灌浆至无限的深度; 灌浆柱的大小是孔隙空间体积和注入泥浆体积的函数; 泥浆可包含或渗透到注浆区附近的多孔材料,如巨石或空隙; 可变的安装时间和较低的黏度也是优点	被土壤或岩石渗透性限制; 完全截水墙的不确定性; 颗粒灌浆只能用在透水性最好的单元; 灌浆屏障不能被检查,质量控制是一个棘手的问题,因为小空洞或破碎可大大降低灌浆帷幕效果

续表

类型	优点	缺点
复合屏障	土工膜提供了有效的屏障； 与广泛的污染有良好的兼容性	密封困难，需要材料巧妙运用和处理材料，而不是设置沟槽； 将薄膜适度地嵌入防渗层也很困难； 土工膜安装依赖于湿度和天气； 价格昂贵
钢板桩屏障	板桩无须挖掘，因此施工比较经济； 大多数情况下，需要维护	桩之间缺少密封性； 桩易腐蚀是个严重的问题； 许多场地都含有矿物酸，易与铁发生反应，产生氢气；可能从土壤中扩散出来，在地面有产生火灾或爆炸的危险
抽水	系统施工费用比防渗屏障低； 很高的设计变通性； 中到高度操作的灵活性，这将允许系统满足不同场地条件的增长或减少的抽水要求； 常规易实现的技术； 大多数位置，利用要求的钻探设备，并可钻至有效深度	羽流体积和特性会随时间、气候条件、场地不同变化，并导致昂贵频繁的监测； 系统故障会导致污染扩散； 运营和维护成本比屏障高； 捕获区没有排水管显著
地下排水管	由于水流靠重力流向下覆排水管，运营费用相对较低； 提供了一种不使用防渗垫层收集渗滤液的方法； 下覆排水管设计有相当大的灵活性；通过调整深度或修改封壳材料，间距在一定范围内可以改变；系统很可靠，但前提是持续的监测； 相对简单的结构； 安装费用相对低廉	不适合渗透性差的土壤； 许多实例中，在场地下方设置排水管是不可行的； 系统要求持续仔细监测以保证收集充足的渗滤液； 开放系统需防止火灾或爆炸的安全设备； 对深部污染场地没有用； 容易干扰其他操作； 排水管可能堵塞； 大量污染土壤的开挖，需要特殊处理和处置； 沟槽开挖过程中排除潜在污染水也需要特殊处理和处置

第五章
污染土的修复治理技术

　　最常见污染土修复方法是先采用常规开挖工具开挖污染土,然后用经过认可的车辆运输到指定的垃圾填埋场去处理。在填埋之前要先对土进行预处理,以降低污染物的浓度。对少量污染土来说,这种处理方法是相当简单、快速和便宜的。然而,当污染土的数量较大、比较深时,开挖和在垃圾填埋场处理的方法就会很昂贵也不太现实。此外,许多新的环境规范要求污染土修复,而不是用填埋的方法,这就要求采用新的污染土修复技术。

　　土的修复技术可以在原位和异地实施。原位的方法就是在污染土所在的地方处理,不用对污染土进行开挖。原位的修复方法比异地的修复方法好,因为原位的方法对污染地有很少的干扰,对污染场地附近的单位和公众干扰很小,并且原位的方法比较便宜。

　　异地方法就是在污染点开挖,或在原地处理,或是运到另外的地点处理。地点限制可能会使成功运用异地修复方法有所限制,因为污染土必须是容易开挖的。水位浅、建筑物、空中的动力系统,或者地下设施都可能会限制对污染土开挖的要求。空间要求也限制异地方法在原地附近实施,这是因为需要足够的空间设置处理设施、堆放开挖出来等待处理的土以及堆放干净的用于最后填埋的土。

　　常用的污染土修复方法有以下几种:(1)土壤气体抽除法;(2)土壤清洗法;(3)安定化和土的凝固;(4)电法修复;(5)热吸附作用;(6)玻璃化法;(7)生物修复;(8)植物修复技术。这些方法做一些修改就能作为原地和异地修复方法。所有这些技术都是在物理方法、化学方法和生物技术的基础上操作的,目的是污染物的提取、固化和解毒。

5.1 土壤气体抽除法

5.1.1 技术特征

土壤气体(SVE)抽除法是一项针对挥发性有机物的处理技术,并且发动机的燃料来自被污染的土。这项技术在工业上有很多名字,包括真空抽气、土壤通风法、通气法,原位挥发作用和加强的挥发作用等。图5.1显示了土壤气体抽除法实施过程简图,应用真空通过污染土到抽水井,产生了负压力梯度使气体向井运动。这些污染气体从井中抽出到地表,然后用标准的空气处理技术(例如碳过滤和燃烧)进行处理。

当污染物的近表层是可挥发的,可用土壤气体抽除法。这项技术被证明在降低石油产品和氯化产品挥发性有机物和一定的半挥发性有机物的浓度上是有用的。通常,当有机物的气压值大于0.5个大气压或者有机物的亨利常数大于0.01,该有机物就可以通过土壤气体抽除法进行修复。当土壤是相对均匀的和高渗透性的,这种方法是可用的。

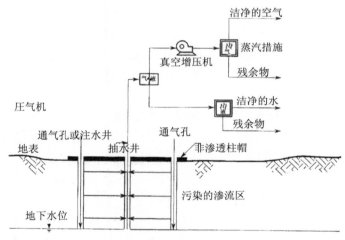

图5.1 土壤气体抽取法(SVE)具体的施工简图

土壤气体抽除法有以下几个优点:(1)设备简单,安装容易;(2)对场地干扰小;(3)施工期短,正常情况下要六个月到两年;(4)相对其他的修复技术比较经济;(5)对溶解的和游离的污染物都是有效的;(6)与其他修复技术容易融合。

土壤气体抽除法有以下几种缺点:(1)污染物的清除在开始是相当高的,然后残余的污染物在很长一段时间里仍然存在;(2)这种技术对于低渗透土,层状土,有机质高的土是无效的;(3)空气排放系统和要求许可证增加了工程费用;(4)这种技术只适用于未饱和的土。

5.1.2　技术原理

　　土壤气体抽除法的实施过程如图5.2所示,主要包括挥发和扩散作用、对流和解吸附作用。挥发是主要过程,污染物的挥发是污染物中的蒸汽随着土壤中的空气移动而发生的。在渗流区,土壤中的空气由于气相抽提,在蒸汽阶段携带着污染物移动,剩下的土中的空气和挥发的物质将变得不饱和。就这样依次改变存在在土壤蒸汽移动前的平衡状态。随着土中空气和污染物的浓度变得越来越不饱和,为污染物的溶解和饱和区(部分位于地下水面以下)污染物的分割到非饱和区提供了一条路径。然后土中空气将会再次载着挥发性有机物,随着土壤气体抽除法的运用,气相抽提过程将会使污染物移动。

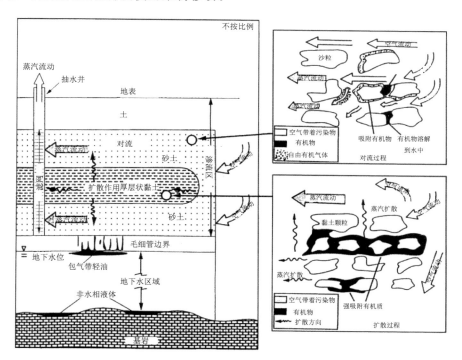

图5.2　土壤气体抽取法涉及的基本过程

　　对流是一个对净化起作用的过程。随着真空应用于渗流区,蒸汽向抽水井移动,新的空气将会进入污染土区域。在蒸汽移动的过程中,空气循环就开始了。由于真空的应用导致空气的不断流叫作对流。随着土壤气体抽除法的应用,对流引起污染物的蒸汽向井口移动。

　　当自由液面上污染物在地下水位面上浮动,或者污染物连着不透水透镜体被透水物质包围时,污染物的扩散在土壤气体抽除法中是一个重要的思路。土壤气体抽除法引起气体在周围循环,而并不通过那些污染区域,并且扩散过程限制了可挥发物质的消除。污染物质的扩散方向垂直于气体的流动方向,因此生成了一个浓度边界层。污染区污染物的移动速度取决于应用土壤气体抽除技术引起的蒸汽移动速度。自由产物的厚度和空气流动的路径将会被蒸汽阶段的扩散、流体阶段的扩散或两者的混合所限制。总的来说,土壤气体抽除法应用在非均匀污染土中的效果不如应用在均质污染土中的好。

在土壤气体抽除法实施过程中,污染物运移的另一个方式是从土颗粒表面解吸。这个过程应用真空使土中的空气移动,空气从土壤表面析出时通过了土质间的空隙,当其以一个直线或曲线的路径高速流动时,会产生溶出的动力,使吸附在土颗粒上的污染物溶解。此外,微观蒸汽运动也会在土颗粒周围产生螺旋运动,随着蒸汽移动的进行,增加了溶解能力。

5.1.3　系统设计和实施

（1）设计路径

图 5.3 显示了土壤气体抽取法的设计流程。场地的情况应先进行评估。确定场地的土和污染状况是不是可以用土壤气体抽除法;如果场地的微生物可以解毒的话,那么土壤气体抽除法也可以和生物修复法相结合;如果场地条件适合用土壤气体抽除法,那么应该先做一个中型实验以确定用土壤气体抽除法过程中的气体流动路径,影响范围和清洁水平,中型实验涉及井的安置、蒸汽系统、增压机和检测设备以实现具体的清洁过程。然后,从实验和数学模型获得的结果,将被用作具体设计土壤气体抽除系统的依据。

这个实验和数学模型分析的结果被用作全尺寸的系统设计。全尺寸系统的设计包括井的数量和井的抽取速度等。井设备和监测系统用于测间距、深度、污染物的浓度等,如果污染物的浓度低于实际的清洁目标值,那么修复将会停止,但监测仍要继续进行。

（2）设备

设备的选择可以在完成中型实验以后进行,中型实验是为了估计抽取速度、影响范围和效果。图 5.4 显示,有三个路径用于决定中型实验是否可用,中型实验要求的设备和土壤气体抽除法的设备尺寸一样,包括以下几个:

① 抽水井:垂直抽水井的设计和构造与地下水监测井的相似,图 5.5(a)显示了抽水井的典型结构。图 5.5(b)显示了暗装井的布置,所有的管道都布置在地表面以下,井的流量可以预测到。

② 流形管:工程中地上和地下的部分都有必要安装流形管。无论是安装聚氯乙烯管道,还是其他塑料管道,均应选择有抵抗日照不致老化能力的管道。

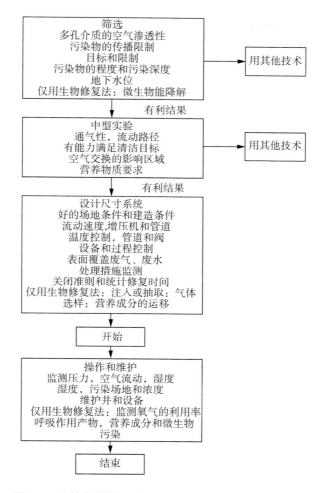

图 5.3 土壤气体抽取法和生物修复法的设计概要流程图

③ 增压机或真空泵：土壤气体抽除法要有一个动力增压机或真空泵。在设计时，要按照具体要求选择增压机的类型和尺寸及马达等级，并且马达压力范围和空气流动必须是确定的。

④ 冷凝槽：冷凝槽必须满足容量、压力等级、构建和传感器的要求。通常，冷凝槽在抽取过程中用于气液分离。

⑤ 蒸汽处理方法：在气体排放到大气之前，必须先用蒸汽处理系统去除挥发性气体。表 5.1 总结了最常用的几种蒸汽处理方法，这些方法有粒状活性炭吸附、热氧化作用（焚烧和填充床热处理过程）和催化氧化作用。

在土壤气体抽除法的中型实验中，有两种实验方法可以应用：一是变速实验可以用来估计抽取速度；二是恒速实验，可以用来估计抽取区域的影响和效果。变速实验用来估计应用真空后空气的回复速度，完善特征曲线，确定抽取速度，确定回

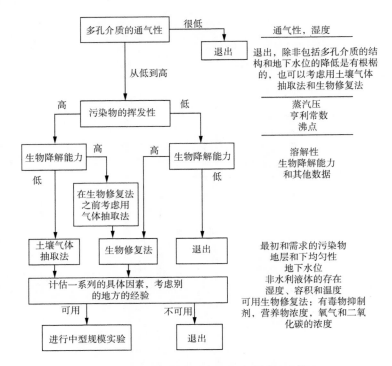

图 5.4 中型实验和生物修复法的树形决策图

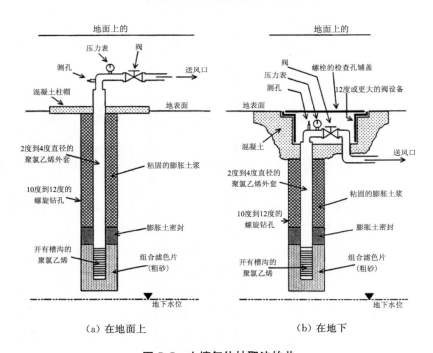

（a）在地面上   （b）在地下

图 5.5 土壤气体抽取法的井

复速度和全尺寸土壤气体抽除法系统的增压机;恒速实验在变速实验之后,用来评价实际区域的影响和效果,在稳定速度的条件下确定有经验和有代表性的区域影响,恒速实验需要几个小时到几天的时间去完成。

表 5.1 各种气体处理方法

治理技术	优点	缺点
碳吸附	对各种不同流速的气体是有效的;对各种含挥发性有机物的气体是有效的;对挥发性有机物含量低的气体是有效的	如果有氧化物质,可能会着火,并且由于热吸附的作用,会使温度升高;用过量的必须再生或丢失;液体需要过滤或使其中气体排出;对低分子化合物是无效的;对温度高的气体效果低
热氧化(焚化)	广泛使用的技术,对某种挥发性有机物是有效的	产生酸性气体的潜在原理,要求燃料,仅对可燃物有效
催化氧化作用	要求的温度低于热氧化	催化剂容易污染或退化,高温引起爆炸,低温要求额外的燃料,对许多氧化溶剂是无效的
冷凝	对挥发性有机物高的气体有效,在其他的方法前,对液体稀释的前处理很好	对条件的要求是敏感的(低速、低温),费用高
内燃烧薄膜	压实单元能提高动力,发达技术降低废气容量	能力有限,燃料贵,容易燃烧或腐蚀,要前处理,可用,很有限
人工操作	用小花费提高效率	要求有技术人员
土壤过滤和生物处理	低费用,简便,可降解半挥发和不挥发有机物;可能降解金属,不用传感器测变化	对所有挥发性有机物无效,要求大范围场地,对温度和湿度敏感,高压下降
湿减震器	对高温气体有利,操作简便,对各种挥发性有机物有效	对低浓度的挥发性有机物消除慢,会产生废水排放问题,对浓度、移动速度、温度改变等敏感。
紫外线	高效率,无溶剂或残留废水	方法复杂,可用有限

为了用变速实验估计增压机的规模,稳态方程可以用来估计垂直抽取井的真空所需的目标流量:

$$p_{ut} = \frac{1}{2} \left\{ \frac{Q_T \mu_a \ln(R_w/R_I)}{Lk_a} + \left[\left(\frac{Q_T \mu_a \ln(R_w/R_I)}{Lk_a} \right)^2 + 4p_a^2 \right]^{\frac{1}{2}} \right\} \quad (5.1)$$

式中:P_{ut} 是测试管中的目标最大压力,Q_T 是目标流动速度,μ_a 是空气的黏滞系数,R_w 是管的半径,R_I 是管的影响半径,L 是管的有效长度,k_a 是空气的渗透性,p_a 是标准大气压。一旦压力确定,目标流速就能确定。目标流速应该足够高,在土壤气体抽除法的设计中能移动污染区的土壤颗粒。因此目标流速可以用下式估计:

$$Q_T = \frac{n\pi R_E^2 b n_a}{8.64 \times 10^4} \text{s/day} \quad (5.2)$$

式中:n 是土壤的空隙体积,R_E 是管道中空气交换的影响半径,b 是非饱和区的厚度,n_a 是土壤的有效空隙率。

增压机应该提供所要求的真空到井口,并且产生目标流动速度。由于仪器布置和管道的结构,可能要考虑仪器本身所产生的水头损失。通常大约百分之八九十的真空会在管道和流经井的过程中损失。因此,可能需要一个大的增压机去达到所需要的流速和井中要求的真空。

抽取井的数量和间距是在试验中获得的影响半径的基础上具体确定的。每个抽取井的影响半径都构成一个区域,在那个区域里压力变化会导致污染气体在气相中的分压的变化。井的数量可以通过理论计算,约翰逊和埃廷格用以下公式计算所要求的抽取井的数量:

$$N = \frac{\alpha M}{Q t_r} \tag{5.3}$$

式中:N 是井的数量,α 是在理想的空气流动条件下,每单元污染物修复所要求的空气最小含量,M 是需要消除的污染物的质量,Q 是对单个井估计的流动速度,t_r 是修复时间。在理想条件下的单一组件系统下,$1/\alpha$ 等于未饱和的空气浓度。类似的,美国环保局用以下公式计算井的数量。

$$N = \frac{nV}{Q t_p} \tag{5.4}$$

式中:n 是土壤空隙率,V 是要处理的土壤体积,Q 是空气流动速度,t_p 是空隙交换所需的时间。t_p 是和土的修复时通过空隙交换达到目的的总时间有关的参数,孔的数量一般要求 200 到 400 个 ,但是在一些污染地可能要求 2 000 到 5 000 个。

（3）操作参数。

从操作上考虑,真空压力和空气流速的选择是很重要的。为了达到预先的设计目的,井的安排和抽取速度可以从土的空气渗透性获得,实验中可以用以下公式:

$$\frac{Q}{H} = \frac{\pi k p_w}{\mu} \frac{1 - \left[p_{atm} / p_w \right]}{\ln(R_w / R_t)} \tag{5.5}$$

式中:Q 是流动速度,H 是滤网长度,k 是土的渗透系数,p_{atm} 是大气压,p_w 是井压,R_w 是井的半径,R_t 是影响半径,渗透系数可以直接转化为水力传导系数:例如 $1 \text{ft}^2 = 9.11 \times 10^7 \text{ cm/s}$ 和 $1 \text{ darcy} = 9.66 \times 10^4 \text{ cm/s}$。在公式(5.5)的基础上,抽取速度可以用一系列的土的渗透性和应用的真空来预计,假设井的半径是 2 英寸,影响半径是 40 英尺,则可得抽取速度如图 5.6 所示。其他的参数同样可以用式 5.5 得到。对于最终的设计,考虑系统参数比真空压力和空气流速的选择要重要。估计空气流动和真空水平的关系的系统途径有以下几个:

① 建立一个真空水平和表面空气流动的关系;

② 计算系统组件和一系列的流动管道的摩擦损失;

③ 加上第一步和第二步的摩擦损失,建立一个系统曲线;

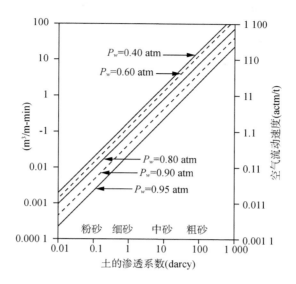

图 5.6　典型土壤气体抽取法系统的预测抽取速度

④ 研究并选择一个增压机,并确定增压曲线;

⑤ 从增压曲线和系统曲线中预计出流动速度和真空水平;

⑥ 平衡每个井的流动,必要时计算真空水平。

真空水平和表面空气流动可以用位置模型相对准确地确定,或者通过实验手工计算。

最普通的计算直线管摩擦损失的方法是 Darcy-Weisback 公式:

$$h_f = \frac{fL}{d}\frac{v^2}{2g} \tag{5.6}$$

式中:h_f 是水头损失,f 是摩擦系数,L 是管的长度,d 是管的直径,v 是平均速度,g 是重力加速度。

(4) 监测

为了确定土壤气体抽取法修复系统的效果,有检测器安置到抽取井上。监测器可以用于确定任一个点上的真空度和土壤中空气浓度。为了确定监测点的真空度,探测针应是密封结构的。为提供连续的读数,在探测针的顶部安置一个真空计或压力计,或者用压力传感器提供真空压力的敏感读数。土壤气体的污染物浓度可以通过连接在阀上的探头测量,或者抽取土中空气用火焰探测器和照片离子探测器进行气相色谱实验。

对于一个单一的抽取井,至少要安装两个监测点群,它们成 $90°$ 布置在抽取点上,或者是三个监测点群成 $120°$ 布置在抽取点上。对于每一个监测点群,至少要各自布置两个不同的深度,或者沿着给定的井径布置多个监测点。对于大的地方有很多抽取点的情况,监测点群要降低到 1~2 之间,因为监测点不只提供一个抽取点数据。随着地点规模的扩大和抽取井数量的增加,通常没有必要给每个抽取井布置两个监测点,虽然要求如此。

5.1.4 预测模型

表 5.2 选用模型的总结

模型名称	模型类型和功用	开发者	电脑要求	输入参数	输出参数	易用性
空气流动、土壤气体抽取法	二维有限元和辐射状对称气流	Waterloo Hydrologic	IBM PC 386/486 with minimum of 4-Mb RAM, EGA or VGA display, and a math coprocessor. A mouse is recommended	渗透性,初始压力,气体特点	土压力分布,总的系统流图	容易
气密实验	二维和三维分析辐射状对称气流	AL. Baehr. USGS, G. J. Joss, Drexel University Water Resources Division, Mountain View Office Park, 810 Bear Tavern Road, Suite 206, West Trenton, NJ 06628	IBM PC/AT compatlble, 512-kb RAM	渗透性,初始压力和空气流速	渗透性,压力分布和流动	容易
CSUGAS	三维有限元分析不同的空气流动	J. Warner, Colorado State University, Civil Engineering Department, (303)481-8381	IBM PC/AT-compatible, DOS 5.1 or higher, 640-kB RAM, graphics monitor, math coprocessor, at least 595k available low memory	渗透性,初始压力,多孔性和地形学	土壤压力分布,总的系统流速	中等
强通风法	筛选	Available to public. Developed by USEPA and Shell Oil Company. Chi-Yaun Fan (project officer), 609/292-3131	Apple Macintosh, 2-Mb RAM HyperCard 2.0 or newer, or IBM 386 or IBM compatible PC, 4-Mb RAM, VGA through, the use of Spinnaker PLUS in Microsoft Windows version 3.0 or higher	渗透性,初始压力,多孔性要求的修复时间	估计流速,剩余浓度,移动速度	容易
MAGNAS	二维和三维有限元分析水的运移和空气通过多孔介质;可以模仿活跃阶段的空气流动的全过程	HydroGeologic, Inc. 1166 Hemadon Parkway, Suite 900, Hemadon, VA 22079, 703/478-6186	IBM PC/AT-compatible, code documentation and user's manual is avallable; written in Fortran 77	各向异性,承载力和渗透性	浓度的穿透曲线,时间,流动和传播气体平衡	困难

为评估土壤气体抽取法,现在建立的很多模型已普遍应用于土壤气体抽取法的评价(见表5.2)。一个应用最广泛的模型是通气增强模型,这是一个界面友好的软件,能帮助设计者预估土壤气体抽取法的效果。然而,它并不能完全帮助设计土壤气体抽取法的系统或提供它将在几天完成这种信息,但是它可以指导使用者通过程序去识别和描述所要求的具体的位置信息,决定土壤气体抽取法在这个位置是否合适,评估空气渗透性的实验结果,计算所需的抽取井的最小量和显示这个位置的结果和理想情况下的差别。

5.1.5 技术的改良和互补

(1)技术改良

代替垂直井,壕沟和水平井也可以用于土壤气体抽取法,如图5.7所示。壕沟用于污染物被限制在浅层土壤中的情况。水平井用于污染物位于建筑物的下面的情况或者是在不容易安置壕沟和垂直井的地方。

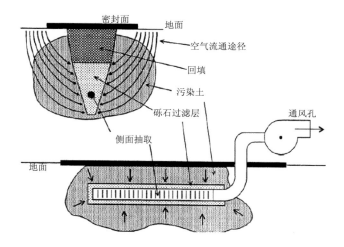

图5.7 用于土壤气体抽取法的壕沟和水平井

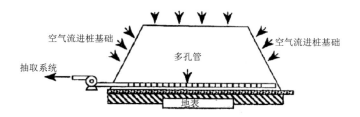

图5.8 异地土壤气体抽取法

土壤气体抽取法也可以用于异地处理,如图5.8所示。在这个过程中,土壤被挖掘,然后将真空设备应用于污染物的挥发,安置在一系列的地上管道上,并且设有废气系统用于收集和处理泄漏气体。异地土壤气体抽取法相对于原位土壤气体抽取法的好处是抽取过程中增加了很多空气通道,沥出物的收集也变得可能,并且处理方法很常见,也容易监测。异地土壤气体处理法的缺点是在抽取过程和原材料的处理过程中会发生气体泄漏,并占有很大的场地。

原位土壤气体抽取法可修复渗流区的土壤。当真空得到应用时,污染的气体和地下水都被抽取。抽取的气体和地下水通过一个气液分离机分离并被送到不同的处理系统中。

(2)技术互补

土壤气体抽取法,可以和其他的方法结合,例如抽取泵和处理技术(Pump and treatment technology)、空气鼓泡、生物通风法、热吸附、土壤压裂法等。当土壤气体抽取法和抽出处理技术结合时,土壤气体抽取法使高浓度的污染物从非饱和区土壤中移出,这时抽出处理技术移动了那些溶解物,在一定程度上吸附了污染物。

① 在和曝气法相结合时,空气注射到表面将开始进入挥发阶段,并溶解挥发性有机物和使它们进入渗流区。然后土壤气体抽取法将会在渗流区通过土中空气移动挥发性有机物。移出的气体在释放到大气之前要进行处理。

② 土壤气体抽取法也可以修改或加上生物通风法(In Situ Bioventing)。原位生物通风适用于非饱和带污染土壤,可处理挥发性、半挥发性有机物等污染物;不适合于重金属、难降解有机物污染土壤的修复,不宜用于黏土等渗透系数较小的污染土壤修复。其原理是通过向土壤中供给空气或氧气,依靠微生物的好氧活动,促进污染物降解;同时利用土壤中的压力梯度促使挥发性有机物及降解产物流向抽气井,被抽提去除。可通过注入热空气、营养液、外源性高效降解菌剂的方法对污染物去除效果进行强化。生物通风系统主要由抽气系统、抽提井、输气系统、营养水分调配系统、注射井、尾气处理系统、在线监测系统及配套控制系统等组成,主要设备包括输气系统(鼓风机、输气管网等)、抽气系统(真空泵、抽气管网、气水分离罐、压力表、流量计、抽气风机)、营养水分调配系统(包括营养水分添加管网、添加泵、营养水分存储罐等)、在线监测系统及配套控制系统、尾气处理系统(除尘器、活性炭吸附塔)等。

可以在土壤气体抽取法开始运行前注射营养和微生物。当蒸汽抽取开始了,污染物的生物降解也同时开始,这是由于微生物进入了地下。在需要修复的污染土壤中设置注射井及抽提井,安装鼓风机/真空泵,将空气从注射井注入土壤中,从抽提井抽出。大部分低沸点、易挥发的有机物直接随空气一起抽出,而高沸点、不易挥发的有机物在微生物的作用下,可以被分解为 CO_2 和 H_2O。在抽提过程中注入的空气及营养物质有助于提高微生物活性,降解不易挥发的有机污染物(如原油中沸点高、分子量大的组分)。应定期采集土壤样品对目标污染物的浓度进行分析,掌握污染物的去除速率。

影响生物通风技术修复效果的因素包括:土壤理化性质、污染物特性和土壤微生物三大类:

a) 土壤理化性质因素

土壤的气体渗透率:土壤的渗透率一般应该大于 0.1 达西。

土壤含水率:一般认为含水率达到 15%～20%时,生物修复的效果最好。

土壤温度:大多数生物修复是在中温条件(20～40 ℃)下进行的,最大不超过 40℃。

土壤的 pH 值:大多数微生物生存的 pH 值范围为 5～9,通常在中性条件下微生物对污染物降解效果较好。

营养物的含量:一般认为,利用微生物进行修复时,土壤中 C∶N∶P 的比例应维持在 100∶(5～10)∶1,以满足好氧微生物的生长繁殖及其对污染物的降解,当营养物为缓慢释放形式时,效果最佳。一般添加的 N 源为 NH_4^+,P 源为 PO_4^{3-}。

土壤氧气/电子受体:氧气作为电子受体,其含量是生物通风最重要的环境影响因素之一。在生物通风修复中,除了用空气提供氧气外,还可采用 H_2O_2、Fe^{3+}、NO_3^- 或纯氧作为电子受体。

b) 污染物特性因素

污染物的可生物降解性:生物降解性与污染物的分子结构有关,通常结构越简单,分子量越小的组分越容易被降解。此外,污染物的疏水性及其与土壤颗粒的吸附以及微孔排斥都会影响污染物的可生物降解性。

污染物的浓度:土壤中污染物浓度水平应适中。污染物浓度过高会对微生物产生毒害作用,降低微生物的活性,影响处理效果;污染物浓度过低,会降低污染物和微生物相互作用的概率,也会影响微生物对污染物的降解率。

污染物的挥发性:一般来说,挥发性强的污染物通过通风处理易从土壤中脱离。

c) 土壤微生物因素

一般认为,采用生物降解技术对土壤进行修复时,土壤中土著微生物的数量应不低于 10^5 数量级;但是土著微生物存在着生长速度慢、代谢活性低的弱点。当土壤污染物不适合土著微生物降解,或是土壤环境条件不适于土著降解菌大量生长时,须考虑接种高效菌种。

③ 土壤气体抽取法和热吸附结合时,性能将会增强。热的空气和蒸汽将通过注射井注射到污染物污染的土壤中。热的空气和蒸汽帮助土壤解吸一些挥发性低的化合物。这个增加的温度也会提高生物降解效率。土壤的热吸附可以通过这种方法完成,包括无线电频率加热,以为了更好地挥发污染物和在土壤气体修复中恢复蒸汽。

④ 土的压裂法也可以通过创造新的或增加已存在的破裂来加强土壤气体抽取法的性能。这些碎裂结构增加了土的渗透性,增加了注射井和修复井的影响半径,并且增加了和污染土的潜在接触面。

5.1.6 影响因素

许多因素会影响预计的土壤气体抽取法的实施。这些因素有污染物的类型和浓度,污染物的范围,地下水的深度,土的湿度,土的空气渗透性,地质条件,地球物理条件,功能的可用性,所需的辅助设备和处理目标。在开始实施操作前,正确并彻底的确定位置是十分重要的,以保证实施的是对污染区的重点修复。

虽然土壤气体抽取法被认为是很完善的技术,但是对发生在这个方法实施过程中的不同传质和变化过程仍需要研究。并且要为预计土壤气体抽取法的性能发展和建构数学模型。清洁标准、气体排放、废水排放和监测要求要得到许可。要设计一个监测项目,这样任何污染物在地下的传播都会被探测到。

5.2 异位土壤清洗法

5.2.1 技术特征

土的清洗技术用于作把污染物从挖掘的土中分离出来,是为了降低需要最终处理的或丢弃的土的体积。这个技术依赖的事实是污染物倾向于优先和有机质、细粒土(例如淤泥和黏土)接触。体积减小的实现是通过洗掉粗粒土,把污染物留在细粒土和冲洗液里。洗过的粗粒土可以返回用抽取的方法处理;在细粒土和冲洗液里的污染物用其他方法处理,例如热吸附,生物修复和弃置在允许的堆填区。

现在已经有很多洗土的方法,它们用不同的设备对待具体的污染物。图5.9描述了一个典型的洗土过程,在挖掘之后,土壤被过滤掉粗粒碎片(大于 2 英寸的),例如岩石和植物的根系。剩下的土壤可能是液态的,或者是可以和另外的水一起用泵抽吸。在洗涤过程中,一个以水为基础的清洗方案被用于把可溶污染物和细粒土从粗粒材料中分离出来。地表的污染物也可以通过溶解、大力磨损和冲洗的方法以保持细粒,从粗粒土中分离出来。污染物的溶解可以通过添加化学材料来加强,例如,酸洗方法可以用作溶解铅和其他从废土中分离出的金属,表面活性剂和有起泡作用的药剂也可以加入。

在洗土之后,泥浆要经历一个分离过程。在这个过程中,水、干净的粗粒材料和污染的细粒土被分离。悬浮的细粒土可用絮凝和重力沉降方式或通过一个真空压滤机分离。干净的土被返回到抽吸过程。典型的洗涤方法至少部分是可回收的。不能回收的洗涤方案是用常规的废水处理方法。废水处理后的残留物(例如

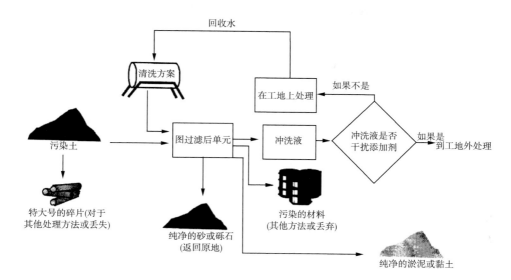

图 5.9 典型的洗土过程

交换树脂法、活性炭法或生物处理污泥)可能和污染细粒土一起处理或者丢弃。挥发物也可以从土壤处理和在废水中收集和处理。空气泄漏在这个过程中可以控制。典型的空气处理过程包括活性炭吸附、催化作用和热氧化作用。

洗土法对重金属、放射性核素及半挥发性有机污染物和难挥发性有机污染物(氯化物、多环芳烃、杀虫剂、多氯联苯)等污染的土壤都是有效。研究表明,要把挥发性有机物和金属移出砂土和碎石土,应用洗土法是有效果。洗土法对淤泥和黏性土的效果不明显,不适合于土壤细粒(黏/粉粒)含量高于 25% 的土壤;处理含挥发性有机物污染土壤时,应采取合适的气体收集处理设施。通常,应用洗土法效果明显的是那些液压传导系数相对高的土。如果污染物吸附在土壤上的吸着力大,那么洗土法可能不会有效。

洗土法有以下几个好处:

(1)该方法明显降低了那些集中在相对小的范围内的污染物的体积。理想的洗土过程可以降低 90% 的污染物量(这就是说,只有 10% 的污染物需要进一步处理)。

(2)封闭的系统不受外界的影响。这个系统容易控制处理条件(例如 pH 值和温度)。

(3)允许污染物污染土壤的挖掘并在原位处理,干净的土还可以在同一个地点回填。

(4)对移除有机污染物和无机污染物都是有潜力的。

(5)高输出:每小时大约洗土 70 t。

（6）应用这种方法需要的部门许可批准相对少一些。

这个技术也有以下缺点：

（1）对土壤中包含 30%～50% 的淤泥、黏土、有机土，洗土法是无效的。污染物倾向于通过物理和化学的方法和淤泥、黏土和有机物连接在一起。反过来，这些物质又倾向于和砂土、砾石连接在一起。当土壤中包含大量的淤泥和黏土，污染物很容易和土壤连接在一起。因此，这比从含少量黏土和无机物污染土壤中移除污染物要困难得多。

（2）洗土法相对贵一些，因为需要额外的费用用于处理废水和废气泄漏。

（3）复杂的废物混合物（例如金属和有机物混合）使确定冲洗液变得很困难。

（4）小的体积的污染软泥和处理结束后的废水仍要进行进一步的处理或者丢弃。

（5）由于土的开挖和操作使污染物暴露于公众。

（6）洗土法系统的设计、系统排出速度和后勤处理（包括分期治理已处理的土和未处理的土）要求很大的空间。

5.2.2 基本过程

洗土修复方法是通过物理化学方法，例如解吸、配位、溶解和氧化还原作用等来控制。当一个洗土方案应用到土里时，淋洗剂吸收土表面的污染物。洗土液可能会影响酸碱反应，改变 pH 值，所以引起污染物的溶解。在一些情况下，洗土液可能会形成与污染物混合的复合物，并且这些复合物是可溶的。也有可能是当洗土液引入时，发生的氧化还原反应会改变污染物的氧化状态，这样将会导致污染物的解吸和溶解。土壤清洗结束后，大量的污染物将会进入洗土液，然而，一些污染物也会留在土壤中。这可用如下表达式表示：

$$c_{si}M_s = c_{sf}M_s + V_l c_l \tag{5.7}$$

式中：c_{si} 是土中污染物初始浓度（mg/kg），M_s 是土的净重量（kg），c_{sf} 是总的污染物浓度（mg/kg），V_l 是总的洗土液的体积（L），c_l 是在洗土液中污染物的浓度（mg/L）。如果有足够的条件清洗，将会存在均衡条件，并且，洗液中污染物的浓度和土中污染物的浓度将会通过土中污染物和洗液中污染物的分配系数有所联系。如 $c_{sf} = K_d c_l$。把这个式子代入公式（5.7）并改变条件，我们将会得到洗土法的移动有效率：

$$
\begin{aligned}
\text{移动有效率} &= \frac{c_{sf}}{c_{si}} \times 100 \, (\%) \\
&= \frac{1}{1 + V_l/M_s K_d} \times 100 \, (\%)
\end{aligned}
\tag{5.8}
$$

5.2.3　系统设计和实施过程

图 5.9 描述了洗土过程的典型流程。异位土壤洗脱处理系统一般包括土壤预处理单元、物理分离单元、洗脱单元、废水处理及回用单元和挥发气体控制单元等。

实施过程包括：① 超过规格的土和碎片通过滤网分离；② 用水洗这些材料以移动充足的污染物；③ 将细粒土放入清洗设备（或土的擦洗）；④ 将抽取剂和水（例如洗土液）加入土壤中，混合之后，修复土和冲洗液将会被分开；⑤ 修复的土将会返回原地会丢弃在别的地方；⑥ 细粒土的残余污染物将会进一步处理或丢弃在允许的填埋区；⑦ 冲洗液也将会在原地处理或回收作为洗液。

1）设备

主要设备包括土壤预处理设备（如破碎机、筛分机等）、输送设备（皮带机或螺旋输送机）、物理筛分设备（湿法振动筛、滚筒筛、水力旋流器等）、增效洗脱设备（洗脱搅拌罐、滚筒清洗机、水平振荡器、加药配药设备等）、泥水分离及脱水设备（沉淀池、浓缩池、脱水筛、压滤机、离心分离机等）、废水处理系统（废水收集箱、沉淀池、物化处理系统等）、泥浆输送系统（泥浆泵、管道等）、自动控制系统。

土壤可以通过挖土机、前端装载机、抽取机或其他设备挖掘。挖掘后土壤用琥珀和振动的格筛分离或过滤。格筛把材料传到另一个机器上，这个机器包括一个带传送带的双层振动筛，可移走从上面下落的大于 2 英寸的材料。然后从上面下落的那些小于 2 英寸的材料进入洗涤过程。这个洗涤技术可以手工操作也可以使用机器设备。对于手工操作，需要有尺寸足够大的金属锅容纳材料，并用大的金属匙在洗涤过程中混合这些样品。Plogg 洗涤机是最常用的洗涤设备。

2）操作参数和监测

影响土壤清洗效果的技术参数包括：土壤细粒含量、污染物的性质和浓度、水土比、洗脱时间、洗脱次数、增效剂的选择、增效洗脱废水的处理及药剂回用等。

（1）土壤细粒含量：土壤细粒的百分含量是决定土壤洗脱修复效果和成本的关键因素。对土壤中包含 30%～50% 的淤泥、黏土和有机物的土，洗土法是无效的。

（2）污染物性质和浓度：污染物的水溶性和迁移性直接影响土壤洗脱特别是增效洗脱修复的效果。

（3）水土比：采用旋流器分级时，一般控制给料的土壤浓度在 10% 左右；机械筛分要根据土壤机械组成情况及筛分效率选择合适的水土比，一般为 5:1 到 10:1。增效洗脱单元的水土比根据可行性实验和中试的结果来设置，一般水土比为 3:1 至 20:1 之间。

（4）洗脱时间：物理分离的物料停留时间根据分级效果及处理设备的容量来确定；一般时间为 20 分钟到 2 小时，延长洗脱时间有利于污染物去除，但同时也增加了处理成本，因此，应根据可行性实验、中试结果以及现场运行情况选择合适的洗脱时间。

（5）洗脱次数：当一次分级或增效洗脱不能达到既定土壤修复目标时，可采用多级连续洗脱或循环洗脱。

（6）增效剂类型：一般有机污染选择的增效剂为表面活性剂，重金属污染修复增效剂可为无机酸、有机酸、络合剂等。增效剂的种类和剂量根据可行性实验和中试结果确定。对于有机物和重金属复合污染，一般可考虑两类增效剂的复配。

（7）增效洗脱废水的处理及增效剂的回用：对于土壤重金属洗脱废水，一般采用铁盐＋碱沉淀的方法去除水中重金属，加酸回调后可回用增效剂；有机物污染土壤的表面活性剂洗脱废水可采用溶剂增效等方法去除污染物并实现增效剂回用。

土壤分离和过滤应该在封闭环境中进行，使得废气和粉尘都封闭在里面。所有挖掘出的土都应该用塑料覆盖安全地包裹起来，储存之后才开始治理。应该防止修复过程中的任何泄漏和溢出，监测和评估是必须的。

在挖掘和材料处理的过程中，为减少传播，气象条件应该被仔细考虑和评估。应该避开强风，天气监测有助于粉尘排放。

处理土壤是通过抽样和测试它们的污染水平以确认治理标准是否达到。抽样的频率取决于以下因素：均质过程流，和处理目标相关的过程流的低污染浓度，土中细粒土和有机物的含量的百分比以及具体的场地数据表明治理失败的等级。

5.2.4　预测模型

具体的数学模型对设计和评估洗土系统是不可用的。然而，地球物理模型常用作是对任何给定的土和污染情况下冲洗液的选择。

5.2.5　技术的改良和互补

异地修复技术，例如溶剂提取法、化学脱氯法和洗土法是相似的。溶剂提取技术是用有机溶剂而不是水清洗溶液去将土中的有机污染物移走。典型的溶剂用的是液化气体（丙烷或丁烷）和三乙胺。化学脱氯法是用于把有机氯化物中的氯还原出来。土壤和脱氯剂在反应堆里融合。脱氯剂可能是碱金属氢氧化物或碱性聚乙二醇试剂。最常用的金属氧化物是氢氧化钾。氢氧化钾和聚乙二醇结合起来形成了聚乙醇，有时氢氧化钠和三甘醇也会被用到。这些土壤试剂的混合物要加热到

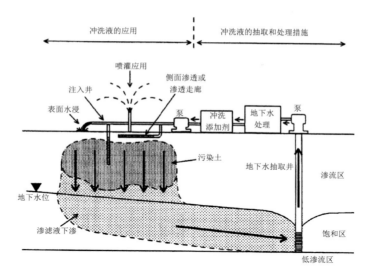

图 5. 10   用于渗流区的典型原位土壤冲洗法

100～180 ℃之间,持续 1 到 5 个小时,这取决于土的类型、数量和污染物的浓度。脱氯降低了化学品例如溶剂、杀虫剂和多氯联苯的毒性。脱氯也可以使进一步的治理更易进行,如生物解毒、回收或丢弃这些污染物。脱氯不适合用于挥发性有机化合物。

　　洗土法也可以在原位执行,叫作土的原位淋洗。土的原位淋洗经常涉及地下水的修复;然而,它也可以在渗流区对土壤实施治理,如图5.10所示的。类似于洗土法,土的淋洗法也要用水或水的添加剂去加强土的可溶性。它是通过在注入井中提取抽取液,或在渗透系统如喷灌或渗透廊道的利用来提取抽取液。应用之后,淋洗液渗透而下进入污染土。污染土经溶解后是具有流动性的,形成了乳剂或通过化学反应和淋洗液结合。反应后的滤出液继续过滤下渗直到地下水位。在这样的水平下,渗滤液和地下水结合,然后流动到抽取点。污染的地下水和淋洗液是通过便利的抽取井和回收壕沟抽取的。回收的地下水和淋洗液在释放给公众或公有废水处理工程前,要使这些液体符合排放标准。

　　一个相关的技术,化学氧化法,涉及用化学方法把有害污染物转化为无害或微毒的化合物。用这种方法,污染土和氧化剂例如臭氧、过氧化氢、氯气、二氧化氯等混合。这种方法可以原位完成也可以异地完成,可以用作处理无机物、半挥发有机物、燃料碳氢化合物和农药。这个方法的好处是不产生二次废物,然而,应当注意的是,要确保不形成中间产物,那些中间产物有可能比原来的污染物毒性更大。如果是高浓度的污染物要求处理的话,那么氧化剂的费用将会很高。

5.3 稳化和固化方法

5.3.1 技术特征

稳化和固化方法（S/S）也就是指非制动、固定以及胶囊化的一些方法，它们是通过掺入添加剂或者利用化学方法来凝固和约束土壤污染物的移动，以及通过在物理结构上具有阻止移动功能的基质或基体来微胶囊化土壤污染物。稳定性主要是指通过化学过程把污染物转化成溶解度小、移动慢、无毒的形式。固化性通常是指通过物理过程提高半固化材料或泥的硬度。因此，稳化和固化（S/S）过程可以指化学的凝固，也可以指物理上的固定土壤污染物。这种方法既不是指像土壤化学萃取法把污染物从土壤中除去，也不是指像生物治理一样把污染物降解完。相反，它是指清除或阻止污染物的移动。在某种情况下，稳化和固化（S/S）被作为一种预处理方法来降低可溶解污染物在土壤中的聚集量低于规范要求（例如土壤处理限）以便在填埋场处理它们。

稳化和固化方法（S/S）可在原位和异地两种情况下进行。异地（S/S）过程包括以下步骤：（1）采污染土样；（2）将污染土与添加剂相混合；（3）加工混合物；（4）回填或填埋所要处理的土，而原位（S/S）过程则是指向地下土壤中直接添加或混合稳定添加剂来固化污染物以阻止其流入地下水。

稳化和固化方法（S/S）适用于被金属、辐射物以及其他无机物和无挥发性或半挥发性的有机成分所污染的土壤，可处理金属类、石棉、放射性物质、腐蚀性无机物、氰化物以及砷化合物等无机物和农药/除草剂、石油或多环芳烃类、多氯联苯类以及二噁英等有机化合物污染的土壤。而仅仅被挥发性的有机成分所污染的土壤却不适合（S/S）处理过程，因为它们可能在混合或加工的过程当中就挥发或被分解，也就是说，该技术不宜用于挥发性有机化合物，不适用于以污染物总量为验收目标的项目。稳化和固化（S/S）适用于黏土、粉土、砂土等所有类型的土壤。

这种技术方法具有以下优点：

（1）低成本（因为所采用的附加物和添加剂都是普遍存在和相对便宜的）；

（2）适用于各种类型的污染土（包括含有有机成分和重金属，金属和有机成分可能在第一步就得到处理）；

（3）所用设备既有效又便宜；

（4）相对其他方法具有更高的吞吐量。

同样地，这种方法也有以下不足之处：

（1）污染物不能被完全清除掉；

（2）所处理的土体体积可能会因为添加剂的加入增加很多（在有些情况下体

积可能会变成原来的两倍);

(3)在混合过程中,可能会出现挥发性有机物和颗粒物的挥发,因此就需要对挥发加以控制;

(4)对于在土体内的处理,向地下注入添加剂和均匀混合的实现都具有一定的难度;

(5)原位固化可能会妨碍将来现场的使用;

(6)这个过程的长期有效性尚不能确定。

5.3.2　技术原理

稳化和固化方法(S/S)最终取决于所用的稳定添加剂。依据所采用添加剂的类型,稳化和固化方法(S/S)被分为以下几种:(1)水泥基(S/S);(2)火山岩(S/S);(3)热塑性(S/S);(4)有机合成(S/S)。前两种是运用水泥和火成岩,因此是无机(S/S)过程。后两种是运用热塑性黏合剂和有机合成物的有机过程。

(1)水泥基(S/S)是在与硅酸盐水泥相混合的污染土中进行的过程。如果混合物中水的含量相对较低时,还需向混合物中添加水,这是因为要通过水合反应来使水泥黏合。将污染土与水泥基相融合,经过物理化学反应就可以降低其迁移率。因为水泥的 pH 值较高,与其他的金属离子相比较,所形成的金属氢氧化物的溶解度会小很多。通常也会向水泥中加入少量的飞灰、钠硅酸盐和膨润土来提高处理效果。被稳定的土壤将会是一种黏性土,取决于所加成分的含量。这种类型的稳化和固化方法(S/S)适用于被金属、PCB、油和其他有机成分污染的土壤。

(2)火山岩(S/S)包括硅质岩和铝硅酸盐材料,它不但呈现水泥化的过程,而且也会形成掺和有石灰、水泥和水的似水泥状的物质。基本的固化机理就是在火成岩基体中污染物的物理富集过程。通常所用的火成岩都是飞灰、浮岩、石灰矿渣和高炉渣。这些火成岩都包含有很大的硅酸盐成分。被稳定的土壤能够从一种较软弱、纹理明显的材料变成一种和水泥很相象的硬度较好的黏性材料。火成岩的反应通常都比水泥反应较慢。这种类型的(S/S)过程适用于被金属、废酸和杂酚油污染的土壤。

(3)热塑性(S/S)是一种微胶囊化过程,在这个过程当中,土壤中的污染物并不与胶囊发生化学反应。微胶囊化过程是用一层相对透水性较差的层面来覆盖污染物。典型的热塑性材料像沥青或聚乙烯都被用于黏合污染物使其变成稳定或固化体。在与干燥的污染土壤混合之前沥青黏合剂可能需要加热,或者沥青被用作一种冷却剂。这种类型的热塑性(S/S)适用于被金属、有机物、和辐射物污染的土壤。

(4)有机合成(S/S)主要依赖聚合物来固化土壤中污染物。脲醛就是用于此目的的典型的有机聚合物。这种类型的有机合成(S/S)主要适用于特殊污染,如辐射物,当然同样适用于被金属和有机物污染的土壤。

5.3.3　系统设计和实施

(1) 一般设计方法

图5.12显示了在一个被污染的场区选择和实现稳化和固化(S/S)的一个系统性的方法。首先是观察土壤中主要污染物的初始状况,看看这些污染物是否需要稳化和固化(S/S)。在土壤中油、油脂和其他有机物含量较高时,将会使稳化和固化(S/S)出现低效或无效的现象。如果污染土适于稳化和固化(S/S)处理,那么通过主要的物理和化学性质的分析来得到土壤详细结构也是很有必要的。物理性质如体积、水含量、颗粒大小分配、pH值都会对(S/S)过程处理产生影响。为选择有效固化污染物的稳定剂(stabilizing agents)类型和比例,实验室测试是必须进行的。不同的污染土和添加剂的比例测试将最终决定(S/S)的最佳配比。实验室测试同样也规定了掺和要求、加工时间和质量控制参数。同样,实验室测试得到的(S/S)过程处理的适应性还得在特殊场区的情况下进行评估。像地下水位置、场地区域和场地排水这些因素都要考虑到。基于所有这些因素,最终的决定还需考虑所认定的(S/S)处理过程是否在经济上具有可行性。这就要包括添加剂、设备、劳动力的成本。最终就是所选择的既科学又经济可行的(S/S)处理过程在现场得到实现。

系统主要由土壤预处理系统、固化/稳定剂添加系统、土壤与固化/稳定剂混合搅拌系统组成。其中,土壤预处理系统具体包括土壤水分调节系统、土壤杂质筛分系统、土壤破碎系统。

(2) 装置及实施

① 异位(ex-situ)稳化和固化(S/S)

主要设备包括土壤挖掘系统(如挖掘机等)、土壤水分调节系统(如输送泵、喷雾器、脱水机等)、土壤筛分破碎设备(如振动筛、筛分破碎斗、破碎机、土壤破碎斗、旋耕机等)、土壤与固化/稳定剂混合搅拌设备(双轴搅拌机、单轴螺旋搅拌机、链锤式搅拌机、切割锤击混合式搅拌机等)。

在异位(ex-situ)情况下,主要实施过程包括:(a) 根据场地污染空间分布信息进行测量放线之后开始土壤挖掘;(b) 根据情况对挖掘出的土壤进行预处理(水分调节、土壤杂质筛分、土壤破碎等);(c) 固化/稳定剂添加;(d) 土壤与固化/稳定剂混合搅拌、养护;(e) 固化/稳定体的监测与处置、验收。其中(b)、(c)、(d)三步也可以在一体式混合搅拌设备中同时完成。

在异位(ex-situ)情况下(图5.13)污染土被挖出后,经过过筛除去颗粒较大的污染土,然后把过筛后的污染土放进制泥机(黏土搅拌机 a pug mill,把污染土充分

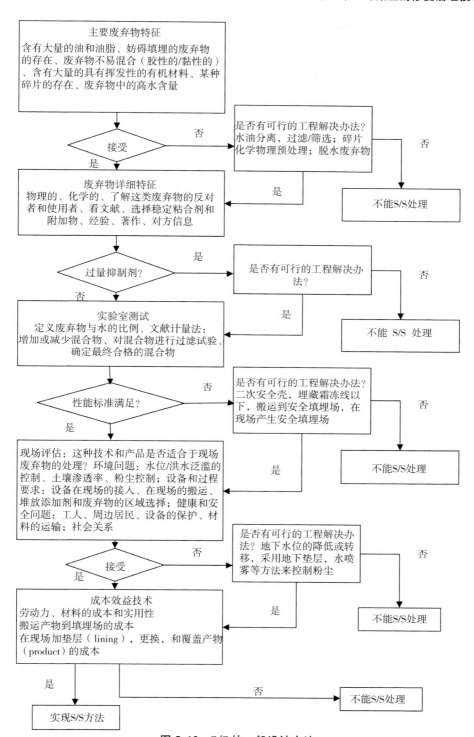

图 5.12 S/S 的一般设计方法

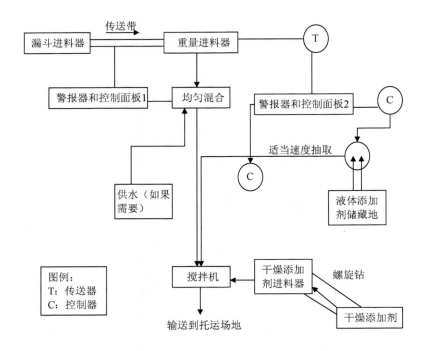

图 5.13　异位 S/S 过程

混合均匀。如果有要求,把混合物先与水混合,然后再掺和添加剂。完全混合之后,再把所得的混合土样以制泥机取出(黏土搅拌机)。此时所得的混合土样就是高抗压强度、高稳定性,具有像混凝土一样的刚性结构的凝固体。混合土样最终被回填到开挖的基坑里面,或在允许的填埋场进行处理。

　　传统的推土设备像履带式挖沟机、拉斗铲、前后推土机都可用于挖掘污染土。自卸车可把土壤运送到储藏地或处理地。如果有要求,储藏地应避免污染土对周边环境的污染,通常采用底部垫层和排水系统。空气扩散的控制同样也应该加以注意。稳定添加剂同样也需要确定的现场储藏地,仓库用来防止其对周边环境的污染。混合污染土样和稳定添加剂的混合在制泥机(黏土搅拌机)、带状搅拌机、挤压机、螺旋输送机这样的设备内进行。稳定土样用自卸车进行运送。如果稳定土要被回填,应该在稳定土样被装载和冷却之前就应该进行立即回填处理。通常来说,稳定土都会被放置在 8 到 10 英寸。一般用分级机和推土机进行拉伸和压缩。

　　② 原位(in-situ)稳化和固化(S/S)

　　系统构成和主要设备由挖掘、翻耕或螺旋钻等机械深翻松动装置系统、试剂调配及输料系统、气体收集系统、工程现场取样监测系统以及长期稳定性监测系统组成。主要设备包括机械深翻搅动装置系统(如挖掘机、翻耕机、螺旋中空钻等)、试剂调配及输料系统(输料管路、试剂储存罐、流量计、混配装置、水泵、压力表等)、气体收集系统(气体收集罩、气体回收处理装置)、工程现场取样监测系统(驱动器、取样钻头、固定装置)、长期稳定性监测系统(气体监测探头、水分、温度、地下水在线监测系统等)。

主要实施过程:首先基于修复目标建立修复材料的性能参数,进行实验室可行性分析,确定固化剂、添加剂和水的最佳混合配料比。然后进行场地试验,进一步优化实施技术,建立运行性能参数。最后,实施修复工程,并对修复过程实施后的材料性能进行长期监控。

实施过程具体包括:(a)针对污染场地情况选择回转式混合机、挖掘机、螺旋钻等钻探装置对深层污染介质进行深翻搅动,并在机械装置上方安装灌浆喷射装置。(b)通过液压驱动、液压控制将药剂直接输送到喷射装置,运用搅拌头螺旋搅拌过程中形成的负压空间或液压驱动将粉体或泥浆状药剂喷入污染介质中,或使用高压灌浆管来迫使药剂进入污染介质孔隙中。通过安装在输料系统阀端的流量计检测固化剂的输入速度、掺入量,使其按照预定的比例与污染介质以及污染物进行有效的混合。(c)对于固化/稳定化处理过程中释放的气体,通过收集罩输送至处理系统进行无害化处理。(d)选择不同的采样工具,对不同深度和位置的修复后样品进行取样分析。(e)布置长期稳定性监测网络,定期对系统的稳定性和浸出性(地下水)进行监测。

(3)关键技术参数或指标

① 异位(ex-situ)稳化和固化(S/S)

(a)固化/稳定剂的种类及添加量

固化/稳定剂的成分及添加量将显著影响土壤污染物的稳定效果,应通过试验确定固化/稳定剂的配方和添加量,并考虑一定的安全系数。目前国外应用的固化/稳定化药剂添加量大都低于20%。

(b)土壤破碎程度

土壤破碎程度大有利于后续与固化/稳定剂的充分混合接触,一般要求土壤颗粒最大的尺寸不宜大于5 cm。

(c)土壤与固化/稳定剂的混匀程度

混合程度是该技术一个关键性指标,混合越均匀固化/稳定化效果越好。土壤与固化/稳定剂的混匀程度往往依靠现场工程师的经验判断,国内外还缺乏相关标准。

(d)土壤固化/稳定化处理效果评价

土壤固化/稳定化修复效果通常需要物理和化学两类评价指标:物理指标包括无侧限抗压强度、渗透系数;化学指标为浸出液浓度。

物理学评价指标:

经固化/稳定化处理后的固化体,其无侧限抗压强度要求大于 50 psi (0.35 MPa),而固化后用于建筑材料的无侧限抗压强度至少要求达到 4 000 psi (27.58 MPa)。

渗透系数表征土壤对水分流动的传导能力,经固化处理后的渗透系数一般要求不大于 $1×10^{-6}$ cm/s。

化学评价指标:

针对固化/稳定化后土壤的不同的再利用和处置方式,采用合适的浸出方法和评价标准。

② 原位(in-situ)稳化和固化(S/S)

主要包括:污染介质组成及其浓度特征、污染物组成、污染物位置分布、固化剂/稳定化剂组成与用量、场地地质特征、无侧限抗压强度、渗透系数以及污染物浸出特性。

(a) 污染介质组成及其浓度特征:污染介质中可溶性盐类会延长固化剂的凝固时间并大大降低其物理强度,水分含量决定添加剂中水的添加比例,有机污染物会影响固化体中晶体结构的形成,往往需要添加有机改性黏结剂来屏蔽相关影响,修复后固体的水力渗透系数会影响到地下水的侵蚀效果。

(b) 污染物组成:对无机污染物,添加固化剂/稳定化剂即可实现非常好的固化/稳定化效果;对无机物和有机物共存时,尤其是存在挥发性有机物(如多环芳烃类),则需添加除固化剂以外的添加剂以稳定有机污染物。

(c) 污染物位置分布:污染物仅分布在浅层污染介质当中时,通常采用改造的旋耕机或挖掘铲装置实现土壤与固化剂混合;当污染物分布在较深层污染介质当中时,通常需要采用螺旋钻等深翻搅动装置来实现试剂的添加与均匀混合。

(d) 固化剂组成与用量:有机物不会与水泥类物质发生水合作用,对于含有机污染物的污染介质通常需要投加添加剂以固定污染物。石灰和硅酸盐水泥一定程度上还会增加有机物质的浸出。同时,固化剂添加比例决定了修复后系统的长期稳定性特征。

(e) 场地地质特征:水文地质条件、地下水水流速率、场地上是否有其他构筑物、场地附近是否有地表水存在,这些都会增加施工难度并会对修复后系统的长期稳定性产生较大影响。

(f) 无侧限抗压强度:修复后固体材料的抗压强度一般应大于 50 Pa/ft² 帕/平方英尺(约合 538.20 Pa/m²),材料的抗压强度至少要和周围土壤的抗压强度一致。

(g)渗透系数:衡量固化/稳定化修复后材料的关键因素。渗透系数小于周围土壤时,才不会造成固化体侵蚀和污染物浸出。固化/稳定化后固化体的渗透系数

一般应小于 10^{-6} cm/s。

(h) 浸出性特征:针对固化/稳定化后土壤的不同的再利用和处置方式,采用合适的浸出方法和评价标准。

(4) 技术应用基础和前期准备

① 异位(ex-situ)稳化和固化(S/S)

土壤物理性质(机械组成、含水率等)、化学特性(有机质含量、pH 值等)、污染特性(污染物种类、污染程度等)均会影响到异位固化/稳定修复技术的适用性及其修复效果。应针对不同类型的污染物,特别是砷、铬等毒性和活性较大的污染物,选择不同的固化/稳定剂;应基于土壤类型研究固化/稳定剂的添加量与污染物浸出毒性的相互关系,确定不同污染物浓度时的最佳固化/稳定剂添加量。

② 原位(in-situ)稳化和固化(S/S)

在利用该技术进行修复前,应进行相关测试以评估污染场地应用原位固化/稳定化技术的可行性,并为下一步工程设计提供基础参数。具体测试参数包括:(a) 固化/稳定化药剂选择,需考虑药剂间的干扰以及化学不兼容性、金属化学因素、处理和再利用的兼容性、成本等因素;(b) 分析所选药剂对其他污染物的影响;(c) 优化药剂添加量;(d) 污染物浸出特征测试;(e) 评估污染介质的物理化学均一性;(f) 确定药剂添加导致的体积增加量;(g) 确定性能评价指标;(h) 确定施工参数。

原位 S/S 过程联合利用螺旋钻和沉井。先将稳定添加剂放进螺旋钻中,然后用一根空心管注入污染土中,其过程如图 5.14 所示。在沉井内,螺旋钻则通过上下螺旋运动的形式达到把添加剂和土壤充分混合的目的,一个大直径(6 英尺或更大)的污染土"塞子"在此处就可以得到混合。经过完全混合之后,螺旋钻被移走,水泥浆被留在原处,螺旋钻被安置后,轻轻地覆盖最后一层"塞子",此过程重复至污染区域被覆盖完。整个原位 S/S 过程如图 5.15、图 5.16 所示。

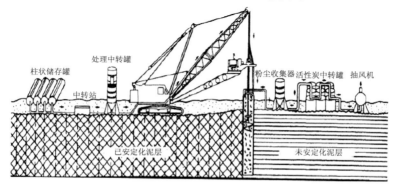

柱状储存罐　处理中转罐　　　　　　粉尘收集器 活性炭中转罐 抽风机
中转站
已安定化泥层　　　　　　未安定化泥层

图 5.14　原位 S/S 过程(Sharma 和 Lewis,1994)

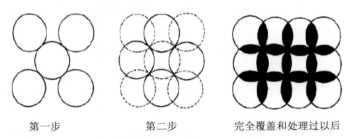

第一步　　　　　　第二步　　　　完全覆盖和处理过以后

图 5.15　重叠覆盖之整个污染区

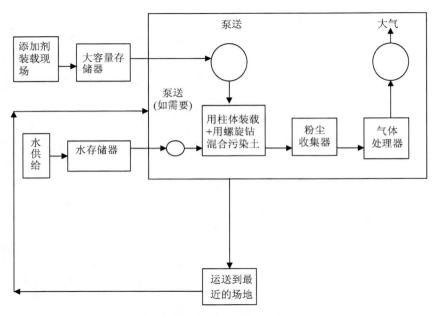

图 5.16　原位 S/S 的全过程

（5）监测

在土壤混合之前或之后，进行土壤结构的物理和化学测试。表 5.3 显示了各种不同测试以及测试污染土和混合土物理结构的目的。这些测试包括指标特性的测试，这些指标特性能够为把污染土的物理结构和过程操作参数相联系提供可靠的数据支持；密度的测试可以用来判断质量和体积的关系；渗透性的测试可以判断水穿过土体的难易程度；强度试验为测试 S/S 过程的有效性提供了判断依据；耐久性试验是判断污染土在干湿交替或冻融循环的条件下的变化状况。

表 5.3 混合和未混合土壤的物理结构

试验程序	目的
指标特性试验 颗粒大小分析 阿太堡界限	判断材料颗粒大小的分布
液限 塑限 塑性指数	定义材料的物理结构来起到水分控制的作用
含水量	判断材料中自由水的百分比
悬浮质	判断不能稳定液体的固体的数目
过滤测试	判断散装或未封装的样品中自由水的存在
密度测试 容重 驱动缸方法	判断土壤或类土壤材料的密度
沙漏斗法	判断土壤或类土壤材料的密度
核方法	判断土壤或类土壤材料的密度
安定化废弃物	判断单个安定化废弃物的密度
压缩测试 水泥土与含水量密度的关系	判断材料含水量与密度的关系
渗透性测试 降水头渗透性	量测水穿过类土壤材料的速率
常水头	量测水穿过类土壤材料的速率

表 5.4 显示了混合土和未混合土的化学结构的测试方法。刚开始,在混合土和未混合土中的化学成分的总浓度应该是相同的。不过,S/S 过程也会使得化学成分不易迁移或很少可渗滤的。未混合土中的总浓度与已修复土中渗滤液的浓度比值决定着 S/S 对稳化土壤中污染物的效率。已经有很多渗滤流程被用来测试污染物和稳化或固化土壤。如下:

（1）毒性特征渗滤流程（TCLP）;

（2）毒性测试萃取流程（EP Tox）;

（3）废弃物萃取测试（Cal WET）;

（4）多次萃取流程（MEP）;

（5）纤维废弃物萃取流程（MWEP）;

（6）均衡过滤测试（ELT）;

（7）中性酸容量（ANC）;

（8）连续萃取测试（SET）;

（9）连续化学萃取（SCE）。

表 5.5 展示了各种萃取试验的比例搭配。很显然,这些试验的变化都非常大,

而且这些试验结果必须在理想条件下的不同观点下得到评价。TCLP 试验就是用于定义判断有害和无害废弃物的标准,同时也作为颁布在地基处理规范论证下的有效技术标准的依据。TCLP 试验通常是用来估算安定化土壤中滤出物的浓度。

表 5.4　混合和未混合土壤的化学结构

参数	对未安定化和已安定化废弃物的应用
pH 值	有害成分的过滤是由固体的 pH 值决定
氧化还原电位(Eh)	处理过后 Eh 值的变化能够改变元素的抗流失性
氧化物	安定化或凝固废弃物的矿物结构可以协助解释过滤试验的结果
有机碳总量(TOC)	被用来近似在废弃物和已处理过材料中的不易过滤的有机碳
油和脂	可以用来从处理和未处理废弃物中已过滤的油和脂进行比较
元素分析	用来计算在未处理和已处理过的废弃物中相对金属元素总量被过滤掉的金属元素的含量
挥发性有机碳(VOCs)	用安定化后或未安定化废弃物中 VOC 总量与用 TCLP 萃取法得到的 VOC 总量比值来计算处理与未处理废弃物的相对过滤量
碱性,中性和酸性化合物	用安定化或未安定化废弃物中 BNA 总量与各自的含量的比值来计算处理与未处理废弃物的相对过滤量
多氯联苯化合物(PCBs)	处理与未处理废弃物的 PCB 过滤量与 VOC 值一样
离子	用来计算各种被过滤离子的总量
水化反应热	在搅拌期间量测温度的改变将会引起局部 VOC 值的波动
碱性	在过滤时碱度的改变可以计算安定化废弃物的形状变化

表 5.5　萃取试验的类比

测试方法	过滤中间物	固液比	最大颗粒尺寸	萃取数量	萃取时间
TCLP	醋酸	20∶1	9.5 mm	1	18 h
EP Tox	0.04M 醋酸(pH 值—5.0)	16∶1	9.5 mm	1	24 h
Cal WET	0.04M 柠檬酸钠(pH 值—5.0)	10∶1	0.2 mm	1	48 h
MEP	与 EP Tox 一样,还有硫酸和硝酸以 60%∶40% 的比例组成的合成酸雨	20∶1	9.5 mm	9(更多)	每次萃取 24 h
MWEP	蒸馏水和特殊情况下的其他物质	10∶1	9.5 mm	4	每次萃取 18 h
平衡过滤试验	蒸馏水	4∶1	150 mm	1	7 d
酸中和能力	硝酸饱和溶液	3∶1	150 mm	1	每次萃取 48 h
连续萃取试验	0.04M 醋酸	50∶1	9.5 mm	15	每次萃取 24 h
连续化学萃取	5 种浸出液,增加了酸度	16∶1 到 40∶1	150 mm	5	2 到 24 h

5.3.4 改进或补充的技术

当一种 S/S 技术应用到原位污染土中时,此种技术就叫作原位非制动或原位固定。这种技术包括通过钻井的方法把化学试剂或添加剂注入地层中。这些添加剂将会通过化学反应把金属或核污染物转化到稳定的状态或形式。由于向土层注入安定化剂的困难性,即使从成本效益的角度考虑,在异类或低渗透型的地层中实施固化还是没有效果的。

玻璃化技术也是 S/S 的一种技术形式,它能够把污染土加热溶化后转化成玻璃状或晶体物质。

土壤搅拌技术(Soil mixing)是综合了水的蒸馏、热空气和过氧化氢的注入来有效地分解有机成分,同时也用于某种特殊的地层。在 S/S 技术中土壤搅拌技术(Soil mixing)同时也被用于添加微生物来达到生物修复(bioremediation)的目的。

S/S 技术应用很广。尽管如此,为了这门技术的有效性和经济性,还是要进行新的添加剂的开发和设备技术的改进。同样,有序的管理体制也应包括污染气体的散发和向地下侵入的活动的许可管理。挥发性有机污染物的爆炸对工人安全性的威胁和有序的操作工序都必须充分考虑到。同样,在作业过程中高分贝噪音对周边居民的影响也应得到考虑。

5.4 电动力学修复

5.4.1 技术特征

电动力学修复也就是通常所指的电迁移法、电法恢复、电法修复、电渗,是通过提供电压使土壤污染物得到迁移,是通过一对正负电极给污染土提供一定电压来实现的。由于过程的复杂性,污染物都向着电极移动,载有污染物的液体也会向着电极迁移。图 5.19 展示了在原位条件下整个电动力学修复操作的全过程。

电动力学修复系统是由深埋在地下的微小电极和供电电源组成。这两个电极被分别安插在有一定间隔的两个水池或竖井中。两电极分别叫作正极和负极,正极带正电荷,负极带负电荷,通常情况下,正极吸引带负电荷的污染物,负极吸引带正电荷的污染物。在修复未饱和土时,需要向水池或竖井中注水。修复过程中,通过向外抽出插有电极的水池或竖井中的污染水,污染物就可以得到迁移。

除此方法之外,还可以采取在电极实施电镀、沉淀和共沉淀的方法,同样还可以在水池中添加弱酸、表面活性剂和络合剂等强溶解剂来优化迁移污染物的过程。

在现场,常常需要考虑电极的排列顺序。如果污染带太窄或太长,电极就需要分两组排列。而如果污染带非常大时,就须采用交替正负电极组。电极的排列顺

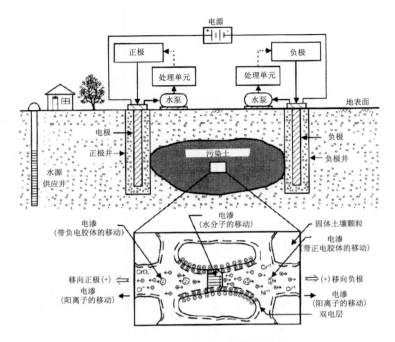

图 5.19 原位电动力学修复技术

序仅仅是用来阻止污染物的迁移或搬运的。

这种技术应用的范围很广,对于黏土成分和腐殖质成分含量高的污染土、多相污染土、饱和或未饱和污染土以及重金属、辐射物或者有机成分等污染物分布范围很广的区域很适用。

电动力学修复技术的优点:

(1) 适用于低渗透率和多相土壤;

(2) 适用于污染物分布范围广的地区,由其带电性金属污染物可以被移走,若不带电可以通过感应流(induced flow)迁移污染物;

(3) 变相地,可以用作原位和异地修复技术;

(4) 比其他修复技术便宜;

(5) 适于场地特殊的污染区。

缺点如下:

(1) 电解反应可能会导致正负极之间的 pH 值的变化,进而会引起地下复杂的化学反应;

(2) 所埋的地下金属体可能会导致电路短路,改变电压梯度,进而影响修复速度;

(3) 酸性环境和电解反应会腐蚀所用的电极材料;

（4）在两个水池或竖井之间有一些迟滞区域（stagnant zones），其迁移速率很慢；

（5）VOCs 可能被剥离掉，将会增加土壤水汽浓度。

5.4.2　基本过程

电动力学修复的基本过程就是给土壤提供一定的电压来输导水和污染物的流动。主要的传输机理包括电渗、电迁移、电泳以及扩散。这些传输机理也是受物理化学反应过程的影响，包括电解、吸附-解吸、沉淀-溶解以及氧化与还原。

（1）电渗法

电渗就是在电场作用下水分或水汽的相对流动和迁移。典型的土壤颗粒外表面就是带负电荷的。孔隙水中的阳离子将会沿着带负电荷的表面排列。然后，水分子围绕过量的阳离子排列。当没有过量阳离子，水分子将会沿着土壤的负电荷表面富集，然后形成一层边界层，因为电荷间的吸引力，靠近土壤表面的水分子排列紧密，可以在双边界层之间自由移动。

在电场作用下进行的电动力学修复是使带正电荷的水分子向负极移动。土壤的 Zeta 电位（电动电位或电动电势）也会影响水分子在双电层之间的移动。Zeta 电位被定义为土颗粒周围双电层的固定部分与移动部分之间的电位。饱和黏土和沙土的 Zeta 电位基本上在 -10 到 -100 mv。当 Zeta 电位是负值时，电渗流将会移向阴极。如果 Zeta 电位变为正值时，电渗流将转向阳极。只有在污染物的浓度很高时，这种现象才会发生。通过电渗流来实现污染物的迁移主要依靠空隙水黏度，离子浓度，温度，介电常数和离子的移动。单位时间内通过电渗流流动的水的量是通过改进的 Helmholtz 方程来计算得到。

$$q_e = \frac{ED\zeta R^2}{4\eta L} \tag{5.9}$$

式中：E 是电位，D 是介电常数，ζ 是 Zeta 电位，η 是黏度，L 是试样长度。

与水力梯度相比较，在细颗粒土壤中电渗流的电力梯度要高很多。电渗法只适于拥有微米级大小孔隙的细颗粒土壤。

（2）电迁移法

电迁移是指离子或带电物质向与自己电荷相反的电极移动的方法。阴离子向阳极移动，阳离子向阴极移动。在电动力学修复技术中，对于离子和带电物质，相对于电渗，电迁移是占主导地位的。电迁移速度是离子迁移率，元素化合价，电解浓度的函数。电迁移方法中，溶液中离子的速度（v_{xi}）可由如下方程来计算：

$$v_{xi} = \frac{Iv_i}{A}\frac{P_w}{\tau\theta} \tag{5.10}$$

式中，I 是外加电流的强度，v_{xi} 是离子速度，A 是横截面积(m^2)，P_w 是孔隙水电阻率($\Omega \cdot m$)，τ 是饱和度，θ 是容积湿含量(cm^3/cm^3)。

（3）电泳法

电泳就是带电荷的胶体向着与自己电荷相反的电极移动的现象，与电迁移有点类似。尽管如此，如果土壤排布较紧凑时，电泳过程效率也会很低，进而影响胶体的移动。

（4）扩散法

扩散是在浓度梯度之下污染物分子或离子的分散现象。菲克第一定律揭示任何在化学电位之下的带电物质都具有扩散现象。扩散取决于孔隙介质的孔隙度和迂曲度以及物质的摩尔浓度。其中扩散速率方程如下：

$$U_{diff} = \frac{vRT}{c} \nabla c \qquad (5.11)$$

式中：v 是迁移率，R 是大气常数，T 是温度，∇c 是浓度梯度，c 是污染物的摩尔浓度。

在电动力学修复过程中，扩散法的速率一般要比电迁移法慢两个数量级。因此，电扩散法在电动力学修复技术中并不占主导地位。

（5）电解法

当电场形成以后，就会在阳极和阴极附近发生电解反应。在阳极附近，产生氢离子和氧气，而在阴极附近则产生氢氧根离子和氢气，反应式如下：

$$阳极：2H_2O \Rightarrow 4H^+ + O_2 + 4e^-$$
$$阴极：4H_2O + 4e^- \Rightarrow 4OH^- + 2H_2$$

产生氢离子和氢氧根离子的速率取决于电路电流的大小，同样，也会有次生反应的发生，如氢离子被还原成氢气，金属离子被还原到更低价位的离子。

通过电解所产生的氧气和氢气能够改变孔隙水的氧化还原条件，酸性峰（Acid Front）的产生是由于在阳极氢离子（H^+）的产生，而碱性峰的产生是由于在阴极氢氧根离子（OH^-）的产生，所以在供电条件下，在阳极处的 pH 值会降到 2 左右，而阴极处的 pH 值则升至 12，H^+ 向阴极移动，OH^- 向阳极移动，这些离子的移动都是在电浓度梯度存在的条件下发生的电迁移和扩散现象。由于 H^+ 的离子半径相对更小一点，所以 H^+ 的迁移率比 OH^- 的要大，进而引起的酸性峰迁移速率（Acid front migration）是碱性峰的两倍。酸性峰的范围主要靠土壤的缓冲容量（中和酸的能力），低缓冲容量的土壤，例如高岭土，酸性峰迁移就比较容易。尽管如此，高缓冲容量的土壤，例如冰碛土，氢离子就是用来中和土壤的缓冲成分的。

酸性峰将会解吸和溶解土壤表面的代表性阳离子（Ni 和 Cd）。或者如果被沉淀下来，也会增加阳离子的相互置换。如果分解的污染物是阴离子（Cr），酸性峰也会增加污染物之间的置换作用,由酸性峰和碱性峰所引起的 pH 值的变化也会影响土壤 Zeta 电位的变化,进而也会影响电渗流。

(6) 吸附-解吸

吸附是把污染物从孔隙流体中迁移到土壤表面的过程。土壤表面一般带负电荷。但是具体的带电情况还是取决于土壤的 pH 值,我们把不带任何电荷也就是所带电荷为零的 pH 值叫作零电点(PZC)。如果孔隙水的 pH 值低于 PZC,阳离子的吸附比较明显,相对地,pH 值高于 PZC 时,阴离子的吸附就较明显。吸附主要由下列因素决定:污染物的种类(阳性还是阴性)、土壤种类、土壤比表面积、土壤表面所带电荷、阳离子的浓度、有机物碳酸盐的含量、孔隙流体特性。

解吸,是与吸附相反的过程,即是把污染物从土壤表面迁移到孔隙流体中的过程。如果孔隙水的 pH 值低于 PZC,阳离子的解吸现象较明显,相反地,当孔隙水的 pH 值高于 PZC 时,阳离子的吸附过程又会发生。当给低缓冲土壤供电时,由于电解反应的发生,在阳极处 pH 值会降低,在阴极处 pH 值会增加。所以阳离子吸附和阴离子解吸在阴极发生,阴离子吸附和阳离子解吸在阳极发生。

(7) 沉淀-溶解

在电场作用下,土壤的 pH 值是变化的,沉淀和溶解反应是依赖 pH 值来进行的。当离子数达到平衡或者大于固体的容解度时,沉淀就会发生。溶解是沉淀的相反的过程。由于电动力学过程 pH 值的变化,根据污染物所处的位置,可能会被沉淀或溶解掉。当污染物被沉淀下来后,通过电动力学修复技术进行的迁移就会被阻止。相反,当污染物溶解后,迁移就相对容易。

(8) 氧化-还原

氧化与还原条件在电动力学修复技术中也是会变化的。在阳极处失去电子发生氧化反应,在阴极处得到电子发生还原反应。在阴极附近金属阳离子被还原,然后沉淀下来,如果在阳极和阴极处不能把电解反应产生的气体释放,它们同样也会影响氧化还原反应的条件,根据不同的氧化还原反应的条件,一些金属就会以不同的化合价态存在。化合价态控制着金属的溶解度,也可能影响金属元素的迁移。

5.4.3 系统设计和实施

(1) 一般设计方法

详细设计流程如图 5.20 所示。图 5.20 显示了设计和实现这项技术的不同步骤。首先,必须进行一定的实验来决定选取合适的参数和设备,对于金属污染物,要根据电迁移流动速率方程(5.10)来决定电极间的电压和间距。对于有机污染物,采用电渗流方程,假定一个流动速度,然后就可以选择较低的电压。电压选择以后,就可以用方程来计算电极之间合适的间距。当电压降低时,电极之间的距离会越来越近。

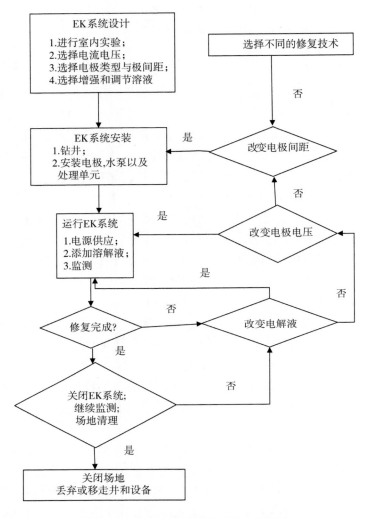

图 5.20　电动力学修复技术的一般方法

　　电压和电极间距确定以后,还要进行一组实验,其目的就是要探求最适宜的增强溶解方法。正如前面提过的,土壤 pH 值的改变会增加或阻止污染物的迁移。依据预期效果,表面活性剂与螯合剂处理用于阳极和阴极,一些增强溶解的方法用于醋酸、腐殖质以及没食子酸。

　　在安装整个系统之前还需要考虑的就是电极、水池或者水井的材料。石墨电极是最常用的。尽管如此,电极的包扎也须慎重考虑。同样,含有腐蚀性污染液体的水库或者水井的 pH 值会过高或过低。

　　此时就可以进行系统的设计和安装,要有专门的放置电极的井孔、水泵和处理单元,处理单元用来净化污染水或者简单调试 pH 值以适于处理。

（2）设备

电动力学修复技术所要求的设备有：① 电极；② 电源；③ 合适材料；④ 水泵；⑤ 处理单元。电极一般是由碳、石墨或铂来制造，主要是因为它们都是惰性物质，所以不会给场地增加额外的污染物。电源供给在两极之间必须传输单位横截面积 1 A 的电流，而且要在两极之间产生 10～30 V 的电压。通常来说，处理 1 立方码的饱和土就需要 50～250 的 kW·h。一般电压和电流的现场值和试验值都在 100～600 V 和 15～50 A 的范围内。

根据标准井建设须知，建立电极井，采用陶瓷井防止腐蚀，采用标准的水泵实现溶解循环和从井中除去污染水。处理单元可以调节电极井中的 pH 值，也可以处理排水问题。

（3）运行参数

对于电动力学修复技术来说，设计时要选择能够获得修复目标的最低电压。经过现场勘查和初步研究发现所用的电压范围是 100～600 伏特（V），电流范围是 15～50 安（A）。还需考虑的就是两电极之间的距离，距离越近，所需要建设的井孔就越多。如果需要开挖比较多的井孔，则整个系统就不是很经济有效了。一般所采取的两电极之间的距离是 2～7 英尺。

由于电动力学修复技术已经得到证实，对于在阴极处，金属元素会发生不完全沉淀的问题，可以采取增强溶解的方法。一般增强溶解的方法有醋酸、乙二胺、碳酸盐、氯化钠、柠檬酸、乙二胺四乙酸（EDTA）。不过，也应该把增强溶解液的浓度优化到最合适值以降低不必要的成本。

（4）监测

在系统安装完，供应电压、添加增强溶液以后，需进行监测来决定迁移效率。当系统不再进行污染物迁移时，就可以断定达到了一定的平衡状态，此时修复已完成。经过对已迁移污染物数量的分析之后，如果发现数目不够，还须对系统进行调整。首先，要求系统耐久性要好；其次，对结果进行重新分析，如果这样还不起作用时，就对增强溶液进行分析和更换溶液；最后，如果还是不能工作，就需缩短两电极之间的极距，最后一步就是搬运设备，放弃或者更换井孔。

5.4.4 预测模型

如果电动力学修复技术如期执行得很好，就进行预测模型的建立。建立一个精确度较高的模型，与其他对于同样的场地所建立的模型相比较，电动力学修复技术就不需要再一次进行初始试验了，这样就会节省修复的成本。表 5.6 简要概述了所选择的模型、目的、假设条件和限制条件。

5.4.5 改进或补充的技术

在原位电动力学修复技术中所采取的步骤和技术要求也可以用于异地电动力学反应堆。图 5.21 显示了一个试验条件下的电动力学修复系统。开挖出来的土放进反应堆,然后供电;在两电极处聚集污染物然后搬运走。电动力学增强生物修复技术,应用电动力学过程来传递营养物质、水分、体外微生物以及能量。这些对于生物体存活和有效降解污染物都是非常有必要的。

电热双相萃取技术(EH/DPE),应用电动力学通过泵出的水来迁移污染物,而且也可以通过电动力学产生的能量来使污染物挥发。这项技术需要综合水蒸气和地下水系统来实现。电动力学技术同样也可以综合把土壤与一种低渗透系数的土壤相冲洗(flushing)的技术,这项技术是把冲洗溶液采用相对比水力梯度还要快的速度注入土壤中的过程。这项技术的成本主要取决于场地条件,例如土壤的化学和水特性。初始研究试验估算,重金属修复所需能量为 $500\ kW \cdot h/m^3$ 或者更多,要求的电极距是 1.5 m。

电动力学修复过程会影响土壤的 pH 值,进而会引起金属元素在阳极处出现沉淀现象,可通过添加乙酸来减少金属的沉淀。

表 5.6 电动力学修复技术采用的模型

参考	模型类型	模型目的	假设	备注
Gorapci-oglu (1991)	数值型	预测在变化条件下的结果	采用质量平衡方程,电荷守恒;在一维场建立的固体骨架作为弹性实体	基于电化学生物渗流
Alshawa-bkeh and Acar (1992)	数值型	预测污染物离子的迁移	采用流体通量,质量传输,电荷流量,质量守恒方程,能量守恒方程	与试验相比相对较好;尽管如此,在阴极附近也会有细微的差异
Thornton and Shapiro (1993)	数值型	预测给予电力消耗,电极数量,铬酸盐浓度以及电压条件下的成本	饱和土,地下水速率为零	受假设和规格的限制
Lindgren et al. (1993)	数值型	预测污染物离子的迁移	电中性	无须考虑湍流和电渗;不现实的边界条件;不包括酸碱等化学物质
Jacobs et al. (1994)	数值型	预测在电动力技术下锌的迁移	忽略电渗用电中性方程来代替氢离子或氢氧根离子的传输方程	模拟成功

续表

参考	模型类型	模型目的	假设	备注
Ghoi and Lui (1995)	数值型	预测镉的迁移	重金属；过量水；氢离子和氢氧根离子解离-聚合的速率；当考虑点迁移时，可以忽略电渗作用	没有讨论

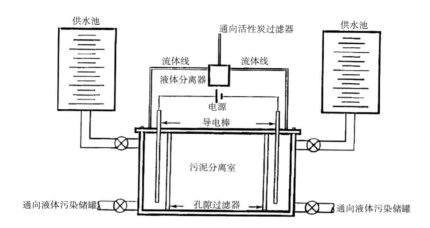

图 5.21　试验条件下的电动力学修复技术

5.5　热脱附

5.5.1　技术特征

　　热脱附作用是一种能够通过把土加热到华氏 200～1 000 度来治理污染土的技术，这能够让低沸点的污染物蒸发而与土壤分离，这种蒸汽由一个真空系统收集并被传输到一个治理中心，有人认为这种热脱附作用是一种焚化形式，但是事实并非如此，因为热脱附技术所使用的热量并没有毁坏污染物，相反，热脱附作用可从土壤中分离污染物，最终，从治疗采取蒸汽或者为处置被凝聚，或者重复利用它们，图 5.22 反映了热脱附作用的一个概括过程。

　　在异位应用中，土壤被挖掘并被运往一个设备中来运行，该设施可设在该站点或土壤可以被运送到另一个位置。在现场应用中，该过程完全在一个地方完成，热毯被放置在土壤表面来测量浅层污染。同样，热井被放置在地下来测深土层污染，来自井中的热量运输辐射和热传导给污染土，其他的井被用来去除由这过程所产生的水蒸气。

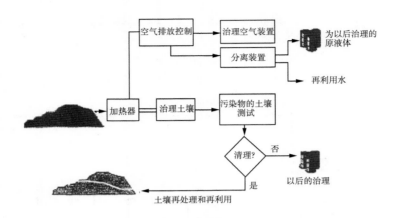

图 5.22　热脱附过程图解

　　热脱附作用能有效地去除挥发性和半挥发性有机物污染的土壤,这些污染物主要是炼油废物、煤焦油废料、木材处理废物、杂酚油、碳氢化合物、氯化溶剂、燃料、多氯联苯、混合废物、合成橡胶加工废物、农药和涂料废物。消除污染物的有效程度依赖于使用热量解吸附作用的方法。由热脱附作用控制的土壤其物理性能发挥着主要的作用,其关键特征是土壤可塑性、热容量、颗粒大小、容积密度。例如,高砂砾石含量高的土壤比那些含有泥沙和黏土的土壤更容易治理。

　　当加热黏土和泥沙时,排放粉尘,并破坏空气排放机制。这说明在过程中湿气的含量是至关重要的因素。土壤中水分含量15％或更低是可以接受的。然而,增加水分含量会影响成本。土壤中的水分作为热下沉,是由于它必须同有机污染物一起从土壤中蒸发。在这一过程中,更多的燃料被用来蒸发所有土壤中的水和污染物,因此成本随着水分增加而增加。当土壤中水分的含量较高,通常它们必须是"去浇水"或混合干燥的材料,然后进行热脱附进程。此外,土壤中的重金属可能阻碍这一进程。一般来说,大多数的金属不会受到热脱附作用的影响。因此,土壤测试必须是现存的金属。土壤重金属污染对于热脱附作用来说并不是个好选择,因为它们没有从土壤中分离出来。此外,土壤紧密压实能防止热与所有的污染物接触,它们不作为热脱附作用过程的合适备选对象。

　　热脱附作用的优点如下:

　　(1) 进行内场或场外治理的真正有用设备;

　　(2) 正治理的土可现场再沉积;

　　(3) 治理非常迅速,大多数系统的吞吐量能够超过25吨每小时;

　　(4) 可以很容易地与其他技术相结合,如地下水抽取;

　　(5) 具有处理大容量土壤的成本竞争力;

　　(6) 处理挥发性有机组分非常有效;

（7）较低温度下使用的燃料比其他方法的少。

热脱附弊端如下：

（1）脱水可能是必要的，以实现可以接受的土壤水分含量的水平；

（2）有特定颗粒大小和材料的处理要求，可能会影响或费用适用的具体地点；

（3）黏土和粉砂质土壤增加反应时间；

（4）高度磨料原料可能会破坏处理单元；

（5）对重金属的治理是无效的。

5.5.2　技术原理

最初，在热解析过程中，热量必须转移给土壤颗粒来蒸发粒子中的污染物，随后被蒸发的污染物从土壤中转移到了气体的阶段，如图 5.23 所示。这一过程受挥发性、吸附解吸和传播性三大原理控制。

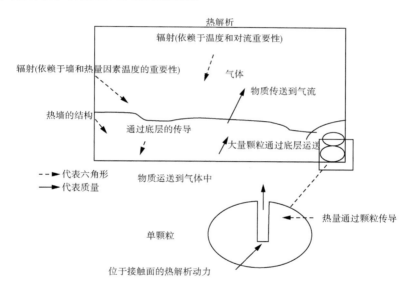

图 5.23　热解析装置内部解析原理示意图

一般来说，有机物是有较低的熔点和沸点，当土壤接触到热时，在自由相的有机物很容易蒸发。由于挥发和温度的增加，污染物开始离开土壤颗粒表面。可以很容易地转移到气相。随着气温的增加，有机物将会从液相和吸附状态中转移。

土壤的吸附功能影响着污染物并使其停留在土壤表面。吸附能力随着温度升高而增强。热脱附是指从土壤颗粒中去除污染物，大多数有机污染物更容易解吸。因此，热脱附需要更多的时间和能量。土壤的热脱附效率是由扩散所控制的，而这种扩散的类型是由土壤中污染物的类型所决定的。

这些过程都是系统的细微问题,以下因素对过程有重大的影响:

(1)温度。温度的增加大大降低浓度。

(2)土壤基质。粗颗粒物质会比细粒黏土和泥沙更容易吸附污染物。

(3)污染物。有些污染物更容易与土壤结合。

(4)水分含量。水分的增加能够降低矿物含量高的土壤对污染物的吸附能力。

5.5.3 系统设计和实施

热脱附可以设计并实施在异地或原位。

(1)异地热脱附作用

异地热脱附分为两种:一是高温热脱附作用——土壤被加热到华氏 600～1 000度。它可以制定一份最终的污染物浓度含量低于 5 mg/kg 的目标污染物含量标准。当土壤进行高温解吸时,可能会失去它的许多自然土壤性质。二是低温热脱附作用——土壤被加热到华氏 200～600 度。有机组分没有被损坏;经处理的土壤可以保留生物活性的供给。被低温热吸处理的土壤保留它的物理属性。

经常用于异地热脱附两种方法的各种高低温分为:直燃法——火直接应用于表面受污染的土壤;间接燃烧法——土壤不直接接触到火,如金属圆柱体被火加热,土壤间接被金属圆柱体加热。

每一种热脱附作用都由以下三部分组成:

① 预处理和材料装卸系统——该系统决定被挖掘的土壤应放置在何处和放置的环境条件,环境材料应被放置在净化塔的装置内。

② 脱附作用装置——装置加热污染土壤一段时间至污染物达到蒸发或汽化的温度。根据不同的条件、不同的装置表现出不同的作用。比如,转筒干燥器是最常用的装置,是一个可以直接或间接加热的水平圆柱体;热力螺旋装置,螺旋输送机,空心螺旋钻可以通过封闭的槽输送介质。

③ 后期处理系统——脱附装置里的蒸汽用来去除剩余的颗粒。最后,检测这些被处理过的土壤以判断治理的效果。

当决定这个系统设计时,需要考虑的重要因素是和脱附塔有关的燃烧气体的流向。脱附塔的流动配置是既能顺流也能逆流,这将会影响布置和用在处理过程中所用的部件的型号。在顺流中,进入装置的气体相对来说比较热,正因如此,这个系统必须设计成能掌控此气体。图 5.24(a)是一个典型的顺流系统。另外,如果用一个逆流配置,那么脱附塔里的气体就会足够冷却以至于可以从旋风分离器流向集尘室。图 5.24(b)是一个典型的逆流系统。这两种类型系统的部件包括:

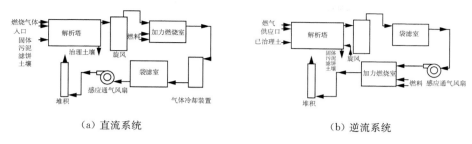

图 5.24 流动配置脱附

① 喂料器——用输送器和螺旋输送器把污染土壤带入脱附装置中,材料直径大于 2 cm 的被压碎或消除。被压碎的材料被回收进喂料器重新加工。如果含水量很高,便会发生脱水作用。

② 脱附装置——这个装置的功能是把土壤加热到一个足够的温度并且在一个时间段内保持这个温度以便将污染从土壤中脱附出来。存在两种脱附装置:

直接燃烧装置——燃烧气体提供热量来影响污染土壤。热量的范围是从 7～100 MM Btu/h。以姆指作为标准,25 000 Btu/h 的热输入量是每立方英尺的内炉容量的最大要求。长度与直径的比例可以是从 2∶1 到 10∶1。旋转速度的范围是 0.25～10 rev/min。为了减少或增加土壤在装置中的停留时间,水平倾角和转动速度应该可以调整。

间接燃烧装置——用丙烷和天然气加热金属汽缸,热量通过装置转移。这个装置的直径都小于 2.4 m 并且已加热的长度不足 14 m。转动速度可以达到 2.5 rev/min。倾斜角度范围是向下 1 到 2 度,送给率是由所需的污染物含量水平决定的。典型的送给率范围是 1.3 kg/s～2 kg/s。当含水量高时,送给率要受限制。

③ 旋风分离器——用来将气流内夹带的大颗粒分离出来,对于去除较大的颗粒效果明显(大于 15 μm),有干燥和加湿分离器两种,但是在热脱附系统中,只能用干燥分离器。干燥分离器实际上是惯性分离器,由于惯性效应颗粒被聚集在分离器的壁上,并且最后落到该装置的接收部分。

④ 袋滤室——这些气体通过一系列的过滤袋,来收集颗粒物。用滤布过滤器来收集精炼炉内的夹带颗粒。袋滤室可以去除小于 10 μm 的颗粒,对于去除小于 1 μm 的颗粒有显著效果。收集颗粒必须要避免压力的降低。

⑤ 后燃器——气体可能被收集并带到尾气处理装置中,后燃器内可以提供高温来破坏已经从土壤中脱附出来的有机混合物。后燃器可以安装在袋滤室之前或之后。如果在后燃室之后安置袋滤室,那么气体冷却系统就会将土壤冷却下来。

⑥ 文丘里洗涤器——用来去除二氧化硫和氯化氢,也可以去除气流中直径大于 5 μm 的颗粒。气体从文丘里管通过,速度可达到 60～80 m/s。每 28 m³ 的气体在入口部位需要 8～45 L 的水。

⑦ 湿式除尘器——酸中和作用用来防止对系统中钢铁和其他材料的腐蚀。除尘器就是发挥酸中和作用的,使用的碱性试剂和酸性气体的化学计量比略超过1。

⑧ 碳吸附装置——碳吸附过滤器用来治理尾气。如果用了碳吸附装置,那么这个设计就不需要后燃器了。当设计脱附系统时必须要考到以下因素:

(a) 温度——温度控制着脱附率。热脱附的速率会在高温下提高,因此土壤滞留的时间就缩短了。

(b) 固体滞留时间——由于污染土的复杂度,需要通过测试来决定土壤在高温中维持的时间长度。土壤的维持时间可以通过调整比率和脱附器的水平角度来控制。土壤在回转窑里的保持时间是:

$$t = \frac{0.19 L_T}{(rpm)DS} \tag{5.12}$$

L_T 是回转窑的长度,rpm 是每分钟的转数,D 是内径宽度,S 是回转窑的斜率。滞留的时间也取决于污染物的脱附率和预期的土壤中污染物的含量。假定为一级反应被假定,则土壤中初始的和最终的污染物的含量和下式有关:

$$\frac{c_{sf}}{c_{si}} = e^{-kt} \tag{5.13}$$

其中 c_{sf} 是土壤中最终污染物含量,c_{si} 是最初污染含量,k 是脱附率常数,t 是停留时间。

⑨ 土壤颗粒大小的分布——土壤的类型可以影响土壤所吸附污染物的含量。例如,由微小颗粒组成的土壤有非常大的比表面积,可以吸附更多的污染物。同样,当治理黏土和淤泥质土时,粉尘将会增加。

⑩ 热脱附旋转的速度——土壤的停留时间和混合的程度将会直接和筒的转速有关。

⑪ 含水量——蒸发水分所需要的能量会随着含水量的增加而增加。另外,高含水量会导致操作上的问题。

⑫ 混合条件——混合条件在传递热量和排除脱附污染物方面很重要。

需要监测确定在设计范围之内脱附器内的加热程度。如果热量超过了设计范围,那么就有可能破坏这个系统。另外,通过监测被清理的土壤来决定热脱附过程是否完全地施行。

热脱附技术关键参数或指标主要包括土壤特性和污染物特性两类。

① 土壤特性

(a) 土壤质地:一般划分为沙土、壤土、黏土。沙土质疏松,对液体物质的吸附力及保水能力弱,受热易均匀,故易热脱附;黏土颗粒细,性质正好相反,不易热脱附。

（b）水分含量：水分受热挥发会消耗大量的热量。土壤含水率在 5％～35％间，所需热量约在 117～286 kcal/kg。为保证热脱附的效能，进料土壤的含水率宜低于 25％。

（c）土壤粒径分布：如果超过 50％的土壤粒径小于 200 目，那么细颗粒土壤可能会随气流排出，导致气体处理系统超载。最大土壤粒径不应超过 5 cm。

② 污染物特性

（a）污染物浓度：有机污染物浓度高会增加土壤热值，可能会导致高温损害热脱附设备，甚至发生燃烧爆炸，故排气中有机物浓度要低于爆炸下限 25％。有机物含量高于 1％～3％的土壤不适用于直接热脱附系统，可采用间接热脱附处理。

（b）沸点范围：一般情况下，直接热脱附处理土壤的温度范围为 150～650 ℃，间接热脱附处理土壤温度为 120～530 ℃。

（c）二噁英的形成：多氯联苯及其他含氯化合物在受到低温热破坏时或者高温热破坏后的低温过程易产生二噁英。故在废气燃烧破坏时还需要特别的急冷装置，使高温气体的温度迅速降低至 200 ℃，防止二噁英的生成。

主要实施过程：一是土壤挖掘：对地下水位较高的场地，挖掘时需要降水使土壤湿度符合处理要求；二是土壤预处理：对挖掘后的土壤进行适当的预处理，例如筛分、调节土壤含水率、磁选等；三是土壤热脱附处理：根据目标污染物的特性，调节合适的运行参数（脱附温度、停留时间等），使污染物与土壤分离；四是收集脱附过程产生的气体，通过尾气处理系统对气体进行处理后达标排放。

（2）原位热脱附作用

原位热脱附装置运用垫和井来对土壤进行加热，所用到的设备如下：

① 加热垫——一个典型的原位系统利用放置在土壤表面的加热垫来治理表层污染物。

② 热井——处理深部污染物的设备。每个井都有一个真空加热器，用来收集产生的蒸汽，这些蒸汽要被送往尾气处理中心。热井的安置能够让整个污染区域都能受到热的影响。除了热井外，加热也会通过电极网络被直接应用到土壤中。

有两种不同的方法被应用到土壤加热中：（1）电源线频率加热法；（2）射频加热法（图 5.25 是射频现场土壤供热系统）。土壤加热可能是采用电源线频率加热法，这种方法的特征是由 60 Hz 的交变电流的电阻加热产生。电流通过土壤中残余水分的电路被输送，土壤被加热蒸发土中的水分。当温度接近 100 ℃的时候，电阻热量的输入由于土壤电阻的增加和效果的减少而受到限制，电源线可以在任意深度下时常加热。

无线电频率加热采用高能无线波来加热土壤。无线电频率加热能量通过土壤传输而不需要把土壤中残留的水分当作导体。能量沉积是时常应用土介质中电介质特点的工具。经常性的筛选是基于波穿透的深度和土壤中电解质含量的衡权比。低频波穿透得更远,以便调整传输频率来适应土壤的波阻抗。土壤可持续加热至 250 ℃或更高。无线电频率加热法是通过嵌入土壤中的电流来加热离散的土壤。当能量被应用到电极组时,热量在中心产生,垂直向下,最后向外穿过土壤。

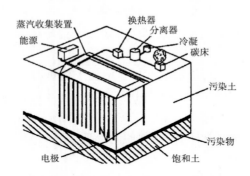

图 5.25 射频现场土壤供热系统

在无线电频率加热中,有三排电极穿过污染土被放置在三组配置中。中间一组的电极和能量输入源相联。外侧两排分别是地线和防护电极,是用来把输入能量包含进治理区的。和表面的硬件电路联接在一起。土壤加热系统的无线电频率装置的原理对浅部装置很有效。垂直系统对于深部污染装置很有效。

如果这个系统和 SVE 装置一起使用,一些真空抽提井作为外部的一部分,如图 5.26 所示。真空吹风器和尾部清理系统改善加热土的污染物的处理。内部土壤加热用两种方法加强了 SVE:一是污染气体压强随着热量而升高;二是土壤渗透性会随着干燥而增加。

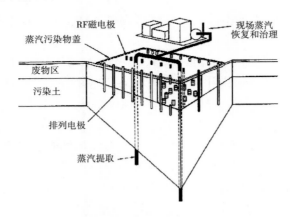

图 5.26 现场利用 SVE 加热土

5.5.4　改良和补充技术

玻璃化法是一种用有机和无机污染物来治理介质污染物的固有的技术。这种技术是用电极的电流来加热土壤。当所有的土壤被熔化过后,电极就可以中止了。被熔化的土壤需要冷却并且变成致密坚硬的玻璃材料。

焚烧法是一种高温治理技术,它针对那些具有良好挥发性的污染气体,将它们通过焚烧来消除。这种技术需要在高温 1 600 ℃到 2 200 ℃之间进行。和低温解析进行比较,仅适用于有机混合物,这种技术被用来治理土壤中的污染物。另一方面,焚烧法可以治理多种污染物并使污染物总体达到破坏。焚烧法有较高的成本,比低温系统更加昂贵。焚烧法高成本的因素包括以下方面:

(1) 高去除效果需要高温度的操作,并且最终引起高焚烧技术和补燃器的使用;

(2) 高温度的操作需要更多的设备的磨损和更多能量的消耗;

(3) 更多复杂的气体清理装置对于气体混合物的治理都很必要。

一般最常用的焚烧法有三种:回旋窑炉、红外装置、循环流化床焚烧法。回旋窑炉倾斜安置在和耐火材料相联的窑里,需要被治理的废物和土壤被填进窑的末端。随着窑的旋转,土壤会通过混合区域落下,在这里有机物被氧化。烟道气和惰性气体将窑保持在低位置。这个气体被路由到气清理装置中。红外焚烧装置利用硅化碳因素来制造热辐射。

治理的介质通过传输带传到装置中,污染物就从土壤中分离出来了,尾气由次级解析装置处理,循环流化床焚烧法由耐火材料组成。混合气体被送进材料基来停止。低温混合物被应用是因为流化床对污染物完全的搅拌。

内部气流提取装置也是一种可以被认为是解析土壤的解析方法。这种方法,气流被注入土壤中。被应用到提取井中污染的气体和液体的真空在地面以下被应用。

5.6　玻璃化法

5.6.1　技术特征

玻璃化法是将土壤加热至熔化而把污染的土壤转换成牢固的玻璃质或晶体材料的方法。当污染土壤被熔解后,热的稳定的无机污染物被熔解在土颗粒的周围。随着被熔土壤的冷却,便构成了固化的废弃玻璃可以使这些无机污染物合为一体,这些污染物通过化学成键或物理封闭和废弃玻璃进行同化。同样,在玻璃化的过程中,高温将会引起有机污染物的破坏热解或是被作为尾气消除。

玻璃化法可以现场操作，可以作为现场过程的一步，也可以当作场外的过程。一个原位的玻璃化法系统（ISV）利用四个石墨电极组成一个平方阵列。这四个电极被注入污染土壤中，一个电极的电流被运用。图 5.27 是 ISV 过程典型步骤的示意图。

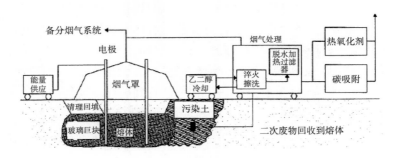

（a）ISV 系统

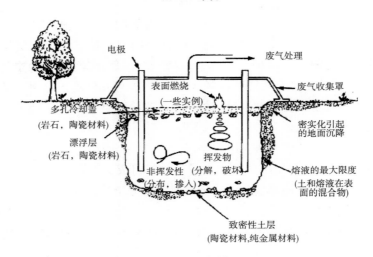

（b）演示 ISV 系统

图 5.27　ISV 系统示意图

玻璃化法对修复受混合污染物污染的土壤是适用的，这些混合物包括放射性核素、金属和其他的无机物、有机物等。这个方法可以应用到所有类型的土中，但是，土中水分的含量和渗透率会限制玻璃化法的使用。虽然土中高含水量不会阻碍玻璃化法的使用，但是它可能会因为能量的消耗增加而限制使用。

玻璃化法有以下优点：

（1）废弃的玻璃产品有牢固的化学和物理材质和很好的风化条件；

（2）废弃玻璃产品的耐久性可能会持续几百万年；

（3）可以处理多种废物，包括污染物、沉积物、尾矿、污泥和放射性废弃物；

（3）来自玻璃化法过程的水量消减明显；

（4）大众对于 ISV 的普遍接受，来源于 ISV 过程和可靠产品的安全性；

（5）ISV 不需要污染物开挖、转移、或者修复后土的回填，提高了工人的安全性，也减少了开支。

玻璃化法有以下的缺点：

（1）土壤的含水量和水的补给量限制了 ISV 的应用。湿土需要额外的能量输入。如果水的被给率超过了干燥和蒸发率，ISV 就会被限制。

（2）有限的操作深度，最大的操作深度大约只有 22 英尺。

（3）对含有占总有机物 10％的污染物的土壤的处理无效。

（4）玻璃化区域底部的金属设备会引起电流短路。

（5）没有证实有诸如有机液体的玻璃材料的密封容器是安全的装置。

（6）能量密集型的玻璃化天然材质，高能量消耗是被禁止的。

5.6.2　技术原理

玻璃化系统采用一系列基本过程修复多种污染物，来控制其对环境的污染。这些过程包括化学渗入或者污染物的物理封闭而同化成废弃玻璃。

化学和物理过程都会被用来修复金属、不挥发性无机物和放射无机污染物。这些污染物通过同化成废弃玻璃来治理。化学方法的固化是当污染物通过化学方式结合形成玻璃时才成功，主要对金属和其他无机污染物，比如能够和氧气化合并取代玻璃体结构的石棉。

当使用玻璃化过程时，解析和化学过程主要处理有机污染物和挥发性无机污染物。这些过程包括高温分解、氧化、蒸发。在玻璃化过程中所产生的高温产生了解析作用，一些有机污染物在达到熔点之前就已经被热解了。

有机污染物被挥发但是没有在熔体中被热解，通过在尾气治理系统中化合和治理来补救。被蒸发后，一些有机污染物达到熔点将会燃烧。这些燃烧过程所产生的物质将被收集，如果有必要，将会在尾气治理系统中治理。没有通过氧化作用破坏的有机污染物必须收集进尾气治理系统中并且被热解消除，诸如水银在玻璃化过程蒸发后也会通过尾气处理系统处理。

5.6.3　系统的设计和执行

（1）一般设计方法

一种典型的玻璃化过程设计流程如图 5.28 所示。这个流程主要包括三个步骤：治理效果和实验规模的测试、工程规模测试、试点和大规模的测试。治理和实验规模的测试主要目的是决定污染场地玻璃化对于土壤类型的应用和决定在玻璃化过程中的尾气类型。

工程规模测试和试点大规模测相比要小，它可用来确定玻璃化过程的限度。最终，试点和大规模试点测试可以验证玻璃化系统是否可以提前预报。潜在的污染物运移到周围未被污染的土壤中也可能在设计过程中就被寻址。

（2）设备

玻璃化系统最主要的组成部分包括电极和联接在电极上的原料系统、电能系统、尾气收集罩和尾气治理系统。这个装置必须满足达到玻璃化过程的操作需要，这种需求包括高电压，高电流和高温。

在玻璃化过程的开始阶段，$1 \ m^2$内4个电极输入系统（EFS）被插入土壤中。在玻璃化过程中，电极保留在熔土中，必须能够抵御熔融土的腐蚀作用，还必须能够在高温下维持足够的力学强度。因此，如果有必要，它们熔融的进程可以被EFS系统中止。电极的导电性必须允许高电流通过，这些需求取决于石墨电极。

每平方米排列的电极将会决定熔融空间的宽度，熔解宽度大约是电极空间的1.5倍。比如说，如果电极被分成一个12英尺的小部分空间，那么熔液将会增加到大约18英尺的宽度。最终的熔解区域也将会被定形成一个略有弧度的圆角立方体。

电极系统的主要组成部分是能量的供给、能量的变节和能量的电缆。这个电解系统可以从现场的实用电网中获取能量，也可以从进场地的内燃发电机中获取能量。对于一个典型玻璃化系统，能量体系需要在3.5至4（MB）的交流电流中产生最大值。因为玻璃熔解的产物是离子，所以交变电流必须避免电解作用的危险。在实验过程中，所提供的电压必须是多样的以便允许系统可以连续地在可以接受能量水平下操作。因此，变电所经常被用来接受多种电压，范围400至4 000（V）之内。

尾气收集罩需要保证从熔炉顶部转移的所有气体都能被收集起来，并且直接送往尾气治理系统。这需要尾气收集罩不仅可以覆盖整个熔解区也可以扩展到超出熔解区的范围之外。在ISV系统中，用一个八边形的收集罩来覆盖26×26英尺的熔解区，另外，尾气收集罩应该是钢体结构。

玻璃化系统的尾气收集系统包括：一个高效颗粒空气滤波器、两个除尘器、一个冷凝器和一个加热器和两个附加的颗粒空气滤波器。解析氧化剂可以在尾气处理系统的末端添加，用来改良来自系统中的气体。这个系统在负压下操作，以便保证污染物不会溢出到周围的环境中。

在设计玻璃化系统时，需要考虑污染场地中土壤的性质。土壤中的水分、土密度和组成将会影响ISV系统配置，包括电极的空间和直径以及电极注入地下的深度。必须考虑可燃性材料和其他填埋废物的存在，可燃物的存在增加了尾气的生产率。

（3）操作参数

玻璃化法系统的主要操作参数是熔解区输入的电力。玻璃化系统是通过焦耳热来加热土壤的，电流穿过污染土，当土壤抵抗电流时，能量就会消失。电热的焦耳定律公式是：

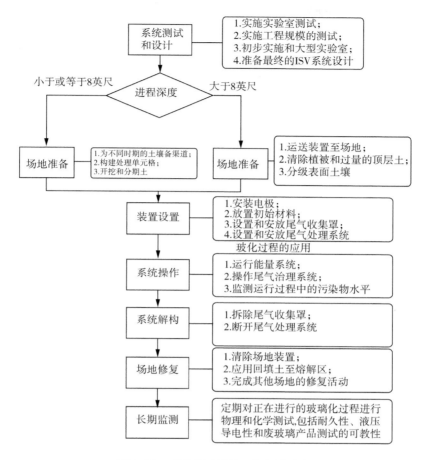

图 5.28 玻璃化过程的一般设计流程

$$P = I^2R \tag{5.14}$$

P 是消耗的能量，I 是通过材料的电流，R 是材料的电阻。

（4）监测

在玻璃化过程中，通过监测确保系统正常运行。在玻璃化过程完成后，应该进行初步的测试来确定玻璃化过程是否符合治理的目标。

当玻璃化系统在运行时，应当监测整个过程确保这个系统能够合理地运行。包括：（1）监测熔解区的进程以保证治理所有的污染土壤；（2）检测尾气处理装置以保证排放的尾气达标。

检测尾气处理系统产生的废渣浆。洗涤液是在尾气治理中产生的废水，在治理前和治理后收集洗涤液的样本来测定污染物的含量否是在一个合理的水平。烟气是持留在治理后的气体，被排入周围环境，要检测烟气中一氧化碳和碳氢化合物是否存在。

5.6.4 预测模型

凯格列和凯德提出了一种数学方法,即玻化的时间、深度、宽度和电能消耗分析模型,其所考虑的参数包括电极配置、土的结构和熔融玻璃的性能。该模型假设电能可以通过焦耳定理在玻璃中转化成热量。热量的消失发生在熔炉的表面和边界,通过对比实验,模型被确认是有限的,因为缺少现存的现场数据。热流的相互关系可以通过更好的玻化仿真技术来改进。

德拉贡研制出一个模型来确定有机污染物的网络运移是否会向熔炉方向或者是进入周围的污染土中。模型假设玻化过程有五个土区并保持在一个弱平衡条件区:一个熔解区、一个热解区、一个热影响区、一个过渡区和一个周围土壤区。每个区都会在玻化过程中影响污染物的转移机理。这个模型的适用性也受到假设的五个土壤区的限制。

5.7 生物治理

5.7.1 技术特征

生物治理是微生物降解有机污染物和固体无机污染物的过程。在有利条件下,微生物可以将有机污染物完全降解成无毒产物,如二氧化碳和水,或者有机酸和甲烷。

在自然的降解过程中,土壤中的微生物(酵母、真菌或者细菌)降解污染物是为了它们的生存。根据土壤中的污染物种类和毒性水平,会有特定的微生物来治理。此外,为了让微生物生存和增长,氧气、水分和养分的供应也是需要的。将微生物加入土壤中以提高自然降解过程,这称为生物强化,供应土壤中微生物所需的氧气、水分和养分,这称为生物刺激。在现有的文献中,生物治理技术也叫强化生物治理或治理工程。

在空气或氧气中进行的生物治理就是所谓的有氧治理,在没有空气和氧气的情况下就是厌氧治理。在有氧条件下,有机污染物被转化为二氧化碳和水。在缺氧的条件下,有机污染物被转化为甲烷和少量的二氧化碳以及极微量的氢气。有氧生物治理的速度比厌氧治理快,它往往是首选。生物治理技术在原位条件下完成,称为原位生物治理,在异地条件下完成,称为异地生物治理。

在很多地方,自然界存在的微生物可以降解污染物,但是环境条件却不利于这些微生物降解污染物。因此,生物治理技术处理污染的土壤一般需要供应氧气、水分和营养物质,以激活土壤中自然存在的微生物降解污染物的能力。为了能够正常降解污染物,必须要确保氧气、水分和养分的浓度保持在足够的数额。浓度的监测可以通过监测井或者通过二氧化碳和氧气浓度的测量来实现。增加生物的新陈代谢活动就意味着要降低氧气浓度并增加二氧化碳浓度。

生物治理技术一般用于处理土壤的有机物污染,可以很容易处理石油碳氢化合物。其他有机化合物一般很难被降解,如多环芳烃和多氯联苯,因为它们对微生物群体具有高毒性,所以能够抵抗这样毒性水平的特殊微生物往往是需要的。生物治理技术不能降解无机污染物,如重金属,但可以改变这些重金属的价态,从而将它们转化成稳定的形态,例如,微生物可以将不稳定的六价铬转化成稳定的三价铬。生物治理技术可以用于水分含量充足的任何类型土壤,尽管低渗透土壤很难供应氧气和营养。应该指出的是,浓度非常高的污染物可能会毒害微生物,从而无法利用生物治理技术处理。因此可行性调查是需要的,以确定生物降解对特定地点的土壤和污染物状态是否可行。

生物治理技术具有以下优点:

(1) 可以将有机化合物完全降解成无毒的副产物。

(2) 对机械设备要求最低。

(3) 可以作为原地或者异地治理。原位生物治理是安全的,因为它不需要挖掘污染的土壤,不干扰该地的自然环境。

(4) 成本比其他处理技术低。

生物治理技术有以下缺点:

(1) 有可能部分降解成为同样有毒或者更不稳定的副产物;

(2) 这一过程对毒性和环境状态极为敏感;

(3) 为了确定降解率,需要做大量的监测;

(4) 在异地处理的过程中,挥发性有机化合物难以控制;

(5) 比其他的处理技术需要较长的处理时间。

5.7.2　技术原理

生物治理技术是一种用于处理有机化合物的常见技术,然而使用这种技术处理无机物如重金属才刚开始。简单来说,微生物吞进当前的污染物,然后将它们代谢成分子量更低和毒性更小的产物。图 5.29 描绘的是微生物如何降解有机污染物的大致过程。

不过降解(代谢)过程是非常复杂的,并且取决于土壤类型和土壤中现有的污染物。如果微生物是本地的,那它们就被称为土著微生物。为了模拟这些土著微生物的增长,土壤状态,如温度、pH 值、氧气和营养成分含量需要加以调整。如果土壤中没有所需降解污染物的微生物,那么就需要从其他地方引进,在实验室培养,然后引入受污染的土壤中,这就是所谓的外源性微生物。为使这些微生物生长

微生物吞噬原油　　　　　微生物降解原油　　　　　微生物释放
或其他有机污染物　　　　使其成为二氧化碳和水　　　二氧化碳和水

图 5.29　微生物降解有机物的过程

土壤状态有可能还需要进行调整。大多数生物治理利用的是土著微生物,使这一过程更加有效和便宜。

降解有机碳的是酶,细菌细胞利用其生成生命构块和能源。降解任何有机分子包括污染物,都要求提供和有效利用酶。在大多数情况下,降解是一个复杂的氧化还原反应。产生的电子或减少的重量等价物(氢或电子转移的分子)必须转移到一个终端电子受体(TEA)。在转移过程中,被细胞利用的能量产生了。根据终端电子受体,细菌分为三类:(1) 好氧细菌,这类细菌只能利用分子氧作为终端电子受体;(2) 半需氧菌/厌氧菌,这类细菌可以利用氧或在氧气浓度低或无氧情况下,将硝酸盐、锰氧化物,或铁氧化物作为电子受体;(3) 厌氧菌,这类细菌不能利用氧作为电子受体,因为氧气对它们来说是有毒的,而它们利用硫酸或二氧化碳作为电子受体。

治理过程可以针对性完成:(1) 破坏有机污染物;(2) 氧化有机化合物,即将有机化合物分解成更小分子;(3) 通过裂解氯原子或其他卤素化合物形成脱卤的有机化合物。

微生物需要适当的环境来生存和生长,这些条件包括 pH 值、温度、氧气、营养和毒性水平。通常情况下,生物治理技术在 pH 值接近 7 的时候最有效,生物治理技术可以在 pH 值为 5.5 和 8.5 之间完成,大多数生物治理技术的适宜温度在15~45 ℃。微生物需要一定的氧气,不但为了生存,而且还能调节它们的反应。一般来说,氧浓度大于 2 mg/L 时好氧微生物起作用,而氧浓度低于 2 mg/L 时厌氧微生物起作用。微生物需要养分来满足它们的增长,主要的营养物可以用分子式表示($C_{60}H_{80}O_{23}N_{12}P$),其中包括碳、氢、氧、氮和磷。这些营养物质的数量主要取决于污染土壤的生化需氧量(BOD)。一般来说,C/N/P 比值(按重量计算)是 120:10:1,其他营养物质,如钠、钾、铵、钙、镁、铁、氯和硫的需要是微量的,浓度范围在1 到 100 mg/L 之间,此外,极微量的营养物质,如锰、钴、镍、钒、硼、铜、锌,各种有机物(维生素)和钼也是需要的。必须注意有毒物质一定不能存在,因为它会对治理产生不利影响。任何高浓度的污染物都会对微生物产生毒害作用,甚至某些低浓度的微生物都能毒害微生物。一般来说,这些相关毒性的解决办法是通过稀释或使微生物适应,维持土壤的湿度在 40% 至 80% 之间也是需要的。

5.7.3 系统设计与实施

1）总体设计步骤

图 5.30 显示了生物治理的一般步骤，这个步骤可以适用于原位和异位两种情况。在砂质土壤中，原位处理方法可以一次修复大量的土壤，是最有效率的。原位生物治理技术很大程度上取决于对降解污染物的微生物的供氧方式，氧的两种输送方法是生物通风和加过氧化氢或者释氧化合物（ORC）。

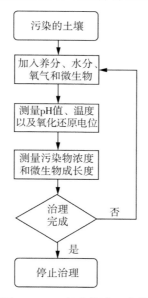

图 5.30 一般生物治理步骤

（1）生物通风——生物通风是通过注水井，将地下水位以上的空气注入污染的土壤中去（图 5.31）。一台风机可以通过注水井将空气注入或抽出土壤。空气流经土壤时，空气中的氧气就会被微生物所利用。氮和磷等养分也是通过注水井注入土壤中的，添加氮和磷可以提高微生物的增长速率。

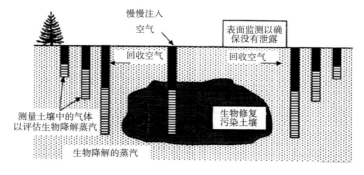

图 5.31 生物通风

（2）加过氧化氢或释氧化合物——这个过程是使过氧化氢或者释氧化合物流经污染的土壤，刺激其中的微生物，加快其对有机污染物的降解。过氧化合物是最普遍的释氧化合物，在潮湿的环境中可以缓慢地释放氧气。因为要将化学物质（过氧化氢或释氧化合物）加进土壤里（最终会渗透进地下水），所以这个过程只用于地下水被污染的地区。管道系统或者自动喷水系统是输送过氧化氢到轻污染地区的典型设施，注水井则用于污染比较严重的地方。

异地治理要挖掘受污染的土壤，然后在当地或其他地方的处理装置中进行处理。比起原位治理，这种方法更快，更易控制，可以治理的污染物和土壤的类型也比较多，异地治理可以通过泥浆相或固相反应来实现。

在采用泥浆相生物治理时，污染的土壤需要加水稀释成泥浆状，向泥浆加入空气，污染物进行好氧降解，可以当场处理也可以转移到一个偏远的地方治理。这个过程一般可以在罐或者箱里进行（生物反应器），也可以在小的湖里进行［图 5.32（a）］。

图 5.32（b）是泥浆相生物治理原理图。挖出污染的土壤，然后筛除其中的大颗粒和碎片，再与一定量的土壤和水、养分、微生物进行混合。如果需要的话，混合好的泥浆还得调整其 pH 值。在达到理想的治理水平的之前，治理过程都在生物反应器里进行。曝气是由压气机完成，搅拌和曝气过程可以分开单独完成也可以同时进行。在治理过程中，泥浆的含氧量、养分、pH 值、温度都要适时地调整，以适合好氧微生物的增长。土壤中自然微生物的种类和数量适合的话也是可以利用的，更重要的是要及时补充微生物以确保有效的治理。微生物可以一开始就投放到土壤里，也可以连续不断地补充到需要处理的土壤中。当达到理想的治理效果时，装置就要清空，将治理好的土壤脱水，再挖掘回填；同时，废水也需要处理或者回收利用，然后开始第二批土壤的处理。

在固相生物治理中，土壤在地面上进行治理。在治理的区域有收集系统，以防止有遗漏。水分、热量、营养或氧气都需要控制好，以加强生物治理效果。固相治理相比泥浆相治理操作和维护相对简单，但清理需要花费大量的时间。

有三种不同的固相治理实施方案：固相生物治理、堆肥和耕作。

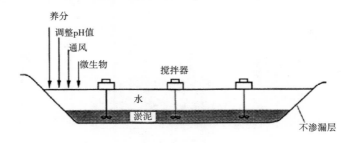

（a）在池塘内

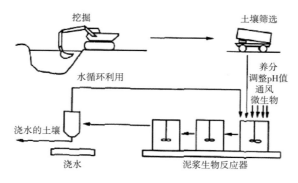

（b）在地表

图 5.32 泥浆相生物治理

（1）在固相生物治理时,挖掘的土壤不需要稀释成泥浆,污染的土壤一般平行结构排列。有时,排列结构需要修整,养分、水分、pH 值也得调整,同时还要继续加入微生物。然后将土壤放进密封的容器里、罐、箱或者盒子(图 5.33)。温度和水分必须在保持微生物增长最快的条件下。由于土体是密封的,所以降雨和径流都是可以避免的,真空也是很容易控制的。管理、控制易燃易爆机制和土壤混合曝气装置都是需要的。

（2）如果是在密封容器中进行堆肥,一般也用固相生物治理,但是不需要补充微生物。结构坚实的物质也可能被加进受污染的物质里以提高治理能力。混合物可以定期搅拌,这样可以促进曝气和好氧降解,有必要时还需要补充水分。通常情况下,堆肥是在开放的环境中进行,而不是密封的。两种基本类型的非密封堆肥是开放和静态狭长列系统(图 5.34)。在开放的狭长列系统中,肥堆在拉长的桩上,曝气是通过拆除和重建桩来实现,曝气桩是通过压缩空气完成的。堆肥一般比其

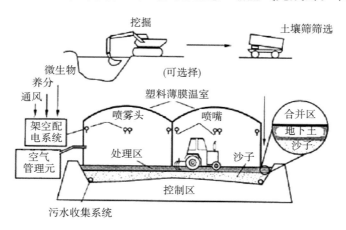

（a）

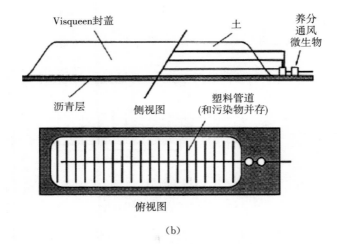

图 5.33　污染土壤生物治理

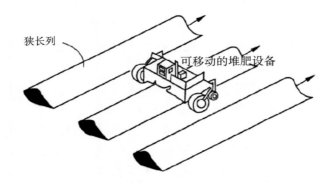

图 5.34　开放和静态狭长列系统对比

他生物治理方法控制过程要少（耕作可能是例外），废物如降雨、温度波动等自然条件下会发生改变。

（3）耕作是将受污染的土壤播散到田地或者治理床上，播散的厚度要达到0.5英寸。传统工具或农场设备都可以用来播散土壤，土壤要定时耕作，并提供氧气，微生物、养分、水分也需要补充。黏土或者塑料衬垫要事先安放在污染的土壤里，这样可以延缓或防止污染物转移到底层和邻近未受污染的土壤、地下水和地表水。治理是通过生物治理和感光氧化完成的，这些过程在温暖、潮湿、阳光充足的条件下最活跃，而在冬天，气温寒冷，积雪覆盖大地，治理效果大大降低甚至停滞。

2）设备

原位生物治理一般所需的设备和给土壤提供养分有关，包括喷雾或喷灌，注水井或者抽水井。需要足够量的水分和养分以确保能够到达污染地带。在异地治理

的情况下,要有足够数量的微生物满足污染土壤所需,并且要有足够的空间播散污染土壤。生物反应器体积粗略计算公式为:

$$\frac{\mathrm{d}c}{\mathrm{d}t} = \frac{r_0}{K_{sd}X_s + 1}$$

$$\frac{\mathrm{d}M}{\mathrm{d}t} = Vr_0$$

式中:V 是反应器的体积,r_0 是污染物生物降解率,c 是可溶污染物浓度,M 是加进反应器的污染物质量,t 的单位是天,K_{sd} 是土壤分配系数,X_s 土壤浓度(污染土壤)。

为了检查污染物播散和核实污染物降解情况,监测设备也是需要的。监测微生物、营养物、二氧化碳和氧的浓度的设备也是必需的。对于异地治理,挖掘污染土壤的设备也是不能少的。

3) 参数

除了微生物,下列参数也需维持在一定的水平:营养物质、氧气、温度、pH 值和水分含量。为了能够保持微生物的生态,有机营养物需要加入。通常情况下,起始的化验测试是为了确定在特定地区的污染物所需要的碳、氮和磷的数量。但是,近似估计氮、磷和氧摄取率可以用以下公式计算:

$$r_N = \frac{0.06r_0}{1 + 0.05\tau}$$

$$r_p = \frac{0.06r_0}{1 + 0.05\tau}$$

$$r_{oxygen} = 0.06r_0\left(1 - \frac{0.06}{1 + 0.05\tau}\right)$$

其中 r_N 是摄氮率,r_P 是摄磷率,r_{oxygen} 是摄氧率,r_0 是生物降解率,t 是固体停留时间。

氧气是通过注水井抽取或鼓进污染地区的,一般来说,氧气浓度维持在 2~20 mg/L,这取决于污染物和土壤的类型,而温度须保持在 25~40 ℃,这样确保微生物的活性。因为自然界的土壤呈酸性,所以 pH 值经常是需要调整的,通常的做法是加钙或加含钙、镁的化合物。在治理之前,通过喷洒或喷灌或注水井进行试点测试,以达到最佳含水量。

5.7.4　预测模型

表 5.7 给出了污染物转移和降解的预测模型。

表 5.7 用于生物治理研究的模型

名称	模型类型	关于模型	注释
BioChlor	三维数学模型	筛选模型,通过氯化溶剂释放点的溶剂溶解固有衰减来模拟治理过程,也可以模拟生物降解一阶反应污染物的转移	用 Excel 电子表格来罗列结果很方便,并且易懂易运用
Bioscreen	三维分析模型	在氧气、硝酸盐、硫酸盐或铁、甲烷限制的生物降解的影响下,碳氢化合物溶解相污染物的转移模型	简单容易
Bioplume-lll	二维分析模型	在氧气、硝酸盐、硫酸盐或铁,产甲烷的生物降解影响下污染物转移模型	为预处理和输出提供图像接口

5.7.5 修正或互补技术

不同的治理技术会将生物治理技术作为修正技术或者互补技术。土壤中水汽抽取也是结合生物治理的,这样可以将有机气体传输到微生物活性高的土壤里,在箱子或土壤里进行生物净化,以促进降解。可以将土壤清洗和生物治理结合起来,这样土壤就可以先用试剂清洗,然后将污水和粉砂、黏土混合形成浆,接着在含有微生物的生物反应器中处理。这样做可以减小需要处理土壤的体积,从而降低处理成本。

这项技术和其他技术相比比较经济,特别是当含有有机化合物并且土壤有足够的水力传导率可以让营养物质和氧气通过时。

从管理角度看,废气排放量必须在指定范围内,在治理期间污染物不能渗透到地下水里,在异地治理时,挥发性有机化合物不能进入大气层。在最近连续研究的几年里,已解决一些问题,如:

- 评价适合微生物,多种类型污染物需要的营养物质、滞后时间和降解率;
- 具体地点的环境条件优化和刺激微生物促进增长条件;
- 原位方法的有效监测;
- 电子的得失守恒;
- 含水层渗透对生物治理的影响;
- 加强低渗透土壤的生物治理;
- 理解低渗透土壤的生物强化;
- 理解生物强化,包括对特定污染物降解机制;
- 水力传导率对生物活性的影响;
- 减少对水井污染的技术。

5.8 植物修复

5.8.1 技术特征

植物修复技术涉及运移、固定植物降解污染物。很多修复的途径是植物根部或者植物本身，一个特定的反应过程见图 5.35。植物根部接触污染的土壤。污染物必须通过植物膜才能被植物吸收，这称为根滤作用；植物通过代谢过程分解、吸收有机化合物，这称为植物降解。或将无机化合物吸收进植物组织里，这称为植物积累。植物降解是通过植物根部释放分泌物（可溶性有机质、养分）和酶在植物外面进行的。这些物质刺激细菌和真菌降解有机污染物，这称为根降解作用。

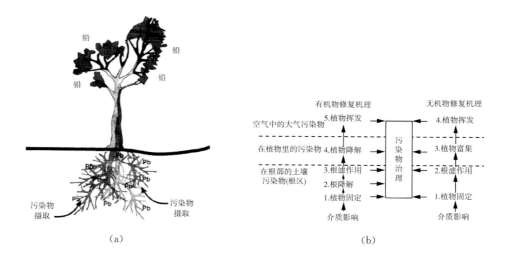

图 5.35　植物治理过程

污染物进入植物是通过所谓的植物萃取机制。在夏天，很多类植物都蒸发大量水分，产生自然泵，将污染物转移到植物的芽、茎、叶，在植物代谢过程中，有机污染物被降解成无机物积聚在植物组织里（图 5.35）。地上部分的植物被砍伐、焚烧或堆肥，使得土壤中水分丢失，造成地下水洼地，限制了水平对流，这样导致污染物被带走。地下水携带污染物吸附到植物根部，土壤中的有机质被很好地固定，这就是所谓的植物固定。

植物修复最适用于浅层污染（<10 英尺），治理大面积污染地区和污染物浓度低的区域，由于治理深度是植物根部深度，所以生长快速的树木，如柳树和杨树，就可以有效治理大部分土壤。适合一个污染地区的植物种类取决于该地区的土壤种类、污染物类型和浓度，污染物对某些植物是有毒的，但可能是其他植物所必需的

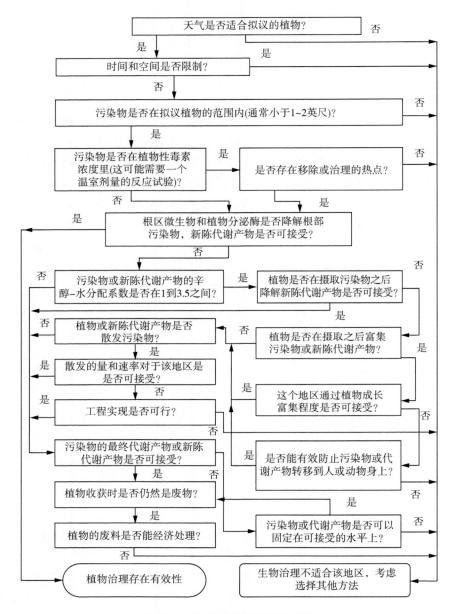

图 5.36　土壤植物修复的可行性

营养。

　　图 5.36 为植物修复的可行性判断流程图。根据吸附在土壤上的污染物，初步确定植物修复的可能性。如果污染物不能被萃取，那么植物修复就不是有效的治理方法。对于有机物来说，分配系数是一个衡量污染物可利用的尺度。如果植物

萃取不成功,那么植物固定(即提高根部吸附能力)也是一种补救方法。植物修复是否适用于某个特定地区,最终取决于砍伐或销毁这些污染植物的成本,对于目标面积大的地区来说,这个数字可能很庞大。

　　植物修复的主要对象是炸药、原油、石油产品、农药(如除草剂、氰、甲草胺)、重金属(如砷、镉、铅、镍、铜、锌、钴、锰、铬、汞等)、放射性核元素(铯-137、锶-90、铀)、还有多环芳烃(PAHs)。植物可以吸收多种金属(如镉、镍、锌、砷、硒),铜是很容易被吸收的,但疏水性金属,如铅、铬和铀就很难被吸收。螯合物的加入可以提高铅的流动性,但同时也增加了其溢出的风险,然而土壤和根部的复杂构成及其对铅、铬、铀的吸附可以固定这些金属。该技术适于有利植被生长的任何土壤。

　　植物修复有如下优点:

　　(1) 因为植物是自然资源,所以相当便宜;

　　(2) 这是原位修复技术;

　　(3) 植物修复是一种安全、被动的技术,太阳能驱动并且很养眼,所以比较容易被大众接受。

　　植物修复有以下的缺点:

　　(1) 治理深度较浅:草<3英尺,灌木<10英尺,根系发达的<20英尺。

　　(2) 植物修复过程比较缓慢,因为植物需要一定的生长时间(三到五年)来达到修复标准。

　　(3) 植物修复的技术仍然是实验性的,植物修复的场地是特定的,植物选择很关键,修复措施需要详细的场地特征,以使植物生长和污染物吸收达到最大限度。

　　(4) 有污染食物链的可能。

　　(5) 植物修复将污染物转移到植物里,积聚的污染物还必须加以处理。

5.8.2　技术原理

　　污染物的转移及其在植物中的踪迹是用放射性碳同位素(^{14}C)标记有机污染物测得的,如图5.37。污染物进入植物里以后,植物的新陈代谢破坏污染物本来结构,污染物被转化成三氯乙醇、三氯乙酸、二氯乙酸,吸附在土壤和根部,然后使其无机化成$^{14}CO_2$,15%农药在生物体内富集,污染物通过植物和土壤的蒸发作用和羟基反应,反应时间可以是几小时,也可以是几天(图5.37)。

　　植物修复的效率和污染物的物理化学特性有着直接的关系,如分子量,溶解性,水汽压力和吸附性。憎水性是决定有机化合物在土壤有机质和矿物表面的吸附性。吸附性是土壤有机碳的一种特性(f_{oc}),污染物的分隔能力可以用辛醇-水分配系数表示(K_{ow})。这个系数反映了地下水和矿物或有机土壤之间的分隔,这个是在有机化合物和正辛醇水混合时发现的,K_{ow}是污染物溶于辛醇的浓度除以其溶于水的浓度。在疏水性高或土壤有机质含量高时,污染物可能会被土壤不可逆转

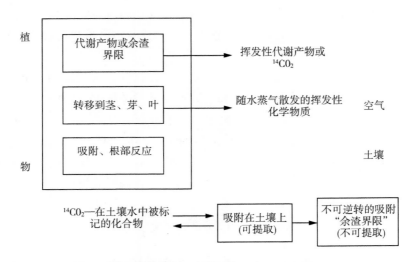

图 5.37　有机化学物质在植物修复过程中的转移和结果(Schonnr,1997)

地吸收。低疏水($\log K_{ow}$<1)污染物可以通过过滤和地下水对流去除,不需要经过植物萃取就可以通过植物膜。所以,植物修复对适当的疏水有机污染物的土壤($\log K_{ow}$=1 到 3.5)很有效,比如苯、甲苯、乙苯、二甲苯、氯化溶剂、多环芳烃、硝基甲苯、弹药废物、过剩营养物(硝酸盐、硝酸铵、磷)和重金属。黏土矿物在中性 pH 情况下不利于交换和吸收金属。因此,可以通过添加石灰来实现对金属的固定。此外,为了使植物能够萃取污染物,通过调整土壤的 pH 值、控制氧化还原电位、加入螯合物来刺激无机污染物的解吸附。

5.8.3　系统设计与实施

　　图 5.38 显示了在植物修复设计与实施过程中的不同任务。第一个任务就是选择植物品种和种植的密度。由于治理时间长,植物修复中植物的选择和土壤类型是至关重要的。根据污染物种类和数量的不同,植物的选择要依赖于特定场地的具体信息。在实验室,要将植物放在和污染土壤毒性水平相似的环境里。土壤必须有足够的保水能力来维持植物生长,为处理污染物提供一个有利环境。选择植物的品种不当将会导致土壤修复的结果不理想。

　　为了对污染物吸收达到最优的结果,应该选择高生长率和生物产量(每英亩每年>3 吨)的植物品种。通过灌溉和添加营养物质刺激植物的生长和根系的形成。草、黑麦、葵花和芥菜常会被选择,是因为它们根系表面积大。湿润的环境可以溶解污染物,杂草加快蒸腾作用。萃取无机污染物(金属)需要超积累物种,即可以积累污染物浓度是土壤中的 10 倍以上(>1 000 mg/kg)。

　　如果需要拦截地下水,那么所选的物种就得有高蒸腾量和发达的根系。所选树木要适应地下水环境(地下水湿生植物),比如杨树、柳树。地下水缓慢流为降低污染量的平流,减缓吸附作用。在治理过程中,通过多行垂直种植树木可以改变地下水运动方向。

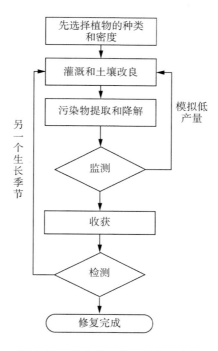

图 5.38 植物修复的一般设计步骤

第二项任务就是灌溉和土壤改良。根据选择的不同植物品种,一些土壤改良的措施是有必要的。包括灌溉、添加营养剂和调整 pH 值,这样可以刺激植物降解污染物。在治理时,当污染物中含有重金属、放射性同位素和螯合物时,需要加进一些维持污染物浓度的物质。在这种情况下,预测模型的动力学分析应该假设成一阶,而不是零阶,因为污染物被不断提取。

第三项任务是检测。土壤污染物浓度水平(比如,土壤样本)会表明植物修复技术的成功与否。如果植物的生产力或者污染物萃取/降解仍低于所期望的水平,土壤改良需要重新评估,或者刺激植物活力。

第四项任务是收割。如果植物修复过程和预期的一样,那么到生长的最后时节或饱和水平达到时植物就可以收割了(图 5.38)。在生长季节过后,土壤检测可以表明植物修复是否需要继续进行。如果污染物浓度水平仍高于规划水平,那还再要一个生长季节(图 5.38)。

植物修复监测包括地下水、土壤、土壤气体、植物组织和蒸发气体的定期抽样。植物监测工作是通过增长量测定完成的。土壤水分是应该检测的,尤其是夏季干旱的时候,这样确保不断供水。另外,植物可能需要喷洒毒素来抑制各种各样的昆虫。

5.8.4 预测模型

表5.8概述了预测模型的选定。理解不同污染物污染的土壤的植物修复过程是一个很热门的领域。改进现有模型,发展新模型都是要继续下去的。

表5.8 用于植物修复的模型

参考文献	模型使用	研究	假设	局限性
Paterson 等人(1994)	数值	污染物在根、茎、叶里的反应过程	三部分独立	实验设置,几天到几个月的时间尺度
Trapp 和 Matties(1995)	分析	化学物质-在空气中的植物部分质量守恒	指数增长;非离子污染物	一般的,数学方法
Nedunuri 等人(1997)	数值	模拟根部重金属固定	一阶动力学地下水摄取	假设土是圆柱状;分区技术
Schnoor(1997)	数值	污染物摄取率	一阶动力学	极少的摄取

5.8.5 修正和互补技术

植物修复技术是修复低浓度污染水平(残余部分)的补充技术。相关技术是原位生物修复和强化生物修复(例如,生物通风和控制好氧条件)刺激根降解。

第六章
污染地下水的净化技术

有许多不同的技术用来净化受污染的地下水,使用这些技术的目标是除去、固定或降解/破坏地下水中的污染物,并且以物理、化学、热学或生物学过程为基础。最常用的地下水净化技术有:(1) 抽水处理;(2) 原位冲洗;(3) 渗透反应格栅;(4) 原位地下水曝气;(5) 自然衰减检测;(6) 生物治理。

6.1 抽水处理

6.1.1 技术特征

抽水处理是地下水净化最常用的技术。治理系统包括抽取地下水到地表,除去污染物,再将处理过的水回灌到地下或排到地表水中或一个市政污水厂。图6.1展示了典型的抽水处理系统,带有回灌井(或注入井)。当地下水抽到地表后,通过废水治理技术对其进行处理,使水中污染物含量减少到很低的水平。然而,从含水层中抽取受污染的水不保证所有的污染物已经从地表下运移。污染物运移受到地下污染物的性质(例如,污染物特性和功能)、场地地质学、水文地质学和抽出系统设计限制。

抽水处理系统设计要满足两个目的:(1) 圈闭,即阻止污染传播;(2) 修复,即移除污染物质。在为圈闭而设计的抽水处理系统中,通常设置最小抽出率以防止受污染地域的扩大;在为修复设计的系统中,抽出率通常大于圈闭系统的抽出率,以至于清洁的水将会快速通过污染带。

抽水处理系统的适用性取决于场地污染和水文地质条件。场地污染的评估需要污染性质和范围的信息,不同相中污染物的分布(无机污染物的吸附相和水相,吸附的、非水相液体、水相的和气相的有机液体)同样也应该评估。地表下土壤和水文地质学的特点应该被详细地描述,这包括测定颗粒大小分布、吸附特性和导水系数。

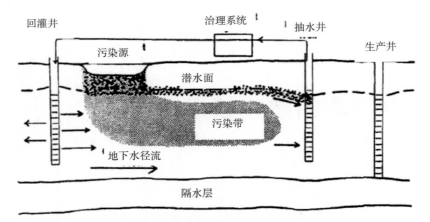

（a）抽水处理系统简图

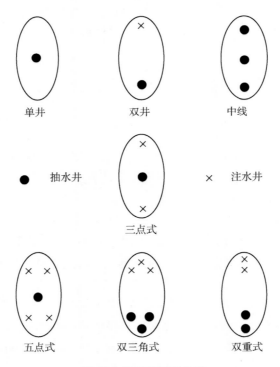

（b）抽水处理系统井结构图

图 6.1　典型的抽水处理系统

地下抽水处理系统可用于处理重度污染地下水区域中多种类型污染物。但治理时间长,难以将污染物彻底去除;抽出井群影响半径有限;不宜用于吸附能力较强的污染物以及渗透性较差(少于 1.0×10^{-5} cm/s)或存在 NAPL(非水相液体)的含水层;污染地下水抽出处理后的后续处置问题较难解决。

抽水处理净化技术有以下优点:

(1) 对游离相污染源移除是有效的;

(2) 需要的设备简单。

然而,抽水处理净化技术也有以下缺点:

(1) 有逗留、剩余的污染物;

(2) 达成净化需要较长时间;

(3) 严重地影响联合生物治理抽水井的系统表现;

(4) 治理大量废水的高额费用;

(5) 高操作性和高额维护费用。

6.1.2　技术原理

抽水处理系统的基本操作原理是根据地下水污染范围,在污染场地布设一定数量的抽水井,通过水泵和水井将污染地下水抽取上来,然后利用地面设备处理。处理后的地下水,排入地表径流回灌到地下或用于当地供水。污染物移动的范围取决于污染物化学性质、水文地质条件和系统设计。在十几年时间内,通过对不同位置抽水处理系统的监测,其数据显示,在合理时间内,这些系统不能够减低和维持清除水平下的稀释污染物浓度,这归因于残留和回弹现象。残留是指在抽水处理系统的持续操作下,稀释污染物浓度下降较慢的现象(图 6.2);回弹是指在抽水停止之后,发生的污染物浓度的迅速增加的现象。当抽水处理系统清除污染物的浓度达到标准的时候,污染物浓度回弹是一个问题,但是集中后可增加到一个超过标准的水平。场地残留和回弹的复杂修复效果是污染物、地表下土壤和地下水的物理、化学特性的函数。

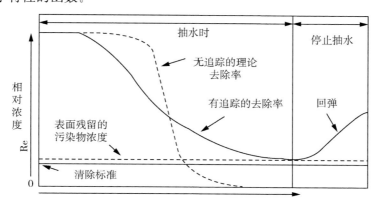

图 6.2　在抽水处理系统中追踪和回弹的效果

导致残留和回弹的主要因素和过程是:(1) 非水相液体(NAPLs)的出现;(2) 污染物解吸附作用;(3) 污染物沉淀-溶解作用;(4) 基质扩散;(5) 地下水速度变化。轻的 NAPLs(如苯)和重的 NAPLs(如 TCE)在水中是相对不易溶解的,但是它们的可溶解量足够导致地下水中的浓度超过 MCLs(最大的污染物水平)。因此,NAPLs 的出现,使来自 NAPL 表面持续足够少量的溶解,将会继续污染地下水[图 6.3(a)];当地下水慢慢移动的时候,污染物浓度为 NAPL 能接近可溶性极限[图 6.3(c)];抽水处理系统增加地下水流速,引起浓度减少。浓度的衰减较缓,残留消失,直到分解的 NAPLs 比率与抽水速度达到平衡。如果抽水停止,地下水流动速度减慢,而且污染物浓度能弹回,起先快速地,然后逐渐地达到平衡浓度[图 6.3(c)],除非抽水重新开始。

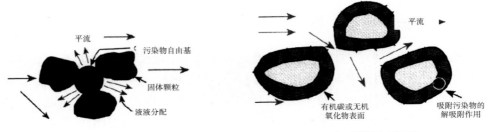

(a) 残留共用自由基的溶解

(b) 解吸附性和可溶性

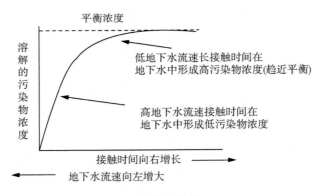

(c) 溶解动力学

图 6.3　抽水期间的 NAPLs 移动

由于一些溶解的污染物吸附在坚硬土颗粒表面,地下水中许多有机和无机污染物的运动是迟滞的。吸附的污染物倾向于集中在有机物质和黏土矿物氧化物的表面[图 6.3(b)]。吸附是一个可逆的过程,抽水处理降低了溶解污染物浓度,吸附到矿物表面的污染物就可以从基质解吸到地下水中。由吸附和解吸作用产生的污染物浓度可表明与地下水速度的关系,而且接触时间相似于 NAPLs[图 6.3(c)],在抽水期间引起污染物浓度的拖尾现象,与在抽水停止之后的回弹现象一样。

像吸附-解吸的反应一样,沉淀-分解的反应也是可逆的。大量的无机污染物(如 $BaCrO_4$ 等铬酸盐)可能在表面以晶体或无定形的沉淀物形态出现,在这种情形下,如果这些固态物质耗损前抽水停止,回弹就能发生。

因为污染物在混杂的介质中通过可渗透的路径,浓度坡降引起污染物质扩散到弱渗透性介质。在抽水处理时,在可渗透的介质中溶解的污染物浓度由于平流作用而降低,引起从低渗透性介质到高渗透性介质污染物浓度缓慢扩散和初始浓度的翻转。

6.1.3 系统设计与实施

(1)一般的设计方法

评估一个受污染的地下水位置采用抽水处理方法的可行性和进行适当系统设计的步骤为:污染物特征描述;水文地质特征描述;抽出井网络;抽取地下水治理和排出。

(2)污染物特征描述

污染物浓度和污染面积的范围决定问题的严重性;NAPLs 的存在决定处理过程的适用性和有效性。土壤和抽取水质样品能决定污染物分布范围。污染物/土壤特性(如密度、水的可溶性、正辛醇-水/碳分配系数、土壤有机碳含量和吸附参数)用来决定抽水处理方法的适用性。

(3)水文地质特征描述

导水系数和贮水系数(Storativities,又称容水度或释水系数)用来决定抽水的可行性和抽水处理方法的适用性。抽水试验、微水试验和实验室渗透性试验能用来决定地下水力学性质。水文地质图、地质图/报告、钻孔测井和地球物理学参数能当作数据来源使用。含水层/地下水位的深度用来选择适当的抽水系统类型。水文地质地图、观测井、钻孔测井和压力计能用来获得这些数据。地下水径流方向和垂直/水平线坡降用来决定适当的井位/间距,水位数据和电位图能用来获得这些数据。地下水海拔和长期的水位监测的季节性变化用来布置井位、筛选区间。

(4)抽水井网

这包括位置的选择、筛选间隔深度、抽水速率和地下水治理系统。水井位置、间隔和抽水速率的选择一般通过使用地下水径流数学模型决定。一些数学模型已经发展和应用来估算选取的地域、地下水路径线和相关的抽水井运动时间。对于复杂的场地,可能需要基于有限差分或者有限元方法的数值模型。

(5)抽取的地下水处理和处置

治理方法的选择取决于抽取的地下水中污染物的类型和浓度。在选择的治理效率上,中试规模试验时常进行研究不同系统参数的流动速率对所选处产生的有效性的影响。治理后的水可回灌地下来提高水力控制和冲洗污染地域,回灌可通过使用水井、沟渠、水管,或不回避而在地面使用。回灌系统的设计要根据场地条件确保环境问题没有恶化。

（6）设备

抽水处理系统设备的选择,取决于场地条件和净化目标。水井、泵以及抽取地下水的治理是任何一个抽出治理系统的主要部分。其他不可或缺的设备见表6.1。

抽水井抽取和除去受污染的地下水,这些水井的结构与监测井结构相似,水井直径一定够大以适应泵的使用,套管大小应该保持速度在抽水期间少于5英尺/秒,避免过度的水头损失。

表 6.1　抽水处理系统中需要的周边设备

设备	描述
配置	输送抽出的液体到处理系统或排放点。配置材料要规定,如果系统安装在级上,若级下有或没有二次含量测定。配置材料(如钢、HDPE、PVC等)的选择基于化学相容性和强度因素
流量计	指定时间内测定智中流速和累积吞吐量。通常安装在每个井中,在主要配置连结点,及主要处理单元之后。有些设计为开关装置或流量调节器。有许多可用的类型
阀门	阀门的主要用途(如门形、球形、单向、蝶形)是控制井中水流和联系水智网。阀门可手动操作或电磁机理驱动。单向阀门用来防止回流进入井中,在抽水停止后,防止罐中和处理单元的虹吸作用。阀门的其他用处包括采样、减压、放气
液位开关和传感器	悬浮、光学、超声波及电导开关/传感器用来测定井、罐中液位。在升降井、罐中液位发生警告时,用于开动、终止抽水
压力开关	用于关闭水泵,在吸气压力损失造成的排气压力测定
压力和真空指示器	用于测定水置、密封罐、密封容器中的压力
控制台	提供抽水处理系统和监测显示系统状态的集中式、全局控制设备。控制台通常会特别设计
远程监测、数据采集和遥控设备	提供无人抽水处理系统的交互式监测和控制。考虑数据实时采集。系统失误报警,提供操作远程编程界面。远程监测设备可通过控制台存取
牵引联结盒	级上、级下安装允许进入官网、布线、系统控制的连接中。战略定位提供系统的开发空间
Pitless 适配器单元	考虑从水井抽取的地下水输送到套管外的地上管道
井盖	锁定可用性是否连接到水下泵的电气导管

许多不同类型泵都可用,但是标准的电动的可沉入水中的泵最常用,管的最后选择取决于期望的抽水速率、水井涌水量和总的水头升降。

用水处理系统来净化抽取的受污染水,空气剥离、粒状活性炭、化学的/紫外线的氧化和需氧性的生物反应器普遍用来处理含有机污染物的地下水,化学降解、离子交换—吸附和电化学方法普遍用来处理含无机污染物的地下水,如重金属。这些技术的组合用来处理含有机和无机污染物的地下水。最普遍使用的地下水处理技术在表 6.2 中列出。

（7）运行参数

抽水速率是抽水处理系统的一个重要操作参数。举例来说,抽水速率应该维持指定的气孔体积冲洗比率。改进泵和水井可提高抽水处理系统的操作效率。使抽水操作能按下列方式更有效率地运行。

① 适当的抽水:包括设计井场,以使抽出和注入量的改变来减少淤塞带。一些抽水井能定期地关闭;同时,其余井正常运行,改变抽水速率以确保污染带以最快速率得到净化。

② 振动或间歇的抽水:有潜能增加污染物质运移到地下水体积以限制溶解的污染物浓度比例。图 6.4 显示脉冲抽水的概念。在脉冲抽水的间歇期间,由于在缓慢移动的地下水中扩散、解吸附和分解,污染物浓度增加[图 6.3(b)和(c)]。当抽水重新开始的时候,地下水中较高浓度的污染物被移除,抽水期间,物质的移动加快。特别要注意,确保在抽水间歇期间污染物没有传播。

（8）监测

在抽水期间监测,包括对水中污染物浓度的测量,并且通过观察水井测定污染物移除的速率和效果。测量水头和坡降、地下水径流方向与速率、抽水速率、抽取的水与处理系统废水质量以及地下水中污染物分布与多孔介质。这些数据可评估解释捕获区、冲洗比率、污染物运移与移动情况,并改善系统的表现。抽水速率、水位下降和效率的周期性监测可用来决定水井和泵是否需要维持运行。

评价净化过程是通过比较污染物质移除的速率和溶解的总污染物质的比率。如果抽取的污染物质的比率接近溶解比率,抽水移动的污染物主要来自溶解物。然而,拖尾和回弹的影响应该在决定清除时间方面考虑。

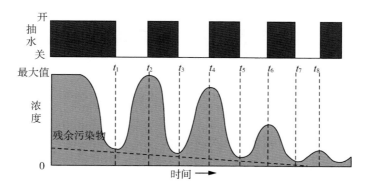

图 6.4 振动抽水

表 6.2　抽取地下水治理技术

方法	过程描述	设备部件和尺寸 （尺寸是为了工厂包装）	优点和局限性
空气吹脱 （广泛用于去除地下水中挥发性污染物）	挥发性污染物由水相变成气相，通过向水中充入空气或蒸汽，在高填料塔、浅板塔、溶出咸水湖。含有挥发性污染物的气流需净化（如气态碳）。蒸汽吹脱经济合理，对于混有非挥发性和挥发性化合物的水体，特别是在工业设施中	设备部件包装高填料塔、致密低收缩板单元、给水泵、鼓风机和污水泵。需要进水水流和气流流量计。进水节流阀和鼓风机减振器需要来调节气水比例。酸性物和氯化物用来冲洗塔填料（如铁沉淀物）。填料塔单元高度。 1～10 gal/min，4×4×20 ft，2 hp 10～50 gal/min，6×8×25 ft，5 hp 50～100 gal/min，7×10×30 ft，8 hp 100～400 gal/min，8×12×40 ft，20 hp	适用于 VOCs，设备相对简单，启动与停机过程可快速完成，模块设计很好地适用于污染物 P&T，设备系统广泛使用 溶解的铁和锰能析出并进入填充介质，造成水头损失，减弱系统效果；需要预处理（氧化、沉淀、沉降）污水；可能产生生物污染（需通过氯化作用或杀生剂净化）；pH 值、温度、流速的灵敏度；零度以下会增加成本（需要加热）；需要 GAC 来处理废水和废气
颗粒活性炭（GAC）吸附 （广泛用于去除地下水和渗滤液中的金属、挥发性半挥发性有机物、PCBs 等）	水溶性污染物由填充在并行或串行的容器中的 GAC 或合成树脂吸收。使用的吸附剂是可再生的或可替换的。吸附的范围取决于分子引力强度、污染物分子质量、吸附剂类型和性质、pH 值、和比表面积	设备包括一到三个压力阀控制一个相互连接的水管，一个给水泵、任选的一个回洗泵、压力计、微压力计、进水流量计、回洗流量计、一个控制台。取出失效的吸附剂送到再生中心或填埋场。 1～10 gal/min，12×8×8 ft，2 hp 10～50 gal/min，14×8×8 ft，7 hp 50～100 gal/min，20×10×8 ft，10 hp 100～200 gal/min，20×20×8 ft，20 hp	适用于低溶解性有机物，在较宽的污染物浓度范围内有用，毒性没造成有害影响。高额 O&M 花费，悬浮物不耐受（会堵塞），油脂所需的预处理达到 10 mg/L，合成树脂对强氧化剂不耐用
化学沉淀、絮凝、沉降 （广泛用于去除污染的地下水和垃圾渗滤液中的金属）	金属沉淀为不溶于水的金属氢氧化物、硫化物、碳酸盐或其他盐类，通过加入化学物质（如提高 pH 值）、氧化作用，或改变水温。加入絮凝剂可强化沉降	设备部件包括一个快速混合罐、絮凝室、和一个沉降槽。倾斜板重力分选或辐流式沉淀池用来沉降。典型设备包括一个快速混合器、絮凝器和驱动装置、给水泵、污水泵、为 pH 值控制的酸碱苏打泵、及一个聚合泵。 1～10 gal/min，8×4×9 ft，3 hp 10～50 gal/min，10×4×13 ft，5 hp 50～100 gal/min，11×6×14 ft，7 hp	对很多污染的地下水系有用，特别是作为预处理步骤；水中存在络合物时效果有限；沉淀的污泥是有害的废物

6.1.4　预测模型

　　许多数学模型已经被用来优化抽出处理系统的设计，这些模型可以计算出捕获带、地下水路径线、冲洗比率及联合抽水井的运动时间，这些模型提供抽出治理方案产生的捕获带和帮助选择监测水井间隔及抽水速率。抽水井的捕获带指的是最终排出井的地下水部分。用于抽水处理系统设计的模型见表 6.3。

　　典型曲线常用来定义捕获带和水井布置或者水井式样和间隔的选择。典型曲线

可用于不同的水井式样,如图 6.5 所示。这些典型曲线的使用需要下列的步骤:

表 6.3　抽水处理系统设计使用的数学模型

方法	实例	描述
抽水试验和先导性试验		进行控制的和先导性试验来辅助抽水处理技术(P&T)设计。抽水试验和解析法建议的操作步骤在第 7、10 章及其他部分介绍。试验结果应用来在适用的地方改进 P&T 设计建模
采集区域图解-典型曲线	(Javandel and Tsang, 1986)	一个简单的图解法可用来决定所需的最小抽水速率和井间距来持续采集,沿线使用一、二或三个抽水井,承压含水层中地下水径流区域性
半解析数值地下水径流和迹线模型	WHPA (Blandford et al., 1993) WHAM(Strack et al., 1994; Haitjema et al., 1994)	这些模型叠加解析函数来模拟简单或复杂的含水层条件,包括水井、线源、线汇、排放和区域流(Strack, 1989)。优点包括灵活性、放松-使用速度、精度和无模型网络。通常局限于分析二维流问题
地下水径流的数学模型	MODFLOW (McDonald and Harbaugh, 1988)	地下水径流有限差分和有限元模型已发展到模拟二维区域或类似于横断面,或全面稳定的短暂径流,在各向异性非均质层状含水层系统中。这些模型可处理各种复杂条件下的简单和复杂的地下水问题分析,包括 P&T 设计分析。各种预先和后置处理是可用的。大体上,更多复杂和具体位置特征数据需要来进行复杂问题的模拟
迹线和质点踪踪后置处理	MODPATH (Pollock, 1994) GPTRAC (Blandford et al., 1993)	这些程序使用质点追踪来预测迹线、采集区域和运行时间,基于地下水径流模型输出。在位置条件的假设和复杂性的程序变化可用来进行模拟(如二、三维流、非均质、各向异性)
地下水径流和污染物运移的数学模型	MT3D(Zheng, 1992) MOC(Konikow and Bredehoeft, 1989)	这些模型可用来评价含水层恢复问题如污染物运移物质分布的变化,由于 P&T 运行时间
最优化模型	MODMAN (Greenwald, 1993)	为联系地下水径流模型设计的最优化程序可解释这样的问题:(1)抽水、注水井应安置在哪里? (2)每个井应以多大速率抽取或注入水? 最佳解决方法、最大化或最小化用户定义的目标功能,并满足所有用户定义的条件。一个典型的目标可能是从所有井中最大化抽水速率总量,而条件可能包括较高和较低的限制,关于水头、梯度、抽水速率。各种目标和条件对用户有用,考虑许多 P&T 问题

(1)采用典型曲线相同的刻度绘制污染晕图。清楚表明污染晕同时包含地下水径流方向。

(2)使污染晕上一个井的典型曲线重叠,保持 x 轴与地下水径流方向平行和沿着污染晕的中线使得污染带大约相等比例到 x 轴的每边。在典型曲线上抽水井将会在污染带的下游,调整典型曲线,使得污染带被一个单独的 Q/BU 曲线封闭。

(3)计算单井抽水速率(Q)时,使用已知含水层厚度(B)的值和区域流动的达西速率(U),连同方程 $Q=B×U×TCV$ 典型曲线(TCV)显示的 Q/BU 一起。

(4)如果抽水速率是可行的,一个井用抽水速率 Q 则为清除污染所需。如果由于缺乏可得必需的水位下降要求的抽水速率不可行,继续增加井就是必需的。

（5）使用二井、三井或四井典型曲线重复第 2、3、4 步骤以该顺序直到计算出含水层能支持单井抽水速率,然后计算最适宜的水井间隔,使用下列的简单规则作为中线间隔（L）：

$$对双井系统：L = \frac{Q}{\pi BU} \tag{6.1a}$$

$$对三井系统：L = \frac{1.26Q}{\pi BU} \tag{6.1b}$$

$$对四井系统：L = \frac{1.2Q}{\pi BU} \tag{6.1c}$$

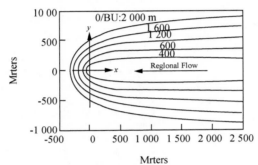

（a）单井获得区域典型曲线

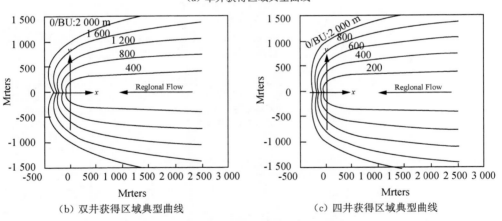

（b）双井获得区域典型曲线　　　　　　（c）四井获得区域典型曲线

图 6.5　抽水处理系统设计的典型曲线

为了模拟复杂的现场条件,会使用半解析或者数学模型。尽管容易使用,但半解析的解法通常用于二维径流问题。数学模型普遍用来模拟复杂的三维水文地质条件下水的径流。

污染物运移模型可用来预测抽水处理净化期间的污染物移动率。然而,这些模型没考虑污染物拖尾和回弹的影响,其结果应该谨慎使用。

6.1.5 改进或补充的技术

下面介绍几种关于改进和优化抽水处理方案的方法：

（1）拦截渠

在垂直水井之后，渠是最广泛使用的方法来控制地表下液体和去除污染物。它们的功能与水平水井相似，但是也有接近沉淀物的渗透地层中重要的垂直成分。对于较浅的应用，沟渠能以相对低的成本建造。

图 6.6 表示一个典型的拦截渠系统。随着污染晕进入渠内，漂浮的泵吸取容器中沉淀污染物来治理。这过程主要用于汽油污染和自由状态 NAPLs，因为抽出在水面之上或在地下水径流的表面的附近污染物比较简单。对暴露在大气中的大污染物采用这一个方法受到限制。因此，拦截渠不普遍使用。

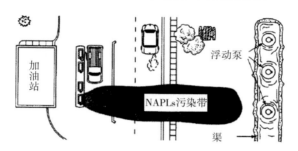

（a）用于非水相液体漂浮污染带的拦截渠布置

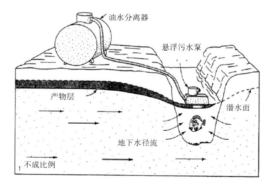

（b）渠和悬浮泵取得漂浮产物并降低地下水位的横剖面图

图 6.6 抽水处理系统中拦截渠的使用（Fetter，1999）

（2）水平和倾斜水井

定向钻进技术使用特殊化钻头在控制弧度条件下使钻孔弯曲。定向钻进方法无需任何的轨道产生井孔。弯曲到水平方向的井孔尤其适合环境应用（图 6.7）。

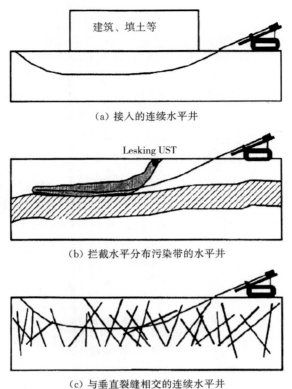

（a）接入的连续水平井

Lesking UST

（b）拦截水平分布污染带的水平井

（c）与垂直裂缝相交的连续水平井

图 6.7　抽水处理系统中水平井的使用

（3）诱导缝

石油工程技术过去一直也为油井的生产力增加而设置诱导缝,这能改善环境水井表现。诱导缝主要用于解决污染修复产生的低渗透性含水层问题。

6.2　原位冲洗法

6.2.1　技术特点

原位冲洗净化需要使用水溶液来清除土壤介质中的污染物。这种冲洗溶液需要清水或者一种非常先进的强力触及和溶解污染物的溶液(表面活性剂/助溶剂)。如图 6.8 所示,原位冲洗溶液经由注水井灌入地下水中,由于水位差这些冲洗溶液会流入污染区域,脱附、溶解性清洗土壤和地下水中的污染物;在污染物被溶解后,随冲洗液流到位于稍远的水位较低的井中并被抽出到地表;在地表,污水和冲洗液混合物经过特有的废水处理方法处理后,把冲洗液抽回到注水井中循环使用。

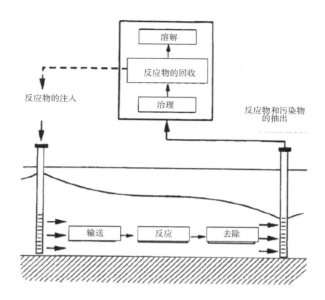

图 6.8 原位冲洗简图

原位冲洗法对许多类型的污染物都可适用,无论是在土壤或地下水中的有机物和无机物。表 6.4 显示了在冲洗液作用过程中污染物的参数和特性,它对于原位冲洗过程是否成功很重要。因为冲洗液必须与污染物充分地相互作用,所以污染介质的传导性至关重要。因此,高渗透性区域的渗透系数大于 1.0×10^{-3} cm/s 被认为是最佳,低渗透性区域的渗透系数至少达到 1.0×10^{-5} cm/s。类似地,低碳的土壤(小于总重量的 1%)采用土壤冲洗法比较合适,而含碳较高的土壤(大于总重量的 10%)采用这种方法通常困难。此外,如果污染程度大或者土壤剖面有透镜状或者层状的低导水系数或者富含有机质的土壤,原位冲洗净化可能不适合或不经济。冲洗液与受污染的介质充分相互作用的能力是非常重要,关系到是否能够顺畅运移污染物。污染物的化学特性如表 6.4 所示,水可溶性、土壤吸附性、气压、黏度、密度和正辛醇—水分配系数是评价原位冲洗法适用性的重要参数。

表 6.4 原位冲洗适用性

	较低可能性	成功可能性边缘的	较高可能性	基础	所需数据
与位置有关的关键成功因素					
主要污染物状态平衡分配系数	气态	液态	溶解态	期望优先分离出来的污染物	土壤和冲洗液间的污染物平衡分配系数

	较低可能性	成功可能性边缘的	较高可能性	基础	所需数据
导水系数	Low ($<10^{-5}$ cm/s)	Medium ($10^{-5} \sim 10^{-3}$ cm/s)	High ($>10^{-3}$ cm/s)	良好导水性使得冲洗液有效传递	地质特征（导水系数范围）
土壤比表面积	High (>1 m²/kg)	Medium ($0.1 \sim 1$ m²/kg)	Small (<0.1 m²/kg)	高比表面积增加土壤吸附性	特定的土壤比表面积
含碘量	High ($>10\%$ wt)	Medium ($1\% \sim 10\%$ wt)	Small ($<1\%$ wt)	低土壤有机物含量冲洗更有效	土壤中有机碘总量（TOI）
土壤 pH 值和缓冲容量	NS	NS	NS	可能影响冲洗添加剂和建筑材料的选择	土壤 pH 值、缓冲容量
阳离子交换容量（CEC）和黏质含量	High (NS)	Medium (NS)	Low (NS)	提高金属约束、吸附性、污染物的去除	土壤 CEC、组成、结构
岩石中的裂缝	存在	—	不存在	次生渗透特性致使冲洗更加困难	地质特征
与污染物有关的关键成功因素					
水溶性	Low (<100 mg/L)	Medium ($100 \sim 1\,000$ mg/L)	High ($>1\,000$ mg/L)	可溶性化合物可由冲洗去除	污染物溶解性
土壤吸附性	High ($>10,000$ L/kg)	Medium ($100 \sim 10,000$ L/kg)	Low (<100 L/kg)	土壤高吸附能力，降低冲洗效率	土壤吸附常数
气压	High (>100 mmHg)	Medium ($10 \sim 100$ mmHg)	Low (<10 mm Hg)	挥发性组分趋向于气态	运行温度下的污染物气压
液体黏度	High (>20 cP)	Medium ($2 \sim 20$ cP)	Low (<2 cP)	流体流动在低黏度土壤中更快速	运行温度下的流体黏度
液体密度	Low (<1 g/cm²)	Medium ($1 \sim 2$ g/cm²)	High (>2 g/cm²)	稠密不溶于水的有机流体可通过冲洗来移置和集中	运行温度下的污染物浓度
辛醇/水分配系数	NS	NS	$10 - 1\,000$ （无量纲）	更多亲水性组分可顺当地被水冲洗去除	辛醇/水分配系数

原位冲洗法有以下几个优点：

（1）是一种现场原位修复技术，因此清洁人员和环境可以少接触污染物；

（2）与其他技术相比较，原位冲洗法简单、经济；

（3）对大多数有机的或者无机的污染物都适用；

（4）可适用到饱和带、非饱和带；

（5）可以与其他净化技术一起使用。

原位冲洗法有下列缺点：

（1）当土壤不均匀时，如土壤为低渗透性（小于 1.0×10^{-5} cm/s），或者土壤中含有机质时，原位冲洗法进行的过程比较慢；

（2）因污染物溶解于冲洗液中，冲洗液可能会逸出抽水井，出现污染扩散的情况；

（3）净化效率主要取决于冲洗液、污染物、土壤或地下水的相互作用情况，导致净化时间可能很长；

（4）净化能力取决于冲洗液溶解和吸附污染物的能力；

（5）因为污染物一般都在地下深部，原位冲洗的整个过程开支可能很昂贵，或是昂贵的冲洗液和很长的净化时间。

6.2.2 技术原理

原位冲洗是一个实用和操作相对简单的净化过程，包含了许多物理、化学和生物学过程。运移机制如平流、分散流或扩散流，对于污染从源头扩散非常重要。对于冲洗净化过程起作用的主要运移机制是平流以及污染物随冲洗液的运动。化学特性，比如污染物和土壤之间的可溶性、表面张力、溶解性、密度和污染物的黏性，对土壤冲洗影响较大，应通过文献阅读和实验室研究来决定分配系数[如土壤-水（K_d）和正辛醇-水（K_{ow}）]，在溶解液筛选时，为了分离污染物使其进入溶液而优化这些参数。在一些场地中原位冲洗可能会恶化土颗粒对污染物的吸附作用，需要对冲洗液的吸附性进行评价。从宏观以及微观加剧的尺度了解场地水文地质条件、土壤地球化学的微观特性（如矿物学、阳离子交换和缓冲能力、含碳量、pH 值、氧化还原作用、导电性和临界点）及地下水化学特性（如 pH 值、氧化还原作用、导电性、盐度及碳和胶团含量），并进行评价。另外，宏观参数（如地层情况、水力梯度和流程路径的扭曲透过毛孔空间、土壤比表面积）等，将会影响冲洗净化过程。原位冲洗可用来提高生物降解效率，而且某些冲洗液在地下环境会迅速降解。

原位冲洗法主要是使用认真挑选的冲洗液经渗流携带污染物至抽水井，因此溶解——增溶性和活化性是影响污染物运移的主要基本过程。为提高污染物的溶解——增溶性，冲洗液的选择主要取决于场地所存在的污染物特性。因为无机污染物和有机污染物有相当不同的特性，它们需要不同特性的冲洗液来处理。有机污染物如密度轻的非水相液体（NAPLs）常需要表面活性剂或者助溶剂降低污染物表面张力；相反地，无机污染物需要络合物或螯合物，以增加溶解——增溶性。

最重要的是,一定注意两种污染物类型的冲洗液必须符合允许的毒性含量,使得对人类的健康和环境产生最小或者可忽略的影响。

要了解表面活性剂如何降低表面张力,在分子水平上的调查过程是必需的。表面活性剂分子或单体,由两个分开的部分组成。每个单体有一个亲水极头部包含一个阴离子或阳离子,有一个憎水极尾部通常由长的碳氢化合物链组成。分子亲水和憎水的性质使分子吸引到非极性、极性液体存在的分界面上。在这些分界面,分子头部进入极性界面而尾部进入非极性界面。在临界胶团浓度(CMC),单体开始积累形成团聚体。当胶团在水成冲洗液中形成时,所有单体尾部指向团聚体中心,形成非极性区域与极性冲洗液结合。这些非极性区域是非水相液体或污染物可存在的地方,如此增加污染物的可溶性。

助溶剂(与水结合)通常由醇类或可溶于水 NAPLs 的液体组成。醇类如甲醇、乙醇和丙醇普遍用作助溶剂。当醇类溶于水时,它们减弱氢键的极性,还促进更多的非水相液体溶解。当较大量的助溶剂使用时,助溶剂可进入 NAPLs 和水中区分,而且能造成 NAPLs-水表面张力减小到零,促进 NAPLs 的运动。助溶剂和表面活性剂的结合也用来增加冲洗的效率,来减少由于吸附作用造成的表面活性剂的损失,并控制表面活性剂的黏度。一旦污染物溶解,或者在表面活性剂和助溶剂作用下运移,起控制作用的基本过程是对流运移。

6.2.3 系统设计和实施

(1)一般的设计方法

图 6.9 显示一个流程图,提供一个可遵循的一般计划和步骤,当污染场地特性已清楚且已经选择了原位冲洗法为净化技术。有四个主要基本步骤须完成:

第一步,以综合的实验室分析为依据,选定最安全、最有效和经济的冲洗液及其浓度。使用实际的现场土壤和污染的大量土壤柱状试验是必要的实验室过程。

第二步,选定系统的物理布局和设计,如井数、注入量、抽出量和监测、井深和抽取速率。数字模拟和计算机模型将有助于决定第二步中的许多因素。

第三步,为了使得原位冲洗具有最佳效果,需进行小的现场试验。现场和实验室条件常常有很大不同,而且现场试验的评估过程在实际情况下进行,以便调整使得系统效率最佳化。通常,现场试验在有限的区域中进行,因此如果计算错误或出现问题,污染物迁移将会避免。

第四步,原位冲洗在大范围污染区域进行。原位冲洗的全过程应该持续地监测和评估,以便修正和调整、能将系统表现最佳化。

(2)设备

用于原位冲洗净化的设备有注入、抽取设备如钻井、水泵和管子,表面活性剂/

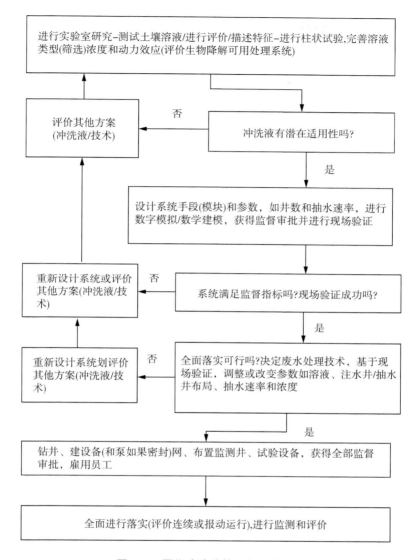

图 6.9　原位冲洗法的一般设计方法

助溶剂的混合设备以及在原地处理废水的设备。不断地监测污染物去除率的试验分析手段也是必需的。注入和抽出系统的形式是重力式或者压力式,重力系统依靠水力梯度使溶液运动并通过地下,通过井的使用达到重力收集;压力系统通常用泵结合垂直井来推动溶液流动,物理格栅如防渗板桩或连续墙也可用来限定污染区域或引导径流至关注的区域。

　　表 6.5 列出了不同类型的冲洗液,对应于要净化的污染物类型。冲洗液的选择取决于污染物和特定位置土壤的特性。其他的必要因素与环境条件(如温度或

降水)有关,还与废水处理方法有关。废水处理和表面活性剂回收再集中方法见表 6.6。

表 6.5 冲洗液类型

冲洗液	对应的污染物
清水	高溶解性有机物;可溶性无机盐
表面活性剂	低溶解性有机物;石油制品
水/表面活性剂	中等溶解性有机物
助溶剂	憎水性污染物
酸类	碱性有机污染物,金属
碱类	酚类,金属
还原剂/氧化剂	金属

（3）运行参数

溶液类型、运行模式（重力型或压力型）、注入-抽出井的数量和深度、抽水速率,以及过程持续时间都取决于污染场地和污染物特性。表 6.7 列出典型表面活性剂和助溶剂的使用及其特性。注入-抽出井的数量可以由一个至数百个。

不同阶段采用不同的冲洗液或抽水速率,可实现这种净化过程。例如,某区域可先用淡水冲洗,然后用表面活性剂,再用水除去残余的表面活性剂。淡水通常以较快的流速（30～320 gal/min）输送,这取决于含水层的渗透性,而表面活性剂和助溶剂则以较慢的流速如 6～32 gal/min 下输送。化学药品通常以一种浓缩形式输送,在修复场地位置上稀释,然后储存在容积为 10,000 加仑的大罐中。

表 6.6 废水处理和表面活性剂回收再集中方法

（a）表面活性剂溶液的净化过程

污染物去除过程	分离过程	潜在污染物	主要优点	首要问题
空气吹脱	废水接触蒸汽,污染物进入蒸汽	挥发物	花费低,有效果,可用于商业	可能需要防泡沫组分;另加水净化化学物质
液液分离	废水接触液体分离剂,污染物进入分离剂	挥发、半挥发无机物	广泛适用,无泡沫,污染最小	表面活性剂可进入分离液中,反之亦然
渗透汽化	组成为不透气的憎水性膜另一侧为真空;污染物进入膜中挥发到真空中	挥发物	无泡沫,污染物以浓缩的形式回收,能从表面活性剂中回收醇类	沉淀可能引起堵塞,膜渗透会产生泡沫
沉淀	改变废水性质实现表面活性剂的沉淀	挥发、半挥发无机物	一般不昂贵,处理污染范围广,分离的表面活性剂可重复利用	污染物会进入表面活性剂,表面活性剂可能会絮凝得不好

续表

(b) 表面活性剂回收/再集中过程

表面活性剂回收/再集中过程	分离过程	主要优点	首要问题
胶团强化超滤(MEUF)	表面活性剂通过膜,胶团留下了,而水膜、盐类/醇类穿过	低花费,可用于商业,有效回收表面活性剂胶团	没有效果,如果特定的表面活性剂的 CMC 较高或流入的表面活性剂的浓度较低
纳米过滤(NF)	表面活性剂通过纳米过滤膜,单体和胶团留下了	回收单体和胶团可用于商业	需要更高的压力(vs MEUF),易被污染
泡沫分离	泡沫由鼓吹空气通过表面活性剂溶液产生,然后分离,水结合,生成高浓度表面活性剂溶液	低花费,有效回收表面活性剂单体	如果流入的表面活性剂的浓度较高(根据 CMC 的数值),需要多次分离

助溶剂溶液的净化过程

污染物去除过程	分离过程	潜在污染物	主要优点	首要问题
蒸馏	分离过程 助溶剂溶液接触到气液平衡阶段,在填充或塔形柱内	挥发、半挥发无机物	带有设计公式的商业应用,可实现污染物、水双重去除,经济合理	高能耗、水醇共沸物的形成;蒸馏塔中污染物的去向(可能和助溶剂一起留下)
液液分离	与表面活性剂废液接触到,污染物进入分离液中	挥发、半挥发无机物	适用所有类型的污染物,在该领域有大量研究	溶液会进入分离液中,分离液会溶于助溶剂中
渗透汽化	与表面活性剂系统相同,污染物进入膜中,蒸发到真空中	挥发物	浓缩的形式回收污染物	需要大块膜面积,由于减弱助溶剂溶液中的污染物

表 6.7　表面活性剂和助溶剂的特性

表面活性剂	CMC(mg/L)
Witconol 2722	13
Triton X-100	130
Triton X-114	110
Triton X-405	620
Brij 35	74
Sodium docecyl sulfate	2 100
Synperonic NP4	23.7
Marlophen 86	32.5
Synperonic NP9	48.9
Marlophen 810	55.4
1∶1 Blend Rexophos 25/97，Witoonol NP-100	2 000

续表

表面活性剂		CMC(mg/L)	
助溶剂	密度(g/cm³)	黏度(cP)	水中溶解度(25℃)
甲醇	0.791	0.597	可溶
乙醇	0.789	1.2	可溶
1-丙醇	0.804	2.25	可溶
2-丙醇	0.785	2.5	可溶

（4）监测

使用监测井周期性取样来评估流速、污染物运移速率和净化效率。监测类型和频率完全依赖场地的特性，如污染物或土壤的类型。用于测定污染物浓度的方法基于污染物的类型。仪器改进后水质分析可使污染物检测精度达到万亿分之一的水平。

6.2.4　预测模型

基本上，任一模拟污染物质交换的数学模型均适用于原位冲洗法，其中由Brown 等人开发的 UTCHEM 是最全面的数学模型。表 6.8 列出一些已使用的其他模型。UTCHEM 是三维有限差分程序，能模拟多相、多组分系统及流体流动和物质交换；有 18 个运移成分，如表面活性剂、污染物和水能构成模型，且系统能包含四个阶段；UTCHEM 使用平衡状态特性和组成来计算特别状态的黏度、密度和表面张力。模型也解释表面活性剂的吸附作用、毛细管压力和相对渗透性。

表 6.8　用于原位冲洗系统设计的数学模型

参考依据	模型类型	目的	假设	局限性
Freeze, et al. (1995)	数学	对非均质土层的多相、多组分、三维建模适用性	平衡态，但学者认为非平衡手段也可用	依靠测量精度和准确的参数
Augustijn et al. (1994)	解析	模拟助溶剂提高净化，使用一维非平衡	非均质介质，初始条件处于平衡态，污染物平均分布	仅用于一维和非均质介质；依靠测量精度和准确的参数
Abriloa et al. (1993)	数学	模拟表面活性剂提高非平衡态 NAPL 的溶解	固定残余 NAPL 状态	仅用于一维；依靠测量精度和准确的参数
Mason and Kueper(1996)	数学	模拟表面活性剂提高非平衡态共用 NAPL 的溶解	固定残余 NAPL 状态	仅用于一维和非均质介质；依靠测量精度和准确的参数

续表

参考依据	模型类型	目的	假设	局限性
Reitsma and Kueper(1996)	数学	模拟醇类溢流来去除潜水面下的 DNAPL	固定残余 NAPL 状态	仅用于一维和非均质介质；依靠测量精度和准确的参数
Gao et al. (1996)	数学	碱性—表面活性剂—聚合物作用的三维模拟	适合的基本关系是必要的	依靠测量精度和准确的参数

Augustijn 等为助溶剂冲洗开发的另外一个模拟模型，是一个线性的运移模型（分析的），描述使用溶剂时污染物移动的模型。模型合并憎水有机污染物和助溶剂之间的关系和发生的吸附作用、可溶性和非平衡效果。助溶剂假定不吸收，且污染物假定在线性流下的均一的介质中。模型呈现出检测助溶剂的效果，未考虑非均匀流，假定冲洗液和吸收的污染物之间的初始条件是在平衡状态，且假定污染物均匀地分配在介质中。

6.2.5 改进或补充的技术

原位冲洗法也能处理包气带土壤。为此，冲洗液喷洒在地表，在重力作用下渗入污染的区域，如图 6.10 所示。原位冲洗过程本身基本上是抽水处理技术的改进和重点使用冲洗机制以完成污染物运移。原位冲洗过程也常常通过使用其他创新的净化技术来改进或提高。

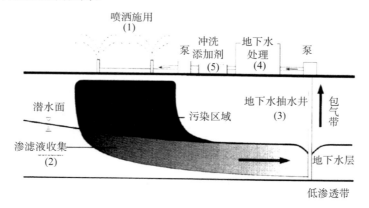

图 6.10 包气带原位冲洗简图

（1）生物净化可以完善原位冲洗过程，因为营养物质可注入冲洗液，然后打到地下以供给营养和增加现有微生物的数量。

（2）土体劈裂也可用于原位冲洗法处理细粒土，以促进冲洗液、土壤和污染物的相互作用。

（3）最近，电动力学技术和土壤冲洗相结合来治理被大范围污染的非均质土壤或低渗透性土壤。

（4）原位蒸汽注入净化也是基于土壤冲洗原理。在此，通过注入井把蒸汽注入地表下，促进污染物的挥发（图 6.11）。蒸汽的高温使污染物的状态变为可回收态（气相、液相分离和溶解相）。蒸汽也物理转换污染物状态，有助于净化，通过抽出井做进一步的地上处理。

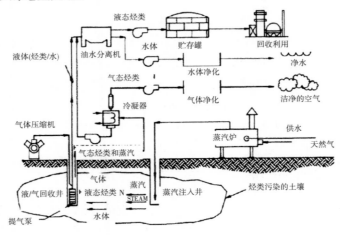

图 6.11 原位蒸汽注入简图

（5）原位化学氧化/还原或原位化学净化可当作原位冲洗技术的改进。在此，通过化学反应实现净化，如氧化或还原反应。它包括注入试剂来促进化学反应解除地下水中污染物毒性（图 6.12）。例如，过氧化氢（H_2O_2）与硫酸亚铁（Fenton 试剂）一起注入生成羟基自由基。羟基自由基氧化有机化合物生成二氧化碳、水和氯离子（在氯化烃中）。高锰酸钾（$KMnO_4$）或高锰酸钠（$NaMnO_4$）独自或与过氧化氢结合，可用来净化 VOCs、SVOCs 和 PCBs。氧化反应也可通过引入释氧化合物（ORCs）来达成。其他原位氧化剂包括臭氧和氯气，以气体形式注入地下水。化学还原反应也可用来净化地下水污染。例如，六价铬可还原为三价铬，通过使用还原剂如二价铁、铁单质以及多硫化钙。

化学氧化可以处理石油烃、BTEX（苯、甲苯、乙苯、二甲苯）、酚类、MTBE（甲基叔丁基醚）、含氯有机溶剂、多环芳烃、农药等大部分有机物；化学还原可以处理重金属类（如六价铬）和氯代有机物等。

应用时应注意：（1）土壤中存在腐殖酸、还原性金属等物质，会消耗大量氧化剂；（2）在渗透性较差的区域如黏土），药剂传输速率可能较慢；（3）化学氧化/还原过程可能会带来产热、产气等不利影响；（4）化学氧化/还原反应受 pH 值影响较大。

通过向土壤或地下水的污染区域注入氧化剂或还原剂,通过氧化或还原作用,使土壤或地下水中的污染物转化为无毒或毒性相对较小的物质。常见的氧化剂包括高锰酸盐、过氧化氢、芬顿试剂、过硫酸盐和臭氧。常见的还原剂包括硫化氢、连二亚硫酸钠、亚硫酸氢钠、硫酸亚铁、多硫化钙、二价铁、零价铁等。影响原位化学氧化/还原技术修复效果的关键技术参数包括药剂投加量、污染物类型和质量、土壤均一性、土壤渗透性、地下水位、pH值和缓冲容量、地下基础设施等。

(6)原位固定与化学处理类似,包括化学药品或者试剂的注入,与金属、放射性污染物相互作用并转变为不动的形式(沉淀物)(图 6.13)。

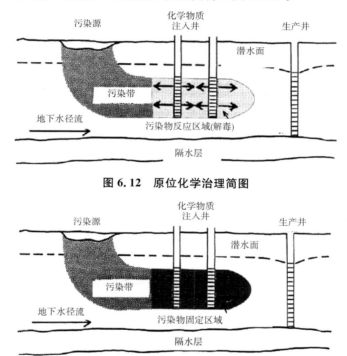

图 6.12 原位化学治理简图

图 6.13 原位固定简图

6.3 可渗透反应墙

6.3.1 技术特征

可渗透反应墙(PRB),又称处理墙、被动处理墙或者渗透墙,是一种当地下水流过该渗透墙时能够降解或固定地下水中污染物的处理技术(图 6.14)。渗透墙是在被污染地下水的流动路径上建造一种沟槽,并在其中加入反应介质。当污染水流过可渗透反应墙时,污染物质则被固定住或被转化为无毒的物质。因此,渗透墙不是针对地下水,而是针对污染物的一种构筑物。

渗透墙中主要反应介质包括降解挥发性有机化合物的反应介质、固定金属的螯合剂或促进生物修复的营养盐和氧气。这种介质常和多孔介质混合,比如沙粒,有助于地下水流过渗透墙。一个渗透墙可以被安装成一个连续反应墙或漏斗与门系统(图 6.15)。一个连续反应墙由一个含有渗透反应介质的反应槽组成。漏斗与门系统有非渗透的区段,称为漏斗,它可将被捕获地下水引至渗透区段,即门。漏斗墙可与门处于同一直线,或者其他几何形态,这取决于场地条件(图 6.16)。漏斗与门形态和结构可更好地控制反应槽的布局和水流捕获。在地下水为非均匀流动的区域,漏斗与门系统可以允许反应槽被含水层中更具渗透性的部分取代。在污染物非均匀分布的区域,漏斗和门系统可以更好地使进入反应槽的污染物浓度均匀化。具有多级门的系统也可以在具有相对较宽流面和较高流速的区域用来保证水流的滞留时间充足(图 6.17)。如图 6.17(a)是具有两级安放成沉箱的门的漏斗和门系统,而图6.17(b) 是一个具有在门里两种反应介质呈串联状的漏斗和门系统。PRB 被安装成与污染物流径相交的永久性、半永久性或可替换性装置。

表 6.9　PRB 结构类型

项目	结构类型	备注
连续反应墙	连续式	必须足够大以确保整个污染水羽都通过 PRB
漏斗-通道系统	单通道系统	用低渗透性隔墙引导污染水羽
	并联多通道	适用于宽污染地下水羽的处理
	串联多通道	适用于同时含多种类型污染地下水羽处理

PRB 可以处理水中多种污染物质,包括有机物和无机物(表 6.10)。反应介质必须要为水中存在的有待净化的物质而特制。某些反应介质及其应用见表6.10。有机污染物如二氯甲烷(DCM)、三氯乙烯(TCE)、四氯乙烯(PCE)、苯系物(BTEX)、硝基苯(NB)、二氯乙酸盐(DCA)、三氯醋酸盐(TCA)、多氯联苯(PCB)和多环芳烃(PAH)均可在渗透墙被降解或者吸附。可以用来降解有机物的反应介质有零价铁、铁卟啉(Ⅱ)、静息状态的微生物和二硫酸盐,而对有机物起吸附作用的介质有沸石,有机膨润土和活性炭。具有吸附、析出或降解污染物作用的渗透墙也可以处理无机物,包括重金属(如 Cr、Ni、Pb、Cd、Zn 和 As),放射性同位素(如 U、Tc、Se 和 Co)、硝酸盐、硫酸盐以及磷酸盐。可以用来吸附无机物的介质有泥炭、膨润土、沸石,而可以用来降解无机物的有零价铁、二硫酸盐和石灰石。木屑可以用来降解硝酸盐。无机污染物的一个突出特点就是会和反应介质发生氧化还原反应,同时还会和地下水中普通的成分形成固体沉淀,如碳酸盐、硫化物和氢氧化物。没有参加氧化还原反应的无机物应该有较高的亲和性以至于被反应介质吸附。反应墙的理想场地条件是有渗透性土壤、在地表以下 50 英尺以内的污染物质

以及具有流速相对较高的地下水。

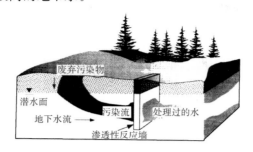

图 6.14　污水处理的渗透性反应墙

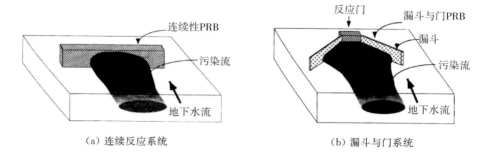

（a）连续反应系统　　　　　　　　　（b）漏斗与门系统

图 6.15　PRB 的基本阵型

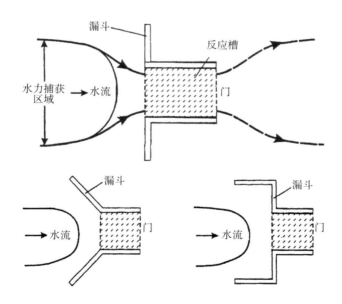

图 6.16　漏斗与门系统不同的几何形态

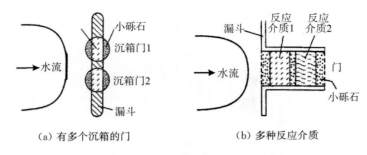

（a）有多个沉箱的门　　　　（b）多种反应介质

图 6.17　有多个反应槽的 PRB 的几何形态

这个系统的主要优点在于：

（1）不需要抽水泵以及地表处理，墙在安装之后即可被动地起处理作用；

（2）没有需要在地表安装的装置，因此有影响的物质可在其被净化之后投入生产使用；

（3）PRB 可以改善以至于处理各种类型的污染物质；

（4）反应介质通常被使用得很慢，因此可被用来进行几年甚上十年的处理污染水流；

（5）运营成本除了现场监测外都很低；

（6）没有处理成本或成功处理废弃物的设备。

PRB 的缺点：

（1）相对于其他处理方法（如原位净化和地下水曝气）来说，PRB 的处理时间较长；

（2）反应介质可能逐渐失去反应活性，需要替换；

（3）反应介质的渗透性可能逐渐降低，这取决于生物堵塞和/或化学沉淀作用；

（4）水流流经 PRB 时，在流态上可能存在季节性变化；

（5）目前只能在浅部处理；

（6）PRB 的寿命还是未知。

6.3.2　技术原理

PRB 中的基本处理过程取决于反应介质的使用。在选择反应介质时，除了降解或固定地下水中污染物质外，其他因素也应考虑，这些因素有：（1）反应介质引起的不良反应和产生有毒性的副产物，这需要对反应介质的性质以及其和污染物质的相互作用有全面的了解；（2）为了有较长的寿命，反应介质不能是易溶的或易在反应中变质的；（3）反应剂用适度的价格就能买到；（4）反应介质在处理污水的过程中不改变墙的渗透系数；（5）在放置介质的过程中人员能安全操作。

反应介质的选择主要取决于要被处理的污染物质类型(表 6.10)。反应介质对污染物的处理是通过吸附作用、沉淀作用以及降解作用实现的。吸附作用是通过将污染物物理吸附到反应介质的表面,从而将污染物从地下水中除去的作用。吸附剂有膨润土和活性炭等。沉淀作用使地下水中的污染物质形成沉淀,不溶物质在墙里析出。沉淀作用常用来处理金属污染物,例如,石灰石可用来分离墙里的酸,从而使其沉淀析出;铬($Ⅵ$)可在还原剂的作用下转换为铬($Ⅲ$)。降解作用使用如铁屑之类的反应介质将污染物质分解成无毒性物质。如果反应介质是营养盐和氧气源混合物,可以刺激地下水中微生物的活动,那么微生物会将污染物降解为无毒性物质,这样,降解作用仍可以完成。

很多 PRB 的研究都是关于零价金属运用,尤其是纯金属的铁和粒状铁,F(O),是一种处理地下水中有机氯化物如三氯乙烯(TCE)和四氯乙烯(PCE)等的反应介质。零价铁深受欢迎,因为废铁的价格便宜(约 \$300～400 每吨),且其量多易得。购得的铁中,存在粒径为 0.25～2 mm 的晶粒,容重为2.6 g/cm^3,比表面积 1 m^2/g,渗透系数为 0.05 cm/ s 的常用作反应介质。随着铁质在反应槽中被腐蚀,其电子活动可使氯化合物转变成无毒的物质。粒状铁在这过程中被溶解,但是金属损耗得很慢。如果地下水在进入反应槽的时候溶入了氧气,铁会被氧化,同时形成氢氧根离子。这个反应过程很快,因为当地下水进入反应槽的时候,溶解氧和氧化还原电位都减少得很快。这个反应的重点是氧气可以很快地腐蚀反应槽中铁的表面。在含氧量高的情况下,铁易转化为三价铁羟基氧化物(FeOOH)或者氢氧化铁(Fe(OH)$_3$)析出,这样,在水流末端的反应槽的表面,渗透性会相对降低。因此,地下水中的溶氧对该技术是不利的。然而,大部分区域的污染水其含氧量还是不高的。不过,工程治理可以在地下水进入反应槽前降低或者排除其中的氧气。

一旦氧气被排除,就会导致其他一系列反应。有机氯化物如三氯乙烯(TCE)就是因为含有氯气而在有氧的环境下形成的。铁,是一种较强的还原剂,它与有机氯化物的反应是通过电子转移实现的,在这过程中乙烯和氯气是基本产物。在一项研究中发现,乙烯和乙烷(比例 2∶1)可占原三氯乙烯(TCE)质量的 80% 以上。降解作用中脱氯反应的部分副产物,如其中顺-1,2-二氯乙烯(c-DCE),反-1,2-二氯乙烯(t-DCE),1,1-二氯乙烯 b1-DCE 和氯乙烯(VC)只占三氯乙烯(TCE)质量的 3%。其余副产物还有烃类(Cl～C4)如甲烷、丙烯、丙烷、1-丁烯以及丁烷。

零价铁的使用也可以还原和沉淀无机阴离子如 Cr($Ⅵ$)、Se($Ⅵ$)、As($Ⅲ$)、As($Ⅴ$)和 Tc($Ⅶ$)等。Cr($Ⅵ$)还原机制已经被广泛地研究,Cr($Ⅵ$)被 Fe(O)还原的反应以及 Cr($Ⅲ$)和 Fe($Ⅲ$)的沉淀作用生成羟基氧化物的总反应如下:

表 6.10　PRB 中不同反应介质对污染物的处理

污染物质	渗透墙的作用类型	反应介质
有机物		
DCE,TCE,PCE BTEX 硝基苯 DCA,TCA PCBs,PAHs	降解作用	零价铁
		铁卟啉(Ⅱ)
		静息状态的微生物
		释氧化合物
		二亚硫酸盐
	吸附作用	沸石
		表面活化硅酸盐
		有机膨润土
		活性炭
无机物		
重金属(Ni,Pb,Cd,Cr,V,Hg) 放射性同位素(U,Ra,Sr,Cs,Tc) 硝酸盐	吸附作用	泥炭
		三价铁羟基氧化物
		膨润土
		沸石和改性沸石
		壳聚糖颗粒
	沉淀析出作用	羟基磷灰石
		零价铁
		二硫酸盐
	降解作用	石灰或石灰石
		木屑

$$CrO_4^{2-} + Fe + 8H^+ \Longrightarrow Fe^{3+} + Cr^{3+} + 4H_2O$$
$$(1-x)Fe^{3+} + xCr^{3+} + 2H_2O \Longrightarrow Fe_{1-x}Cr_xOOH(s) + 3H^+$$

　　还有一些其他类型渗透墙处理污染物的过程和机制,包括阴离子在生物介导下的沉淀析出;无机阴离子在所选的反应介质作用下吸附和沉淀析出;无机阳离子包括金属和放射性核素,如 Cd、Co、Cu、Mn、Ni、Pb、Zn 和 U(Ⅵ),在铁元素的还原作用下形成沉淀;以及生物介导下阳离子发生的还原和沉淀作用。除了零价铁之外,用来使无机物沉淀析出的反应介质还有连二亚硫酸钠(NaS_2O_4,保险粉)、聚硫化物或二硫化物的混合物和石灰石($CaCO_3$)以及具有类似微生物还原金属并使其沉淀析出能力的有机材料(如叶子和木屑)。表面被修饰的沸石也可以用来吸附无机污染物,让它固定。

6.3.3　系统设计和实施

（1）一般设计方案

PRB 的一般设计方案包含以下步骤：（1）场地评价；（2）反应介质的选取；
（3）处理能力的测试；（4）PRB 的电脑模型设计；（5）PRB 的安置；（6）性能监测。
图 6.18 可以用来判断对于特定场地使用 PRB 的适宜性。

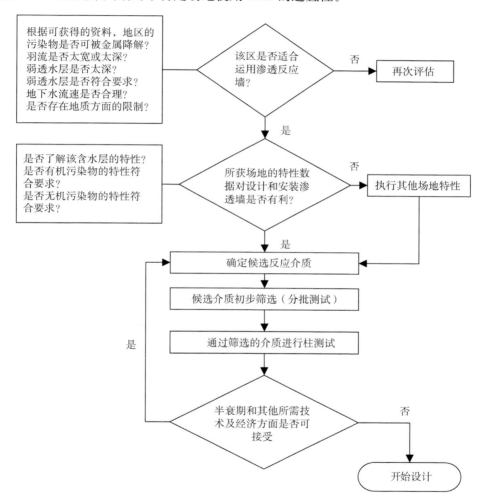

图 6.18　一般的 PRB 设计流程

如果初步评估表明这个场地条件适合，就可以进行详细的场地评价，来测定含
水层和地下水的特性参数。含水层的特征包括地下水的深度、弱透水层的厚度、含
水层的厚度及连续性、地下水的流速、水平向和垂直向的水力梯度、地层岩性/各向
异性、各层的渗透系数和孔隙率；地下水特征包括水流的维数和水流的组成成分、

有机物和无机物两种污染组分。其他参数还有 pH 值、氧化还原电位、溶解氧也要测定。

一旦场地评估完成了,就需要选择有潜能的反应介质。反应介质可以基于以下原则进行选择:反应活性、水力特性、稳定性、不污染环境的副产物、可用性和价格。反应介质的反应活性需要保证污染物在合理的滞留时间内被降解或固定住。反应介质降解或固定污染物的反应效率越高,这种介质就越好。水力特性需要使被污染的地下水可以轻易地流经反应介质。一般的,高反应率的介质粒径较小,比表面积较大,而渗透系数高的介质往往粒径较大。因此,反应介质要较稳定,即它们能较长时间地保持自己的反应活性和渗透系数稳定。在降解或固定污染物的过程中产生的副产物要对环境无毒无害,任何选定的反应介质还要价格合理,易购得。

一旦有潜能的反应介质被选择,就可以做可行性研究以得到污染物和特定场地的设计资料。批量试验是为了筛选反应介质,而柱试验是采用被选用的反应介质和场地中具有代表性流速的地下水进行。在这个试验中,通过一个水泵、介质和场地地下水匀速地流向柱的尾部,使柱中充满了反应介质和场地地下水。典型的柱装置及原理如图 6.19。污染物的浓度在进口、出口及沿柱的采样口会被定期地测定。对于每一次不同流速的柱试验,污染物浓度都描述成一个与沿柱距离有关的函数。流速用来计算流体在每一个采样部位的断面的滞留时间,浓度在流动过程中变化可用一阶方程表示:

$$c_t = c_0^{-kt} \tag{6.2}$$

式中:c_t——污染物在 t 时刻的浓度;

　　c_0——污染物的初始浓度;

　　k——一阶反应速率常数;

　　t——时间。

方程(6.2)还可写成如下形式:

$$\ln \frac{c_t}{c_0} = -kt \tag{6.3}$$

$\ln(c_t/c_0)$ 除以 t 就得到 k 的值,初始浓度减少一半 $(c_t/c_0 = 0.5)$ 所用的时间是半衰期 $(t_{1/2})$,$(t_{1/2})$ 和 k 的关系如下:

$$(t_{1/2}) = -\frac{0.693}{k} \tag{6.4}$$

用铁元素做反应介质时,污染物的半衰期见表 6.11,如果知道一种污染物的半衰期,那么 k 就可用下式表示:

$$k = -\frac{0.693}{(t_{1/2})} \tag{6.5}$$

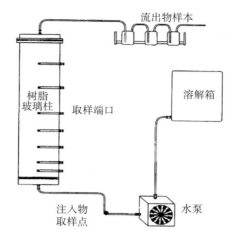

图 6.19　小规模柱装置及原理图

PRB 所需的滞留时间（t_{res}）则可用下式计算：

$$t_{res} = \frac{1}{k}\ln\frac{c_i}{c_e}$$

(6.6)

式中 c_i 是流入的浓度，c_e 是理想的流出浓度。然而，这里没有估算降解副产物所需的理想滞留时间。例如，假设污染物是 TCE，降解它产生的副产物为 1,2 - DCE 和 VC，则设计滞留时间是让所有的副产物达到处理目标所需的最长时间，如图6.20。如果场地条件太复杂而在柱状试验中无法模拟，就需要现场初步试验。墙的几何形态可以基于所需最大滞留时间来设计。墙的宽度（W）可用下式计算：

$$W = vt_{res}$$

(6.7)

式中，v 是地下水流经 PRB 时的流速。

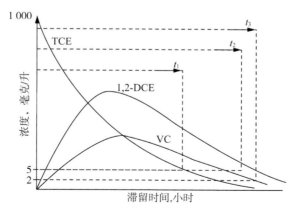

图 6.20　有机化合物滞留时间的估计

表 6.11　标准化至每毫升溶液 1 m² 铁表面积的有机化合物的半衰期

有机污染物	纯铁 $t_{1/2}(hr)$	工业纯铁 $t_{1/2}(hr)$
甲烷类		
四氯化碳	0.02,0.003,0.023	0.31—0.85
三氯甲烷	1.49,0.73	4.8
三溴甲烷	0.041	—
乙烷类		
六氯乙烷	0.013	—
1,1,2,2-四氯乙烷	0.053	—
1,1,1,2-四氯乙烷	0.049	—
1,1,1-三氯乙烷	0.065,1.4	1.7—4.1
1,1-二氯乙烷	—	—
乙烯		
四氯乙烯	0.28,5.2	2.1—10.8,3.2
三氯乙烯	0.67,7.3—9.7,0.68	1.1—4.6,2.4,2.8
1,1-二氯乙烯	5.5,2.8	37.4,15.2
反-1,2-二氯乙烯	6.4	4.9,6.9,7.6
中顺-1,2-二氯乙烯	19.7	10.8,33.9,47.6
氯乙烯	12.6	10.8,12.3,4.7
其他		
1,1,2-三氯三氟乙烷(氟利昂 113)	1.02	—
1,2,3-三氯丙烷(1)	—	24
1,2-二氯丙烷(5)	—	4.5
1,3-二氯丙烷(5)	—	2.2
1,2-二溴-3-氯丙烷	—	0.72
1,2-二溴乙烷	—	1.5—6.5
二甲基亚硝胺	1.83	—
硝基苯	0.008	—
无明显降解		
二氯甲烷,1,4-二氯苯,1,2-二氯乙烷,氯甲烷		

采用场地特征和处理的可能性有关数据来设计 PRB。一般地,地下水流动模型(如 MODFLOW)和地球化学模型(如 MINTEQA2,PHREEQC,以及 EQ3/

EQ6)可用来帮助选择反应墙的较优位置、反应墙的形态（连续反应墙或漏斗和门系统）以及反应墙的维数,这些取决于对 PRB 的长期性能的预测。这包括估计水力截获带和潜在的沉淀物所引起的流量变化。这个模型也对设计合理的监测方案有帮助。根据实验室动力学数据和水流基本知识以及修复目标,可利用简单的计算来估计水流每单位截面所需反应介质的重量。

设计的下一步就是选择安置技术,一旦墙的安装完成,PRB 性能监测也就选择出来了;最后,评估 PRB 的经济可行性,这包括估算基本建设费用和运作及维护费用,这些花费和其他潜在技术花费的对比显示了使用 PRB 的经济效益。

（2）关键技术参数或指标

主要包括 PRB 安装位置的选择,结构的选择、埋深、规模,水力停留时间、方位,反应墙的渗透系数,活性材料的选择及其配比。

① PRB 安装位置的选择:第一步,通过土壤和地下水体取样、试验室测试研究、现有数据整理,圈定污染区域,其范围应大于污染物羽流,防止污染物随水流从 PRB 的两侧漏过,建立污染物三维空间模型,然后选择计算范围,进而建立污染物浓度分布图;第二步,通过现场水文地质勘察,绘出地下水流场,了解地下水大体流向;第三步,根据地下水动力学,探讨污染物的迁移扩散方式和范围,在污染物可能扩散圈的前端划定 PRB 的安装位置;第四步,在初定位置的可能范围进行地面调查。

② PRB 结构的选择:对于比较深的承压水层,采用灌注处理式 PRB 比较合适;而对于浅层潜水,可采用的 PRB 形式多种多样。此外,还应考虑反应材料的经济成本问题,若用高成本的反应材料,可采用材料消耗较少的漏斗-导水门式结构;若使用便宜的反应原料,宜选用连续式渗透反应墙。

③ PRB 的规模:根据欧美国家多个 PRB 工程的现场经验可知,PRB 的底端嵌入不透水层至少 0.60 m,PRB 的顶端须高于地下水最高水位;PRB 的宽度主要由污染物羽流的尺寸决定,一般是污染物羽流宽度的 1.2～1.5 倍,漏斗—导水门式结构同时取决于隔水漏斗与导水门的比率及导水门的数量。考虑到工程成本因素,当污染物羽流分布过大时,可采用漏斗—导水门式结构的并联方式,设计若干个导水门,以节省经济成本和减少对地下水流场的干扰。

④ PRB 水力停留时间:污染物羽流在反应墙的停留时间主要由污染物的半衰期和流入反应墙时的初始浓度决定。污染物的半衰期由室内柱试验确定。

⑤ PRB 走向:一般来说,反应墙的走向垂直于地下水流向,以便最大限度截获污染物羽流。在实际工程设计中,一般根据以下两点确定反应墙的走向:（a）根据长期的地下水水文资料,确定地下水流向随季节变化的规律;（b）建立考虑时间因素的地下水动力学模型,根据近乎垂直原理,确定反应墙的走向。

⑥ PRB 的渗透系数:一般来说,反应墙的渗透系数宜为含水层渗透系数的 2

倍以上,对于漏斗—导水门结构甚至是 10 倍以上。

⑦ 活性材料的选择及其配比:反应介质的选择主要考虑稳定性、环境友好性、水力性能、反应速率、经济性和粒度均匀性等因素。PRB 处理污染地下水使用的反应材料,最常见的是零价铁,其他还有活性炭、沸石、石灰石、离子交换树脂、铁的氧化物和氢氧化物、磷酸盐以及有机材料(城市堆肥物料、木屑)等。

(3) 设备

安装 PRB 需要进行试验,试验的类型取决于安装方法的类型。不需要工后设备,阶段性监测需要标准设备。PRB 安装方法有① 传统的基坑开挖;② 挖槽机;③ 管浇筑/芯浇筑;④ 深土搅拌;⑤ 高压喷射;⑥ 纵向压裂和出砂压裂。这些安装方法的对比见表 6.12。

传统的基坑开挖可用标准设备,如用来挖槽的反铲挖沟机、挖掘机和起重机。槽挖 35 英尺可以用挖掘机和反铲挖沟机,但如果要更深则要用装了抓斗的起重机。极浅的槽在回填之前会保持打开状态,但更深的槽则要槽箱或泥浆来保持打开状态。如果挖掘机只开挖了 30 英尺浅的槽,就可以用槽箱,而泥浆则用于更深的槽。能进行生物降解的聚合物可以用于连续反应墙或漏斗与门系统中门的部分,膨润土泥浆可用于漏斗部分,槽包含反应介质的材料回填。

表 6.12　不同 PRB 安置技术的对比([a]HOPE,高密度聚乙烯)

安装技术	最大深度(英尺)	供应商报价成本	备注
非渗透墙技术			
土-膨润土泥墙			
标准反铲挖掘机	30	$2~8/ft²	需要一个大的工作区域提供给回填需要的混合搅拌。产生一些挖沟弃土。采用反铲挖掘机会相当便宜
改进反铲挖掘机	80	$2~8/ft²	
抓斗式挖掘机	150	$6~15/ft²	
水泥-膨润土泥墙			
标准反铲挖掘机	30	$4~20/ft²	产生大量的挖沟弃土。比其他的泥墙要贵得多
改进反铲挖掘机	80	$4~20/ft²	
抓斗式挖掘机	200	$16~50/ft²	
渗透或非渗透墙技术			
以沉箱为基础的安置	45+	NA	不需人进入挖掘机;相当便宜
以芯棒为基础的安置	190	$7/ft²	便宜且生产效率高。多数空隙空间都可成为反应槽
连续挖掘	35~40	$5~12/ft²	高生产效率;高动员费
喷射注入	200	$40~200/ft²	安装墙的同时也有埋葬的效用
深土搅拌	150	$80~200/yd³	对于渗透墙来说性价比不高。圆柱直径 3~5 英尺

安装技术	最大深度（英尺）	供应商报价成本	备注
静水压裂	80～120	$ 2 300 per fracture	可在深处安装。破裂 只能到 3in. 厚
喷射切锯成槽	50	$ 3～4/ft²	用于非渗透墙
震动成槽	100	$ 7/ft²	只能成 6in. 宽的槽

挖槽机器，常用来安装地下管线，可以挖深达 30 英尺的槽。这种方法是：开槽是用连接到链锯切带装置的槽箱实现的，槽箱在切割链的后面被拉动，连接在槽箱顶部的漏斗里面可以装反应材料，将材料注入槽中。

管浇筑/芯浇筑安装方法是用有静水压力或包含一个振动打桩机的不回收套筒靴驱动一个中空的矩形管，随后管子可以装干的粒状材料或混合反应材料的泥浆，然后管子被从驱动靴中提取出来，补充材料在地面。这个过程沿着 PRB 的长度方向不断重复并充分覆盖。

深土搅拌是用大的钻孔机就地边搅拌泥土边往内注入反应剂，这种安装方法会需要大量的反应介质，可用高压喷射来注入反应介质，即使用钻柱里的喷射管，通过这个喷射管，泥浆形式的反应介质即可在高压下被注入，钻柱以预期的速度取出，产生大直径的渗透反应区域。

纵向压裂是先利用钻孔来产生破裂，然后抽取泥浆形式的反应介质到这些破裂处，以产生一个反应介质的连续墙。另一方面，出砂压裂是用泥沙做支撑剂的高压破裂，随后注入泡沫状的反应介质。

（4）主要实施过程

① 对于深度不超过 10 m 的浅层 PRB，在污染羽流向的垂向位置，使用连续挖沟机进行挖掘，并回填活性材料，同时设置监测井、排水管、水位控制孔等，最后在墙体上覆盖土层。也可采用板桩、地沟箱、螺旋钻孔等挖掘方式。② 对于深度大于 10 m 的 PRB，有多种方式进行开挖和回填。由于深度较大，回填时常采用生物泥浆运送反应材料，通常是采用瓜尔豆胶，并在混合物中添加酶，可以使瓜尔豆胶在几天内降解，留下空隙，形成高渗透性的结构。采用该胶时，安装前先测试地下水的化学性质是否与反应材料和生物泥浆的混合物相适合，以确定生物泥浆能否在合适的时间内得到降解。

采用深层土壤混合法时，一般采用螺旋钻机进行钻挖和回填，随着螺旋钻在土壤中缓慢推进，将生物泥浆和反应材料的混合物注入并与土壤混合。在松散的沉积层中可将反应材料放置到地表下近 50 m 处。采用旋喷注入法时，将喷注工具推进到需要的深度，通过管口高压注射反应材料和生物泥浆，连续喷注一系列的钻孔形成可渗透反应墙。垂直水力压裂法是将专用工具放入钻孔中来定向垂直裂缝，利用低速高压水流，将材料注入土壤层，形成裂缝，由一系列并排邻近的钻孔水力压裂形成渗透反应墙。

（5）操作参数和监控

在很多安装方法中，反应介质都是以泥浆的形式被注入，这些泥浆都是将反应介质和能进行生物降解的稠化剂如瓜尔豆胶（一种天然的食品稠化剂）进行混合搅拌所得。在胶体材料和反应介质之间发生的反应需要进行仔细的评估。在 PRB 系统被安装完成后，它的完整性常用地球物理学方法或示踪试验进行检测。

一旦 PRB 系统被安装完成，系统就开始运作。因为它是一个被动的系统，因此在该区域不需主动地操作。然而，系统必须被监控以评估其捕获能力和对水流的处理能力，以确保顺梯度的水质是可接受的，评估渗透墙所达到的设计目标的程度，如在反应槽中的滞留时间，以及评估渗透墙的寿命。

一个监视系统由网状安装的监测井组成。监测井在安置设计时需保证从渗透墙突破而过或者绕过的污染物被探测到。监测井坐落在上游及下游还有渗透墙之内。可能的监测井布置阵型见图 6.21，实际的安置取决于特定场地的特征。

对于监测和分析 PRB 区域，下列参数非常重要：

① 污染物浓度和分布；

② 副产物和反应中间产物的存在；

③ 地下水流速率和水压力等级；

④ 反应墙的渗透性评估；

⑤ 地下水质量参数，如 pH 值、氧化还原电位和酸碱度；

⑥ 溶解于其中的气体浓度，如氧气、氢气和二氧化碳。

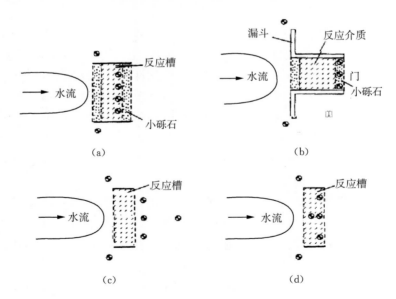

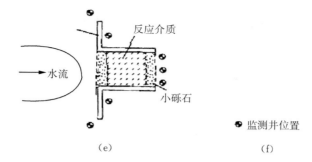

（e）　　　　　　　　　　　　（f）

图 6.21　PRB 监测井的阵型

表 6.13　PRB 现场及实验室监测参数

分析物或参数	分析方法	采样体积[a]	样本容器	保存	样品保持时间
现场参数					
水位	潜孔探测	无	无	无	无
pH 值	潜孔探测或流通电解池	无	无	无	无
地下水温度	潜孔探测	无	无	无	无
氧化还原电位	流通电解池	无	无	无	无
溶解氧	流通电解池[b]	无	无	无	无
比电导	现场仪表	无	无	无	无
浑浊度	现场仪表	无	无	无	无
盐度	现场仪表	无	无	无	无
有机分析					
挥发性有机化合物（VOCs）[c]	US EPA SW-846，方法 8240	40 mL	VOA 玻璃瓶	4℃，pH<2	14 天
				无 pH 值调整	7 天
	US EPA SW-846，方法 8260 a 或 b	40 mL	VOA 玻璃瓶	4℃，pH<2	14 天
				无 pH 值调整	7 天
	40 CFR，136 部分，方法 624	40 mL	VOA 玻璃瓶	4℃，pH<2	14 天
				无 pH 值调整	7 天
无机分析					
金属[d]：K，Na，Ca，Mg，Fe，Al，Mn，Ba，V，Cr^{+3}，Ni	40 CFR，136 部分，方法 200.7	100 mL	聚乙烯	4℃，pH<2 HNO_3	180 天
金属：Cr^{6+}	40 CFR，136 部分，HACH 方法	200 mL	玻璃、塑料	4℃	24 小时
阴离子：SO_4，Cl，Br，F	40 CFR，136 部分，方法 300.0	100 mL	聚乙烯	4℃	28 天

分析物或参数	分析方法	采样体积[a]	样本容器	保存	样品保持时间
NO₃	40 CFR,136 部分,方法 300.0	100 mL	聚乙烯	4℃	48 小时
碱性	40 CFR,136 部分,方法 310.1	100 mL	聚乙烯	4℃	14 天
其他					
矿化度(TDS)	40 CFR,136 部分,方法 160.2	100 mL	玻璃,塑料	4℃	7 天
总悬浮物含量(TSS)	40 CFR,136 部分,方法 160.1	100 mL	玻璃,塑料	4℃	7 天
总有机碳(TOC)	40 CFR,136 部分,方法 415.1	40 mL	玻璃	4℃,pH<2(H_2SO_4)	28 天
溶解性有机碳(DOC)	40 CFR,136 部分,方法 415.1	40 mL	玻璃	4℃,pH<2(H_2SO_4)	28 天
放射性核素					
现场筛选	HPGe γ 谱	无	无	无	无
	FIDLER				
总 α/总 β 活动(筛选)	气体比例计算	125mL[e]	聚乙烯[e]	pH<2(HNO_3)[e]	N/A[e]
指定同位素(Am,Cs,Pu,Tc,U)	α 谱,γ 谱	4L[e]	聚乙烯[e]	pH<2(HNO_3)[e]	6 个月[e]

[a]见样本容量的变化第 7.4 章,USEPA (2000a)。
[b]如果<1.0 mg/L,用现场成套的光度计分析。
[c]一旦化合物和分解产物的种类被识别,则 GC 法可被替代。
[d]其他具有媒介特性的金属材料。
[e]一般指南,该参数是一个实验室指定参数。

表 6.14 氯化溶剂污染物的 PRB 监测频率

参数	频率
安装之后的第一季	
现场参数	每月
有机分析物	每月
无机分析物	每月
地下水位	每周(直至达到平衡)
最初监控阶段(1~2 年)	
现场参数	每季
有机分析物	每季
无机分析物	每季
地下水位	每月(然后视情况而定)

续表

参数	频率
长期监测阶段	
现场参数	
有机分析物	每季（可基于操作稳定性减少）
无机分析物	
地下水位	
关闭监测阶段	
无机参数（铁和其他可滤取成分）	运作过程中数据采集时测定

表 6.15 无机和放射性污染物的 PRB 监测频率

参数	频率
安装之后的第一季	
现场参数	每月
有机分析物	每月
无机分析物	每月
放射性核素	每月
地下水位	每周（直至达到平衡）
最初监测阶段（1～2 年）	
现场参数	每季
有机分析物	每季
无机分析物	每季
放射性核素	每季
地下水位	每月（然后视情况而定）
长期监测阶段	
现场参数	
有机分析物	
无机分析物	每季（可基于操作稳定性情况而减少）
放射性核素	
地下水位	
关闭监测阶段	
主要的无机污染物	
可滤取成分活性介质	由 PRB 运行时的结束方法以及数据采集测定
主要的放射性核素	

　　PRB 监测参数均列于表 6.13,对参数的监测频率取决于场地条件。表 6.14 和表 6.15 分别是对污染物中氯化溶剂和污染物中无机物的 PRB 修复效果的建议监测频率。监测可确保水流被捕获并处理,也可以确定是否处理系统对地下水有不利的影响。系统中有污染物突破反应墙预示着反应介质需要更换了,地下水浓度的变化预示着沉淀的生成或反应介质的生物淤积,这个问题可以通过冲洗或更换介质得到解决。有机污染物被分解为无毒的化合物,然而,金属和放射性核素都被吸收沉淀于反应介质内。在长期条件下,反应介质的反应能力耗尽,存在污染物的解吸附和/或溶解的潜能,这就会导致地下水的再污染。很多寿命问题,包括反应介质的移除和清理,都需要解决。

6.3.4　预测模型

　　渗透墙的位置和结构可以用数学模型来进行优化,数学模型同时也可以用来评估渗透墙在不同情形下的长期性能,地下水及地球化学模型都可用于渗透墙的设计和性能的评估,地下水模型如 MODFLOW(连同粒子跟踪代码如 MODPATH)用于计算水流捕获区域范围和水流滞留时间。捕获区域的范围涉及的是即将流经反应槽或门的地下水区域范围而不是穿过墙的尾部或在它之下的地下水的区域范围。滞留时间是被污染的水在门里和反应介质接触的时间长短。模型结果可用于决定最优化的墙结构,这个结构具有有利的捕获区域范围和滞留时间以在任意场地条件下能有效地处理整个被污染的地下水。

　　地球化学模型用于预测地下水和反应介质之间的化学反应。模型的类型重点在于溶解的无机物成分。很多地球化学模型,如 MINTEQA2,假设反应平衡,这种假设对于渗透墙是合理的。模型如 EQ3/EQ6 包含反应速率常量,对于墙的设计非常适合。一般地,地球化学模型只能获得很有限的数据;因此,定量地预测反应产物是很困难的。模型结果一般用于在设计时预测不同反应介质的潜在的反应及其影响。此外,模型如 NETPATH 就用来解释水流途径中初始和终止水溶液都满足地球化学的质量守恒。NETPATH 可以帮助测定反应槽中材料变化的量以及在标准流速下化合物中无机化学反应所占的比率。

6.3.5　改进或补充的技术

　　PRB 技术可和其他技术组合使用。例如,在污染区土体劈裂可以提高地下水流经渗透墙时被修复的效率。如果反应介质包含微生物,它自身便成为生物除污工程。组合使用电动力学技术和 PRB 技术的尝试已经开始。

6.4 原位地下水曝气

6.4.1 技术介绍

地下水曝气是一种比较新的技术,在被挥发性有机物污染的饱和土和地下水的修复方面取得了一定的成功。储存石油制品的地下贮槽若渗漏,就会污染周围的土壤和地下水,这项技术就已经广泛应用于这类区域修复。在典型的区域系统中,如图 6.22,压缩空气被传输进一个管汇系统,管汇系统又传输空气到一排空气注射井,井把空气喷射进地下已知的污染最低点以下。在浮力的作用下,空气开始向地表上升,经过各种各样的机制,污染物被分隔成气相。当负载污染物的气体向地表上升时,最终会到达上层滞水带。在这里,被污染的空气会被土壤蒸汽提取系统(SVE)提取。地下水曝气也会增加地下水中的溶氧量,如果本污染区域含有微生物,则对污染物的氧化分解效率会得到提高。

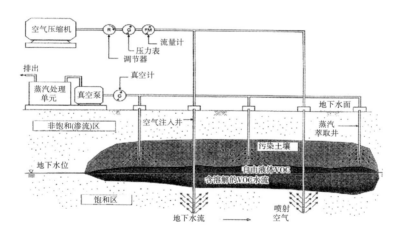

图 6.22 原位地下水曝气系统原理图(Reddy 和 Adams,2001)

地下水曝气可适用的理想条件列于表 6.16。地下水曝气可用于挥发性有机污染物(VOCs)的处理。作为地下水曝气目标的普通 VOCs 都是石油制品,包括汽油和它自身所含的苯类成分(苯、甲苯、乙苯、二甲苯)和氯化溶剂(如三氯乙烯 TCE 和四氯乙烯 PCE)。一种化合物如果被认为是可剥离的,它就可以通过地下水曝气进行修复,即亨利常数超过 $5 \sim 10$ atm · m^3/mol 以及蒸汽压力超过 1 mmHg。地下水曝气可以成功地用于修复溶解物和未溶于水的液体。

表 6.16 影响地下水曝气的因素

因素	参数	所需的范围或条件
污染物	挥发性	高($K_H > 1 \times 10^{-5}$ atm·m³/mol)
	溶解度	低(20,000 mg/L)
	生物可降解度	高($BOD_5 > 0.01$ mg/L)
	自由积的存在	无或在薄含水层
地质方面	土的类型	粗粒土
	各向异性	在喷射间隙没有隔水层,如果呈层状,则渗透性逐级递增
	饱和区的渗透性	若水平向:垂直向<2:1,则>1×10^{-5} cm²; 若水平向:垂直向<3:1,则>1×10^{-4} cm²
	渗透系数	>1×10^{-3} cm/s
	地下水深度	>5 英尺
	含水层类型	非承压含水层
	饱和厚度	3~5 英尺

注:$^a K_H$,亨利定律系数;BOD,生物的氧气需要量。

气流的形式归因于空气注入,受地层中的岩石控制。每个含水层中的土渗透能力需要进行评估,以确保产生有效的气流;土的渗透能力至少达到 3~10 cm/s 才能保证产生充分的气流。因为气流会受临近具有不同渗透性的含水层影响,所以每个含水层厚度和性能都需要确定。此外,与周围土壤性质不同的土,其中的透镜体和包裹体会影响气流和整个修复工程,因此须进行描述。当运用地下水曝气时,深度至少要为潜水面以下 5 英尺,但最成功的运用是至少 10 英尺。此外,地下水流速和方向也需预测,以确保地下水曝气系统设计为能阻止顺梯度污染物逃逸出处理区的形式。

地下水曝气技术的优点有:

(1)是一个原位技术,对场地的破坏程度最小,降低污染物对工人的危害;

(2)它适用于处理地下水中及毛细上升带中的污染物;

(3)不需要考虑地下水的搬运、储存或排泄;

(4)试验所需都很简单,也易安装和运作;

(5)只需较短的处理时间(1~3 年);

(6)总花费比传统的污水处理方法如抽水处理要便宜得多。

地下水曝气技术的缺点有:

(1)在低渗透能力和分层的土中,污染物对于地下水曝气修复是一个大的挑战;

(2)这种修复技术在承压含水层中不适用;

(3)气流动力学和污染物运移或降解过程还不是很清楚;

（4）如果设计不合理，那么就会导致先前未被污染的地区受到污染；

（5）在运用之前需要详细的数据和引导测试。

6.4.2　技术原理

地下水曝气的基础是气流动力学和污染物运输、转移和移动过程的原理。

（1）气流动力学

当空气注入地下时，空气会在毛细压力作用下进入孔内（孔的尺寸较大），然后产生一个更易通行的手指型通道，这归因于空气流速缓慢而液体流速较快。被注入的空气以气泡或微通道的形式穿过含水土层。在粗粒土层如细砾石，气流呈很明显的气泡形式。在较细粒土如砂土中，气流呈明显的微通道形式。气泡或微通道的密度取决于气流的注入比率。土的各向异性会影响气流的形态，这种影响难以忽视。

（2）污染物运输、转移和移动过程

空气在地下运动时，地下水曝气技术有它自己的各种各样的有效机制。机制可被分为三类：质量转化机制、质量转化机制和质量运移机制。质量传递机制包括挥发、溶解和吸附—反吸附，生物降解就是在地下水曝气时的质量转化机制。这三种质量运输机制由空气水平对流、弥散和扩散形成。地下水曝气是一个动力学过程，在不同的修复阶段，不同的机制会控制修复的比率和功效。每个机制的贡献在点到点之间也会变化，最后决定地下水曝气修复工程的效率。

在运用地下水曝气时，挥发作用属于主要运移机制，它被定义为将污染物从水相或非水相变为气相的分割作用。在地下水曝气过程中，被注入的空气提供了一个媒介和一个运输网，以协助这种分割的发生。另外，被注入的气体打破了原有的液相和气相的平衡。通过把气体从液体中提取出来，所导致的非平衡态会促使更多的污染物被分割成气相，污染物的气体压力越大，越容易发生挥发作用。然而，对于给定的污染物，在土中其挥发作用比其在液体中的要低两倍。

在地下水曝气的早期阶段，挥发作用是主要运移机制，但是它的重要性随着修复时间的增长而减弱。当开始注入空气时，在通道附近的污染物很容易挥发。如果在地下存在一个高密度的通道网，原来的污染物就会被高比例地移除和急速地减少。最终，由于通道附近的污染物被移除，污染物被驱使向通道扩散，随即移除的比率逐渐降低。因此，当浓度梯度降低至气液交界面，挥发作用和整个移除比率降低。

溶解作用也扮演了重要的角色，在挥发作用及最大限度地移除污染物中起了协助作用。在一个地下水曝气工程的初始阶段，当挥发作用起控制作用的时候，污染物的溶解由非水相液体转为水相，这在以后的时间里是一个控制性的因素。对于不同的污染物，溶解极限变化较大，但是即使化合物的溶解度很低，饮用水中最高污染物含量也比溶解限度低两倍。污染物的溶解限度常可以预示某种化合物是否可以及时地被移除。

越来越多的证据表明分解作用是一个不平衡的过程。有人建议需要对不平衡态进行描述，如孔隙水高流速、疏水性溶质、高弥散性、小量泄漏、大气泡、低的剩余饱和度和各向异性含水层。在地下水曝气结束后，地下又一次达到平衡态，剩余污染物额外的溶解作用发生，以至于增加了地下水的浓度。这个作用称为回弹。巴斯和布朗（1997）以下列方程式解释回弹：

$$回弹(rebound) = \frac{\ln(c_r/c_f)}{\ln(c_o/c_f)} \tag{6.8}$$

式中：c_r是后期监测的溶解态污染物浓度，c_f为最终的溶解态污染物浓度；c_0是初始的溶解态污染物浓度。如果回弹少于0.2，污染物浓度的长久性减弱的目标就达到了。

为了让地下水曝气修复成功，如果有机物或黏土存在于指定点位，那么就必须发生反吸附作用。尽管有机物质常被限制在土层的较上层，黏土还是存在于各个深度。如果反吸附作用以一个可接受的速率发生，地下水曝气就可以成功地修复被污染的饱和土壤。如果它没有发生，饱和土就会继续被污染，同时成为周围地下水的污染源。

修复过程很大部分都归功于生物降解作用，在后期的修复过程中，溶解态污染物浓度降低后，生物降解作用于具有较低流速、较多的污染物被高强度吸附的环境中。为了生物降解作用的实现，最理想的地下条件是必要的。合适的微生物数量或养分是生物降解作用的限制因素，而电子受体的类型通常是控制因素。生物降解作用中效率最高的电子受体是氧气。

当缺乏足够的氧气，地下处于缺氧的环境时，生物降解作用就会很弱。在缺氧的条件下，其他的地下电子受体就会被利用，在氧气做首选电子受体后，按功效降序排列，可以作为电子受体的物质依次是硝酸盐、三价铁、硫酸盐和二氧化碳。不管在缺氧条件下参数如何选择，地区检测表明硫酸盐是首选的电子受体。通过地下水曝气向地下注入氧气来产生有氧环境，需要的降解作用即可进行，在一些情况下，任何有效的生物降解作用都需要氧气。当向地下水注入空气时，氧气可达8～10 mg/L，纯氧注入可增至40 mg/L，注入过氧化氢可使氧气增至500 mg/L。

在地下水曝气工程中，蒸汽的平流运动取决于压力梯度。平流迁移取决于土的渗透性，土的渗透性反过来归结于土中晶粒的尺寸、晶粒尺寸的分布、土的类型和结构、土的孔隙率和土中水的含量。弥散是污染物在地下水或土壤气体中的混合或传播，归因于低速流动下的差异，土壤的渗透能力再一次影响弥散，因为孔的大小、通道长度和孔的摩擦力造成了低流速下的差异。

平流和弥散运动通过制造紊流来破坏饱和土,紊流是因为空气注入打破原有的平衡而产生的,这种运动可以在不连续孔隙被 NAPL 占据之前,让水进入不连续孔隙,同时也促使地下水流动或循环。这样的地下水运动通过将可溶解污染物从 NAPL 中迁移出来而促进溶解作用发生,产生浓度梯度,促使更多污染物的溶解。这个行为的类型也会帮助解吸附作用,因为浓度梯度被建立在土颗粒表面的附近,这个土颗粒表面吸附有污染物质。然而,当引起地下水紊流的时候,需要小心谨慎。尽管紊流可以协助达到预期的修复效果,过多的运动也会产生不期望的迁移,使污染物运移到原本未被污染的区域。此外,某些机制,尤其是吸附-反吸附是可逆的,对流—弥散将污染物限制在不连续孔隙内,同时也可以促进多余污染物的溶解。因此地下气流需要仔细地监控,才能使任何对流-弥散的消极作用最小化。

扩散是将困在不连续孔隙内 NAPL 移除的主要机制;须要有扩散,才能从被困点至其他有别的运移进程发生的区域发生运动。意思是将污染物从原来的点迁移至空气通道,以发生挥发或生物降解作用。土中气体的扩散十分重要,它可以决定空气或蒸汽运动的形式。此外,被限制的气体也可以因为扩散而被带走。

6.4.3 系统设计与实施

(1) 一般设计方法

图 6.23 给出了 IAS 系统的设计和实现流程。在设计一个地下水曝气系统之前,需要有一个详细的场地资料,以了解场地的水文地质条件和污染物情况。如果场地的污染物和水文地质条件有利于运用地下水曝气方法,就可进行初步试验。必须要建立一个概念模型来确保初步试验在符合的条件下进行。概念模型包括地下水曝气试验的位置和注入井的深度。初步试验的首要目标就是要快速了解地下水曝气的效能和建立它的可行性。

初步试验的设备和完整系统的设备相似。包括注入井、注射吹送器或水泵和辅助设备(如流体控制阀门)。表 6.17 列出了可用于初步试验的不同监测方法。初步试验提供关于区域影响(ZOI)的大概范围、最佳注入速率和压力以及废气处理的数据。

收集到的数据用于进行计算评估,当地下水曝气的可行性建立了,就可以根据结果全面地设计地下水曝气工程的安装和运行。通过初步试验结果可决定系统参数,如个数、间距和空气注射井的深度等。需要设计流体速率和压力以及土壤蒸汽提取系统的细节。除了初步试验的结果之外,数学模型可以帮助获取最优系统变量。

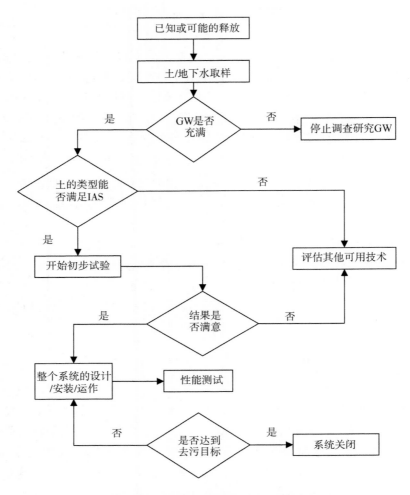

图 6.23　一般地下水曝气系统设计流程

表 6.17　初步试验监测方法

方法	可实施的安装	分析设备	结果
气流和注入的压力	端口在井头或管道汇合处	压力计量器,流速计或测风计,数据记录仪	明显的空气进入压力,井的容量,系统所需
中子热化	管道头的底帽 5-cm(2-in.)安置 40 个碳钢管	中子探测装置,计算器/检测器	饱和度的垂直剖面,ZOI
电阻层析成像	电极串与平行的 PVC 管相连,单个 1.5～7.5 m(5～25 ft)	电源,电流和电压表,分析器	动态电场中的饱和度,ZOI
时域反射法	刚波导管放入土壤钻孔底部	电脉冲发生器/探测器	波导器附近的饱和度
示踪气体	监测井,土中气体监测点,SVE井口	示踪气体探测器	ZOI,气流速度,捕获率

续表

方法	可实施的安装	分析设备	结果
溶解氧	电镀的安瓿,监测井	溶氧计,流通池,数据记录仪	溶氧的 ZOI
压力(非饱和区域)	监测井,土壤气体监测点	不同的压力计量器	非饱和区的气流 ZOI
压力(潜水面以下)	监测井,土壤气体监测点	不同的压力计量器	稳态气流的 ZOI
碳氢化合物废气浓度	SVE 井口,土壤气体监测点	FID, PlO;蒸汽取样装置	IAS 是否导致蒸发作用增加的证据
地下水位	监测井	压力传感器/数据记录仪	地下水丘,最优脉冲间隔

一旦系统被设计和实施,就需要监测系统的运作并确保运作充分。如果预期的功效没有达到,就需要进行改进,然后再重新评估。反复地改进设计直到地下水曝气系统达到预期的效果。原位地下水曝气系统的主要设计参数总结于表 6.18。

表 6.18 地下水曝气系统的设计参数

参数	范围
井的参数	2.5～10 cm(1～4 in.)
井的屏蔽长度	15～300 cm(0.5～10 ft)
井口在潜水面以下的深度	1.5～6 m(5～20 ft)
地下水曝气的流动速率	0.04～1.1 m³/min(1.3～40 ft³/min)
地下水曝气超压注入	2～120 kPa(0.3～18 lb/in² gauge)
IAS ZOI	1.5～7.5 m(5～25 ft)

(2)试验设备

一个空气压缩机用来将空气打入空气注射井。压缩机必须能在合适的空气压力下以适当的速率注入空气。被指定压缩机注入空气的井的数量取决于空气压缩机的大小。特别地,在现场时可用交互式或螺旋式压缩机。在调整器的控制下,空气以一定的流动速率和压力离开压缩机,它进入一个管道系统,这个系统可以将其输入注射井。因为空气离开压缩机时可能其温度会有所提高,这就需要在管道系统中采用橡皮软管或金属管道。阀门也安装在管道系统中,以向每个井中注入理想的空气量。

注射井常由直径为1～4英寸的PVC管组成,井管如果要注入蒸汽或热气时可用不锈钢管。典型的注射井结构如图 6.24。直径1～2英寸的PVC管常被使用,其安装廉价。安置井常需打钻,但是直接推入的方法可以节省大量开支。管井滤管被放置于污染物存在的最低点以下,以确保全面修复。一般地,现场的注入点低于污染物最低点约10英尺。井可以有效地把空气输入深达150英尺的地方,但是如果深度小于 40 英尺，那么就需要一些内嵌的井。管井滤管一般 1～3 英尺长。滤管在协助气体传输的同时也可帮助将堵塞降至最低。井被回填 6 英寸～2 英尺的砂或砾石，使其像一个过滤器，然后用膨润土将其密封来阻止空气从捷径到地表。其余的环形管用泥浆灌浆至地表，以增加密封性。注射井的间隔是一个很重要的设计参数。井的间隔要使这个污染区域都能被修复，它是基于初步试验的污染影响半径得到的。

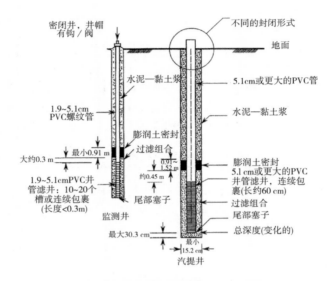

图 6.24　地下水曝气原理图/监测井的结构

一旦空气被注入地下，它会在浮力的作用下向地表迁移。最终，被污染的空气就会进入包气带。这时，就需要一个土壤蒸汽提取系统。土壤蒸汽的抽取给包气带提供一个真空环境以助于收集蒸汽。真空会促进蒸汽的收集，同时也帮助阻止不必要的外部迁移。用于土壤蒸汽抽取系统的设备和用于地下水曝气系统的设备相似，以一个真空泵代替空气压缩机即可。此外，如果土壤蒸汽抽取系统抽取的蒸汽很湿润，就需要一个脱水系统。抽取速率对于控制空气和污染蒸汽运移很重要。简单地说，抽取速率必须高于注入速率，才能阻止土压力累计增大。在现场运作时抽取和注入的速率之比常控制在 4∶1 和 5∶1。一般的抽取速率在每分钟 100～1 000 标准立方英尺。

（3）操作参数

第一个需要选择的是被注入地下的气体类型。在确保将氧气运输到地下以刺激生物降解作用方面，气体类型的选择非常重要。空气是在修复工程中最常用到的气体，空气廉价，不爆炸或燃烧。当空气被注入地下，地下水中的溶氧量会从一般的约 2 mg/L 增至 9～10 mg/L，因而可为生物降解作用提供适量的氧气。如果需要更高的溶氧量,则可注入纯氧或在其中添加了氧气的空气。当注入纯氧时,溶氧量可达 40 mg/L。

还有一个选择,就是注入臭氧,这个方法的运用在处理被污染的土壤或地下水方面渐增。注入臭氧则地下会发生臭氧化作用。臭氧化作用是一个高级化学氧化过程,它可以破坏复杂有机污染物使其成为稳定性较差或毒性较弱的分子。臭氧通过降解双键有机物来实现臭氧化作用。

水蒸气可以取代空气或氧气被注入地下,注入水蒸气可以升高地下温度,提高运移半挥发性有机化合物的效率,同时刺激微生物在较冷的土壤和气候中活动。在注入水蒸气的过程中,通过在三种相态下的平流和气相的多组分扩散的方式,污染物质发生运移,另外,利用水蒸气还可能使 NAPL 得到修复。

在决定了被注入的气体类型后,气体的速率和注入模式就需要决定了。一般的现场运作,气流速率在 2~16.5 ft³/min. 当使用了土壤蒸汽提取系统,注入的速率就需在 4~10 ft³/min. 当注入的是空气,可采用连续的或脉动的气流。脉动流是采用循环方式,注入中间会有短暂的停歇。在停顿时间过去后,空气又一次被注入,如此循环往复。脉动注入通过降低混合作用而提高运输效率。可使用频繁脉动来使地下氧气的功效达到最大。

当进行地下水曝气时,空气需在适当的压力下被注入。如果注入压力过低,就不能进入地下。如果注入压力过大,污染物会被驱使迁移到原本未被污染的地区。此外,注入压力过高,地下土体会隆起或被压裂。使空气进入地下所需的压力是注射点的静水压力、出井时产生的摩擦力及多孔介质中两种液体交界面的毛细压力之和。需要每英寸一磅压力来克服注入点之上每 2.3 英尺的静水压力。必须要克服的毛细压力或空气入口压力,其范围在粗砂土中几厘米水头压力到低渗透性黏土里几米水头压力之间。

当使用土壤蒸汽提取系统时,能被收集到的被污染蒸汽必须被处理。流出的废气通过扩散排气管,被释放进入大气。当需要处理蒸汽时,较好的选择为采用活性炭吸附。蒸汽经过活性炭基体,有效地将污染物从废气中移除。在运用时可采用新鲜活性炭或被改良的炭。热焚烧是另一种处理方法。用 1 000~1 400 ℉的温度来破坏污染物,污染物的破坏比率达 95%~100%。需要注意,不要超过爆炸限度;这可以通过稀释蒸汽或在蒸汽中混合新鲜空气的方法避免。采用催化氧化技术时需要较低的温度,因为使用了催化剂,温度需降低到 600~800 ℉。这个方法可使污染物的破坏率达 85%。此外,如果排除的蒸汽条件合适,就可在处理蒸汽的时候使用内燃机提供能量。

(4) 监测

需要获取下列参数:

① 含水层中的压力,需要维持这个压力以确保空气供应。

② 比较修复前和地下水曝气修复后的氧气和二氧化碳溶解量,以对修复工程进行评估。

③ 在修复过程中被提取到空气中的污染物。

④ 气流及空气通道的分布密度、喷射井周围喷射空气的分布和到达处理区的程度。

⑤ 微生物的密度和数量,以确保生物降解作用达到预期目标。

⑥ 压缩机的运作,以确保连续的工作并能提供足够的压力往每个井中运输足量的气流。

⑦ 估算潜水面高度的变化,以确保过滤管和压缩机的安放位置和压力的选择。

⑧ 在空气和地下水中的提取速度和污染物浓度,是为了在修复的过程中进行数据比较,以提供地下水曝气所需的有利数据。

地下水曝气修复的速度很快,一般在两年以内。修复效率可用下式计算:

$$修复效率 = \left(1 - \frac{c_f}{c_0}\right) \times 100(\%) \tag{6.9}$$

式中:c_f是在地下水曝气修复结束后的污染物最终的浓度,c_0是地下水曝气修复开始时的污染物浓度。如前所述,回弹作用会提高地下水中污染物的浓度。为了检测回弹作用,在地下水曝气系统关闭后,需要进行 6～12 个月的地下水取样和测定。利用剩余浓度(Cr),可用方程 6.8 计算回弹。回弹量低于 0.2,说明污染物浓度稳定;如果回弹量高于 0.5,说明回弹严重。

6.4.4　改进或补充技术

尽管已经证明传统的地下水曝气技术(竖井、注射空气)在各种场地下运用都是成功的,但是还有一些方法使地下水曝气技术可在其他条件下使用。一种是用水平井注射空气(图 6.25 和图 6.26)。水平井可以在较广泛的场地条件下运用,在处理长而浅的泄露污染带时尤其有用,比如发生地表或地下管线渗漏时。有四种被证实的安装水平井方法:定向钻井、挖槽、钻孔和反铲挖掘。这些安置方法和后面的改进,让使用它的好处高于竖井的是水平井,从而成为一个极具吸引力的选择。一个水平井可以替代多个竖井,从而降低运作花费,抵消多余的安置费用。因为水平井具有连续的特点,被注入的空气和地下污染物的接触面积就更大,促进污染物迁移。连续特性还可以更容易阻止被污染水流的迁移。此外,定向钻井具有一定的灵活性,在不能或较难使用竖井的地区,它使运用注射井成为可能,特别是由于公路、建筑群或公共设施而存在地表或地下障碍的地区。

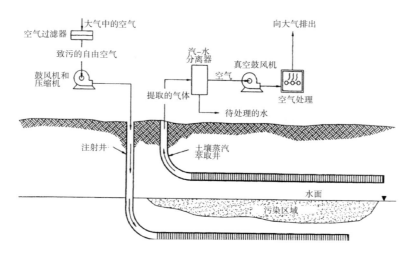

图 6.25 水平地下水曝气系统

原位地下水曝气可以不同的形式实施,如井内通气或真空萃取。这样,空气就被注入井中,抬高井内的污染水,让更多的地下水流入井内(图 6.27)。一旦进入井中,污染水中的一些 VOC 就变为气泡,然后上升至井口,使用萃取法将其收集。

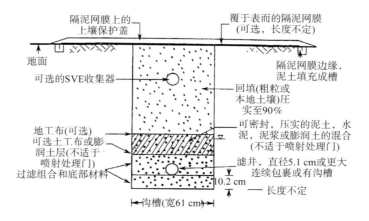

图 6.26 水平地下水曝气井的详细结构

双相处理和地下水曝气相似,它也是将土和地下水相结合处理 VOC 污染物的。在真空条件下,在一个普通的萃取井中同时迁移污染水和土壤气体,以达到同时处理的目的。因此,降低了时间和金钱消耗(图 6.28)。

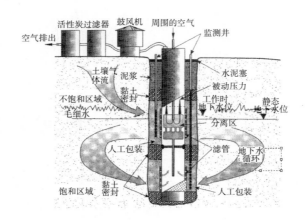

图 6.27　井内通气系统

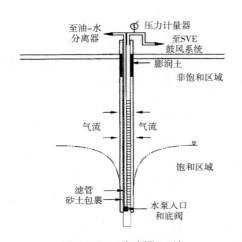

图 6.28　双相提取系统

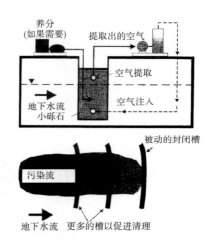

图 6.29　地下水曝气槽/幕系统

喷射槽或幕可用来替代水平井和/或竖井。对在高地下水流区和对阻碍其向外迁移很重视的地区的污染流,槽和幕尤其有用(图 6.29)。再挖掘后,槽用板桩支撑,可保持张开状态或用土回填,回填物的渗透性须等于或更高于原土的渗透性,以防止地下水流避开处理区。此外,常用界限井来保证地下水沿正确方向流动。当设计槽的时候,较大规模并不会导致更高效率,因为它只会导致有更多的水需要处理;对效率最有影响的参数是污染物的亨利常数以及气体喷射速率。

　　一个可将地下水曝气和土壤蒸汽提取相结合的应用就是生物喷射。在应用生物喷射时,需要较低的注入流体速率以防止产生过大的土壤气体压力。注入的空气增加了地下水中的溶氧量,激发了地下原有微生物的有氧生物分解。为了防止压力增大,流体速率控制在约 1 ft³/min。生物喷射的可能性取决于地下条件,除了能让氧气成为电子受体外,须有充足的微生物数量和微生物必需的养分。当地下条件允许时,污染物可被降解并产生无毒的副产物(如二氧化碳和水),这取决于是否发生特殊的生物代谢反应。不需要土壤蒸汽提取,而生物喷射较划算。

污染区低渗透性土和基岩的破裂可提高地下水曝气的性能。此外,地下水曝气可以和其他技术结合使用,如抽水处理、热解吸、自然衰减和生物修复等。这些技术相结合有利于污染物的运移或降解。

表 6.19 关于地下水曝气的文献信息的总结[a]

地点/事由	土壤类型	污染物	清理时间[b]（月）	初始地下水浓度（mg/L）	最终地下水浓度（mg/L）
Isleta	冲积沙,淤泥、黏土	含铅汽油	2	监测井-1,-3,-5 总苯系物4,18,25	监测井-1,-3,-5 总苯系物0.25,8,5
Conservancy	粉砂及交界面黏土层	汽油	5	苯 3~6	五个月后苯平均值下降了59%
Buddy Beene	黏土	汽油	2	未报道	每个月下降8.5%
Bernalillo	未报道	汽油	17	未报道	苯系物和甲基叔丁基醚<5.5
Los Chavez	黏土	汽油	9	未报道	苯、二甲苯减少40%,甲苯减少60%,乙苯减少30%
Arenal		汽油	10	苯>30	苯<5
BF1	未报道	燃料	12	苯 22,000~32,000	苯 29~50
Bloomfield	未报道	燃料	48	未报道	苯系物含量低于清理的目标
Firehouse	未报道	燃料	30	苯 400~600	苯 0.5~4
Dry cleaning facility	粗砂、天然黏土隔层	四氯乙烯、三氯乙烯、二氯乙烷、总石油烃	4	总挥发性有机化合物41	总挥发性有机化合物0.897
Savannah River	砂、细黏土透镜体	三氯乙烯、四氯乙烯	13	三氯乙烯10~1031,四氯乙烯3~124	三氯乙烯<5,四氯乙烯<5
Former industrial facility	砂	甲苯	23	未报道	未报道
Electro Voice	未报道	挥发性有机化合物	12	未测[c]	未测[c]

续表

地点/事由	土壤类型	污染物	清理时间[b]（月）	初始地下水浓度（mg/L）	最终地下水浓度（mg/L）
Berlin	砂、粉砂质透镜体、弱透水黏土	1,2-二氯乙烷、三氯乙烯、四氯乙烯	24	1,2-二氯乙烷＞2	1,2-二氯乙烷＞0.440
Bielefeld, Nordrhein Westfalen	填砂、淤泥，弱透水粉砂岩	四氯乙烯、三氯乙烯、三氯乙酸	11	四氯乙烯27、三氯乙烯4.3、三氯乙酸0.7	总挥发性有机化合物1.207
Munich, Bavaria	填砂、砾石、弱透水黏土质泥沙	四氯乙烯、三氯乙烯、三氯乙酸	4	四氯乙烯2.2、三氯乙烯0.4、三氯乙酸0.15	四氯乙烯0.539、三氯乙烯0.012、三氯乙酸0.002
Nordrhein, Westfalen	黏土质泥沙、砂、弱透水粉砂岩	卤代烃	4	A位置：总卤代烃1.5～4.5	A位置：总卤代烃0.010
			6	B位置：总卤代烃10～12	B位置：总卤代烃0.200
Bergischesland	裂缝性灰岩	卤代烃	15	总卤代烃80	总卤代烃0.4
Pluderhausen, Baden-Wurttermburg	填充、淤泥碎石、弱透水黏土	三氯乙烯	2	1.2	0.23
Mannhelm-Kaesfertal	砂	四氯乙烯、氯代烃类	未报道	未报道	未报道
Gasoline service station	砂和淤泥	汽油	24	总苯系物6～24	总苯系物0.38～7.6
Savannah River	砂、淤泥及黏土	三氯乙烯、四氯乙烯	3	三氯乙烯0.5～1.81、四氯乙烯0.085～0.184	三氯乙烯0.01～1.031、四氯乙烯0.003～0.124
Gasoline service station	细粗砂、砾石	汽油	3	总苯系物21	总苯系物＜1
Solvent spill	第四纪砂和碎石	三氯乙烯、四氯乙烯	3	总挥发性有机化合物33	总挥发性有机化合物0.27
Solvent leak at degreasing facility	充填砂质黏土质淤泥	三氯乙烯	2	0.2～12	＜0.01～0.023
Chemical manufacturer	砂质砾石弱透水黏土	卤代烃	9	总卤代烃1.9～5.417	总卤代烃0.185～0.32
Truck distribution facility	砂	汽油及柴油燃料	持续	总苯系物30	未报道
Irvine	黏土、砂质淤泥、黏土质砂、淤泥、砾石	汽油	9	未报道	低于清理目标

地点/事由	土壤类型	污染物	清理时间b（月）	初始地下水浓度（mg/L）	最终地下水浓度（mg/L）
New Paris	含砾石的砂及黏土层	四氯乙烯、三氯乙烯	18	四氯乙烯250	四氯乙烯9

注：BTEX（总苯系物）、苯、甲苯、乙苯和二甲苯；清理时间代表表中初始到最终地下水浓度之间的时间间隔。实际的修复时间可能更长。演示只涉及包气带土壤的修复能力。

6.5 监测自然衰减法

6.5.1 技术特征

监测自然衰减法是在周密控制和监测场地清理程度的背景条件下自然衰减过程的应用，依赖于土壤或地下水中污染物的自然衰减、降低污染物的浓度，在合理的时间内，至保护人类健康和环境的水平。监测的自然衰减法也被称作内在的生物修复、内在修复、自然衰减、自然同化、自然修复、自然恢复或是消极补救。自然衰减法涉及到物理、化学和生物过程没有人类干预来降低污染物的质量、毒性、流动性、体积以及浓度的作用。具体地说，这些过程包括生物降解、传播、稀释、吸附、挥发以及化学或者生物污染物的固定与销毁。这些过程有三种方式减少由场地污染所产生的潜在危险：（1）将污染物转变为较小毒性的形式；（2）减少污染物的浓度；（3）通过固定来减少污染物的移动性和生物利用度。如果能够证明在一段合理的时间内补救目标能够实现的话，自然衰减检测是适当的。一段合理的时间内取决于该场地的具体条件（例如，该场地地下水使用和大众的认可），由相比于其他补救办法所需的时间确定。

在下列条件下，在污染场地的自然衰减法修复可考虑运用：（1）观察自然衰减过程，预计发生的可能性相当大；（2）没有任何人或生态受体可能会受影响，在污染羽附近的潜在受体或可以受到保护；（3）这是保护人类健康和环境；（4）不能有效地消除或控制的持续污染资源，需要一个长远的补救措施；（5）其他补救技术不符合成本效益或者是技术上不切实际；（6）其他补救技术通过将污染物转移给其他环境介质、污染物的蔓延将破坏临近生态系统从而构成额外的重大风险。

尽管自然衰减法主要适用于有机污染物的降解（例如，氯化溶剂和苯系物），但是它也能够用于无机污染物的固定，包括重金属（铅、铬、镉）和放射性核素（铯和铀）。它适用于那些地下水中稳定的羽状污染物。另外，只要微生物能够降解或者是固定污染物，环境条件支持场所中所存活微生物的生长，自然衰减检测就是适用的。自然检测衰减通常用于和其他补救措施相结合，比如说源代码控制或者是一种后续措施。

自然衰减法有如下优点：

（1）它修复时不产生废物，消除了潜在的交叉污染。作为一种原位法，它能够减少人类遭受污染土壤和地下水的风险。

（2）它对场地产生较少的破坏，只需要安装地下水监测井和压力计。

（3）它引起有机污染物的破坏。

（4）它可全部或部分的应用于指定的场所中。

（5）它可用于连接或作为其他补救措施的一种后续。

（6）和其他补救方法相比它的成本更低。

自然衰减法有如下缺点：

（1）需要一个较长的时间完成整治目标。

（2）场地特征可能更复杂，代价更高。这是因为需要确定已经在场地发生的微生物的活动，为了原污染物的微生物的进一步降解需要量化潜在的营养来源。

（3）经生物转化产品的毒性可能超过母体化合物的毒性。来自微生物降解过程中的副产品的毒性可能比原始母体化合物的毒性更大。

（4）需要长期监测。

（5）需要机构控制以保证长期的生产率。

（6）有一个潜在的污染物迁移。

由于在自然检测衰减过程中涉及较长的时间，原本有利于自然检测衰减的水文地质和地球化学条件可能会随时间的变化而变化。这可能导致以前稳定的污染物出现新的流动，尤其是对那些由于吸附作用已经固定的化合物更是如此。

6.5.2 技术原理

自然衰减过程中污染物的减少归因于各种不同的物理、化学或者生物反应过程。这个过程可划分为两种生物类别：非破坏性过程和破坏性过程。非破坏性过程可致使污染物浓度的降低但不能减少总的污染物数量，这些过程包括水平对流、力学传播、扩散、吸附作用、稀释和挥发。破坏性过程能够致使污染物的降解，主要是生物降解的结果。

（1）非破坏性过程

水平对流是一种非破坏性的衰减过程，是使污染物穿过土壤最重要的过程，通过地下水的整体运动使污染物发生运移，这个过程通常被称为平推流。其结果是伴随着塞的推移，污染物的浓度再次降为背景浓度。

水动力弥散是分子扩散和机械分散的总和。除了在极低的地下水流速下机械弥散在两者中占支配地位。在机械弥散这个过程中污染羽以羽迁移的纵向和横向方向传开。机械分散的发生是局部地下水流动速度与整体地下水流动速度变化的结果,这些变化是改变几何单位、不连续单位、岩石特征的对比、非均匀渗透率以及定向渗透率改变的结果。在微观水平上影响机械弥散的三个物理性质是孔喉的孔径、弯曲程度和摩擦力。孔径越大,地下水穿越个体孔隙空间越慢;当孔径小于平均值时,地下水"被迫"较快地穿过孔隙空间。这种速度的变化导致污染物和地下水相混合。当从孔隙中穿过时,扭曲程度是地下水所必须作出曲折的数量。路径曲折越少,地下水穿过孔隙空间越快。类似复杂的迷宫,地下水不得不通过一个更加曲折的路径,将需要更长时间"发现通过"孔隙空间的方法。最后的混合是孔喉中摩擦力的结果。靠近个别土壤颗粒,摩擦力很大致使水穿过孔隙的速度低于平均地下水流速度。在开放的空间,个别土壤颗粒中摩擦力低,这致使高于平均地下水流速度。

在吸附过程中,溶解附着在土壤颗粒的污染物并随被污染的地下水穿过土颗粒。产生吸附作用的机制包括范德华力、库伦力、氢键、配体交换、土壤与污染物之间的共价键(吸附作用)、偶极力、诱导偶极子力和疏水力。吸附量预测是基于几个不同的数学模型,包括朗格缪尔(langmuiv)吸附模型和弗罗因德利希(Freundlich)吸附模型。吸附作用致使自然检测衰减可能的不利因素之一的产生。随着个体污染物的吸附作用,其浓度将会降低,但是随着时间的推移地下水的特点可能改变(碱度和温度),导致污染物的解吸附作用。

通常挥发作用仅发生在地下水位的毛细管边缘地区,影响挥发作用的因素有污染物浓度、随深度污染物浓度的变化、亨利法则常量、污染物的扩散系数和地下水的水体转移和温度。除了挥发的 LNAPLs,当计算自然衰减的影响时,不考虑挥发作用。

(2) 破坏性过程 破坏性的自然衰减过程致使在数量和污染物浓度方面的实际减少。生物降解是最重要的占支配地位的破坏过程。发挥作用的微生物,包括简单原核菌、蓝细菌、真核水藻和细菌。微生物为了生长,从生理氧化作用和氧化还原作用中获得能量。在好氧条件下,随着氧气的减少,微生物同有机化合物进行氧化分解。在厌氧条件下,微生物可以利用化合物而不是氧气作为电子受体,诸如硝酸盐、铁(Ⅲ)、硫酸盐、二氧化碳和许多氯化碳氢化合物。

为了理解在自然衰减过程中所涉及的生物进程,首先必须理解氧化和还原反应。二者相结合被称为氧化还原反应,氧化还原电势是土壤驱使氧化还原反应的潜能。土壤的氧化还原电势是一种用来确定自然衰减检测是否是一种潜在可行修复技术而需要测量的场地特征参数。在一个氧化还原反应过程中,一种化合物捐赠一个电子(氧化),另一种化合物接收还原一个电子。从捐赠方到接收者的电子流动是可以工作的,微生物利用电子流动所做的工作来生存和维持生命功能。碳氢化合物的生物降解利用碳氢化合物(污染物)作为电子赠予者。能源的释放驱使微生物的进一步生长,所以促进污染物的降解。只要有可用的食物供给(污染物作为电子捐赠者)和电子接收体,污染物的破坏将会继续。

微生物通过从氧化还原过程中获得的能量进行繁殖。从这些反应中,产生一些多孔的成分,诸如海膜、蛋白质、脱氧核糖核酸和细胞壁,这些成分的构成要素来自周围的环境。当这些构成要素碰巧是像氯代烃类的污染物时,自然衰减就能够发生。酶类的存在使化学反应成为可能。

有氧和无氧呼吸是主要的路径,通过有氧和无氧呼吸微生物来繁殖和维持自身生存。在有氧呼吸中,电子供体(污染物)被氧化,产生氧化产物。这些氧化产物通常指子产物。在这种情况下,子产物是二氧化碳。这有可能引起自然衰减检测的一个不利因素,因为有时这些子产物可能比现场原污染物的毒性更大。

微生物可以使用一些其他的电子受体而非氧气。它们包括 Fe(Ⅲ)、硫酸盐、二氧化碳和氯化溶剂。所涉及的过程包括甲烷的生成、硫酸盐还原、脱硝作用、还原脱氯和 Fe(Ⅲ)的减少。电子供体可能有很大不同,但总体来说它们是天然的有机碳或者是某些类型的有机污染物。总的来说有机污染物的结构越简单,对生物降解来说污染物越容易受到影响。抗生物降解的有机污染物通常有复杂的分子结构和低水溶性,无力维持微生物的生长或者对微生物来说它们本身可能有毒性。

地下水中金属离子自然衰减的发生通过以下路径:离子交换作用、吸附作用、氧化还原反应、降水和固体的溶解、酸性反应和复杂的地形条件。溶液中金属离子的浓度最简单的描述是分布系数(K_d),分布系数的值几乎直接取决于地下水的pH 值。金属离子的延迟也对浓度有影响,通过阻滞因素与分布系数相关。离子交换和吸附作用影响金属离子浓度,其影响重要性的相对顺序为:铅>铜>锌>镉>镍。

6.5.3　系统设计与实施

(1) 一般设计方法

一般自然衰减检测的评估使用证据线的方法。建议的证据线有:① 现场污染物数量的减少;② 自然衰减的地球化学和生物指标的存在与分布;③ 直接的微生物证据。通过回顾总结污染物浓度及分布,并分析现场地质和水文地质情况的历史趋势,证明了第一个证据:现场总的污染物数量正在减少。通过检测地球化学和生化指标参数在浓度和分布方面的变化,证明了第二个证据:与具体的自然衰减过程有关。通过实验室的微观研究,其过去常常用来证明具体的自然衰减过程和(或)估计具体场地生物降解率,证明了第三个证据:仅是野外资料不能用来确凿地证明。

用来支持三个证据的资料类型取决于现场条件和正在发生的衰减过程的性质和程度。一个给定场所的概念模型应该用来决定需要哪种类型的资料,所需资料按层(Ⅰ、Ⅱ、Ⅲ)收集(表 6.20)。表 6.20 提供了各种地质、水文地质、化学和微生物参数以及它们的测量方法。对所有场地来说,可能并不需要收集所有参数。

表 6.20 自然衰减检测的评价和执行资料要求

参数	数据类型	理想使用、价值、地位和评论	方法	数据采集层
地质方面				Ⅰ Ⅱ Ⅲ
区域地质	地形|土壤类型|地表水|气候	提供自然地下水流系统,确定充放电区域、入渗率,在可能作为含水层或透水层区域地质矿床类型的评价	咨询公布地质|土壤|地形图,航空照片,野外地质图	× × ×
水文地质				
地下地质	岩性|底层|结构	确定含水单位、厚度,有无含水层,对地下水流和方向(各向异性)的影响	使用已出版的水文地质调查图查阅土壤镗/安装测井进行表面或次表面地球物理测试	× × × × × × ×
速度	水力传导(K)|渗透率(k)	梯度给出的具体放电区地质矩阵时间的饱和水力电导率的测量	根据地质情况估计范围; 进行泵、塞或示踪测试; 预算与粒度分析渗透试验; 井下流量计/稀释测试	× × × × × × ×
压力测量	梯度(h)	流体势转移的测量(水力梯度)	地下水位和表面	× × ×
	孔隙度(n)	测量土壤空隙间距,通过孔隙度给出的地下水流速度线来划分具体的放电区	根据地质情况估计范围; 测量体积和粒子质量密度	× ×
方向	流场	估计地下水流方向	水和测压轮廓图,井下流量计	× × ×
分散|吸附	磁场定向控制	有机碳的馏分(磁场定向控制),常常用来评估与地下水流平均线相关的化学迁移的迟缓情况	评估或测量土壤样本中磁场定向控制,从公布值中检测,比较地下水中反应和非反应化学物的迁移	× × ×
分散物		沿地下水流路径,纵向和横向扩散(混合)传播出来的化学物	根据化学物的分布估测或使用示踪测试	× × ×

续表

参数	数据类型	理想使用、价值、地位和评论	方法	数据采集层
化学方面				
有机化学	VOC	确定母溶剂和降解产物；评估它们的分布；某些具体异构体|降解产物提供生物降解的直接证据（例如，cis-1、2-DEC），其他的则是由于非生物降解而形成（例如，从1，1，1-TAC形成1,1-DEC）；另外，苯系芳香族碳氢化合物和酮能支持VOC的生物降解	美国环保局方法8240	×××
醇	半VOC 可能支持生物降解挥发性脂肪酸 甲烷,乙烯,乙烷,丙烷,丙烯	选择半VOC（例如，苯酚、甲酚醇）美国环保局方法8270,方法8015诸如醋酸之类的有机化学物能够提供往微生物活性中增加洞察力，也能够作为电子来服务提供氯化甲烷、乙烷、乙烷完整的脱氯证据；甲烷能预测产甲烷细菌的活性；甲烷的同位素分析也可确定它的原产地	采用离子色散谱的标准分析方法或发表改性方法；改进分析方法气相色谱法	× × ××
区域地质	总有机碳|生化需氧量|化学需氧量|	普遍增长基板的潜在供应量	美国环保局方法415.1,405.1	××
	总石油碳氢化合物碱度	二氧化碳产物增加了的水平指示	美国环保局方法310.1	
无机|物理	氨	营养；异化硝酸盐减少的证据；作为好氧的共代谢来服务	美国环保局方法350.2	××
	氯化物	提供脱氯证据，大规模平衡中可能的使用，可作为保守示踪剂；	美国环保局方法300.0	×××
	钙|钾	氯盐可能会干扰氯化物数据的解释和其他无机参数一用于评估电荷平衡误差和化学分析的准确性	美国环保局方法6010	×
	电导率	用于评估水样的代表性，安装后评估井的发展（砂包发展）	场地电极测量；标准电极	×××
	溶解氧	有氧环境指标；电子受体	通过电极使用直通式仪器来收集代表性溶解氧	×××

参数	数据类型	理想使用、价值、地位和评论	方法	数据采集层
	氢	厌氧环境中的浓度与厌氧活动的类型相关(例如,甲烷、硫酸和还原铁);因此,这个参数是一个很好的氧化还原环境的指标;氧气可能成为完成脱氯的限制因素	实地测量;流量通过气泡室配备细胞;作为地下水流经室,氧气将分成顶空;使用气密注射器进行顶空抽样,场地使用气相色谱分析;分析所用设备还未广泛使用;脱氯活动之间的关系仍不清楚,需要进一步研发	
	铁	营养;有色金属(可溶性简化形式)表明铁还原菌的活性;铁(氧化的)用作一种电子受体	美国环保局方法 6010A	× ×
	锰	营养;铁和锰还原条件指标	美国环保局方法 6010	×
	硝酸盐	通过反硝化菌作为一种电子受体或者被同化转化为氨	美国环保局方法 300.0	× ×
	亚硝酸盐	在厌氧条件下从硝酸盐中生产	美国环保局方法 300.0	× ×
无机|物理	pH 值	环境适宜性的测量以支持更多的微生物物种;pH 值在 5～9 范围之外活性往往减小,厌氧微生物通常对 pH 值极端值更为敏感;pH 值也用于帮助评估在清洗井期间水样的代表性	在碳酸盐系统和地下水脱气过程中 pH 的测量能发生较快改变;因此,在样品采集或不断通过流动细胞后必须立刻进行 pH 值测量	× × ×
微生物				
生物质	每单位土壤或地下水中的微生物	影响和非影响/修复区域之间微生物种群密度可以进行比较,以评估微生物种群是否为降解观察负责;为生物降解的微生物测量价值仍然在探讨中	三种一般技巧可用:培养(板计数,碳源利用,大肠菌群枚举);直接计数(显微镜);细胞组件的间接测量(ATP,磷脂脂肪酸)	
	生物修复率和修复范围	表明土著微生物能够进行变化预测;确定营养要求和限制;衡量降解率和降解程度	变化;摇瓶、批次、列,生物反应器的设计	
	物种|一般官能团	官能团的某些生物物种的存在(例如,甲烷细菌)可用于评估;正在进行研究来区分微生物组成的形式,成功进行生物降解的预测	三种一般技巧可用:培养和直接计数,细胞成分的间接测量,分子生物学技术(16S 核糖核酸,NDA 探针,限制性片段长度多态性)	

注:* 表明该参数根据现场的复杂性是可选的。

遵循系统的方法评估自然衰减是否正在发生,这将包括确定和收集更多的支持自然衰减证据三条线的数据,并将自然衰减与长期场地的补救管理策略措施结合。图 6.30 显示了一个场地评估和实施自然衰减检测的一般的方法。这种方法涉及下面的步骤:① 审查现场可用数据;② 审查开发场地的概念模型;③ 筛查自然衰减的证据资料,构造假说来解释衰减过程;④ 识别其他资料的要求;⑤ 收集其他资料;⑥ 完善场地的概念模式;⑦ 解释数据,测试完善概念模型;⑧ 进行接触途径分析;⑨ 如果能够被接受的话,将自然衰减归入长期的场地管理范畴。

（2）仪器

除了安装监测井外,不需要其他仪器,不过,采集地下水样本时,诸如泵和取样器还是需要的。

（3）操作参数

自然衰减检测是一种被动的补救技术,所以不涉及操作性控制。

（4）监测

监测项目对评价补救办法的有效性以及确保对人类健康和环境的保护至关重要。设计监测项目完成下面的工作:

（a）根据期望值证明自然衰减正在发生;

（b）监测有效性的环境条件（水文地质、地球化学、微生物或者其他的变化）变化可能减缓自然衰减过程;

（c）查明任何潜在毒性和可移动的转型产物;

（d）验证羽流不扩散;

（e）验证对下游受体不存在不能接受的冲击;

（f）检测污染物对环境的新释放量,影响自然衰减补救的有效性;

（g）证明对保护潜在受体的管理有效性;

（h）验证补救目标的实现。

监测项目包括在污染羽内安装抽样监测井来确定污染物浓度,也包括在污染区外安装抽样监测井来确定背景浓度。将羽流中监测井的数据与背景监测井中的数据进行比较。监测井的数量和位置依赖于羽流的几何形状、现场的复杂性、源的强度、地下水流动和到受体的距离而决定。特别地,在选择监测井位置时,应仔细考虑场地的具体因素诸如地下水位深度、水力传导和水力梯度、地下水流的方向、储存系数或具体产量、纵向和横向水力传导分布、羽流运动的方向、任何人为或自然的影响（例如地下公用事业和山沟）。

有三种类型的监测:① 场地特征来描述污染物的分布并预测它的未来趋向;② 验证监测确定的场地特征预测是否精确;③ 长期监测以确保污染物羽流状态不发生改变。在最初场地特征和场地概念模型提出之后,要求进行验证性监测去

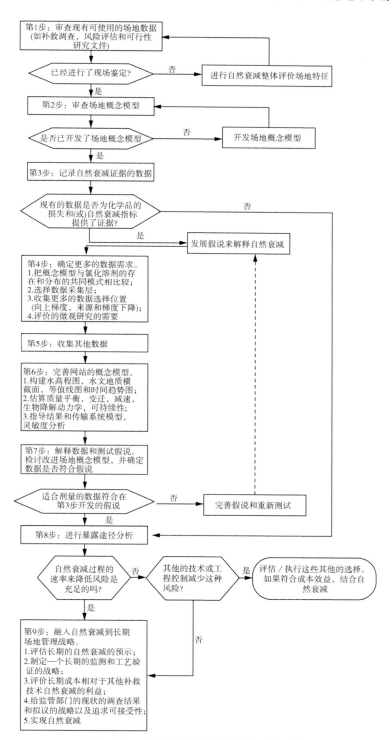

图 6.30 一般评价和实施自然衰减的方法

证实概念模型的预测是否是足够的。审定监测频率取决于污染物浓度的自然变化、从源头到用了验收尺度的位置之间的距离和时间、污染物浓度减少须符合验收标准。如果自然衰减的预测监测资料符合验收标准，应该实施长期监测项目。区间抽样应该是与污染物的运动预期时间相关，沿着流动路径从一个监测井到下一个。

图 6.31 是一个典型的监测井网。如果要进行数据统计分析，则需要足够的样本数量。监测一直持续到整治目标实现，如有需要则用较长时间验证场地不再对人类健康和环境构成威胁。如果自然衰减检测未能达到预期，那么就需要一个应急补救措施。应急补救措施可以包括本章描述的补救技术，包括工程生物修复。

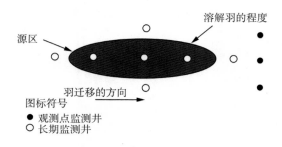

图 6.31　自然衰减监测井的位置

6.4.4　预测模型

自然衰减检测需要两种类型的模型。第一种涉及概念模型，提供了一种基于场地特征资料的场地条件的一般认识。如果需要额外的监测井来监测自然衰减进程，概念模型也可以测定。概念模型一旦开发，验证监测（如上所述）需验证概念模型。当验证监测显示概念模型能够合理地表征自然衰减进程，用数学模型预测长期性能，用长期监测来验证模型结果。

在概念模型中选定的数学模型来预测检测自然衰减的长期行为应该包括所有的物理、化学和生物过程。污染物趋向和转移模型（如 BIOPLUME）能够用来模拟自然衰减检测。筛选模型（如 BIOSCREEN 和 BIOCHLOR）常被用来评估自然衰减检测过程。首先利用场地具体数据校准这些模型，然后用该模型预测地下水中污染物未来的范围和浓度。

6.5.5　修改或补充技术

在使用自然衰减检测之前，须消除污染源。对清除污染源来说，诸如抽取处理和曝气修复方法可以使用。如果监测结果显示自然衰减检测处理污染物羽流是不够的,应该对其他的修复技术进行评估。

6.6 生物修复

6.6.1 技术特征

生物修复也被称为生物恢复或者工程生物修复,它是一项恢复污染地下水的技术。不像自然衰减检测那样自然发生,生物修复需要人为干预来创造能刺激微生物的增长从而使污染物降解或固定的条件。土壤的生物修复可以在异地或原地条件下来完成,但是,地下水生物修复通常根据现场条件来完成。污染地下水的生物修复是通过刺激土著微生物以降解或固定存在于地下水中的污染物来完成的。通过注射营养液、更多的氧源或其他电子受体来刺激微生物;这个过程被称为生物刺激。除了刺激土著微生物种群外,有具体代谢能力的微生物可能会被引入含水层;这个过程称为生物强化。一个典型的生物修复系统需要抽水井和注水井。地下水通过生物质和(或)营养素并重新通过图 6.32 所显示的注射井才得以恢复、得以丰富,生物质和(或)营养素也可能通过如图 6.33 所示渗透廊道的使用被引入含水层。渗透廊道允许注射液的运动通过不饱和区,导致原材料的潜在修复可能被困在非饱和区的孔隙空间。

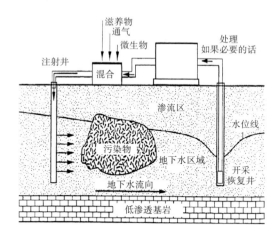

图 6.32 使用喷射系统的地下水原位生物修复提取方法

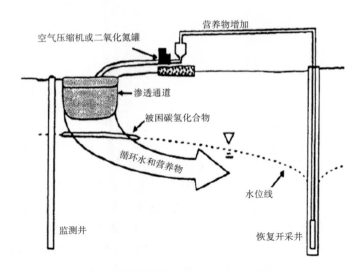

图 6.33　使用渗透路径系统的地下水原位生物修复

在理想条件下,生物修复适用于低地下水梯度的同质和地下含水层。如果含水层渗透系数非常低,就很难补充营养或消除副产品。生物修复通常用于有机污染物,但其对金属的使用也在数量有限范围内研究。生物结构的复杂性是与生物降解直接相关的。一个简单的苯环很容易降解,但带有多环或取代芳环的复杂长链化合物降解得更慢。如表 6.21 所示,一个考虑到场地和污染物特征的计分系统可能被用来预测一个场地的生物修复是否可行。

生物修复有如下优点:

(1) 它把有毒的污染物转化为无害的化合物;

(2) 它可以用来处理那些被吸收到含水层或被困在孔隙空间的污染物;

(3) 作为一种原位方法,它对场地引起更少的扰动,使更少的污染物暴露;

(4) 处理所需时间远少于涉及抽取处理过程的技术(例如,抽取处理);

(5) 它的成本比其他补救技术更低;

(6) 它比其他修复技术有一个更大的处理区域。

生物修复有如下缺点:

(1) 许多有机和无机污染物对降解产生抗性;

(2) 污染物的部分降解可能产生毒性副产物;

(3) 重金属和高浓度有机污染物可能抑制土著微生物活性;

(4) 相对于积极的修复技术,低降解率需要更长的处理时间(例如,空气喷射);

(5) 来自微生物增长的注水井堵塞起因于更多的营养素和氧气;

(6) 在污染区对微生物不允许营养量和氧气充足供应的运输,在低渗透率或者是异构含水层中很难实施；

（7）很难控制和（或）维持理想的环境条件（例如，温度和 pH 值）；

（8）需要广泛的监测和维护。

表 6.21　原位生物修复的筛选标准

参数	分数
污染物特征	
结构	
Ⅰ. 简单的碳氢化合物 C1—C15	0
Ⅱ. C12—C20	−1
Ⅲ. ＞C20	−2
Ⅳ. 醇，酚，胺	0
Ⅴ. 酸，酯，酰胺	0
Ⅵ. 醚，单氯化物，硝酸钾	−1
Ⅶ. 多氯化物	−2
源	
Ⅰ. 明确界定的点源	+1
Ⅱ. 未界定的多源	−1
水文地质	
A. 含水层渗透性(cm|s)	
Ⅰ. ＞0.000 1	0
Ⅱ. 0.000 1～0.000 01	−1
Ⅲ. 0.000 01～0.000 001 或更小	−2
B. 含水层厚度(ft)	
Ⅰ. ＞20	+1
Ⅱ. 5～20	0
Ⅲ. ＜5	−1
C. 到含水层深度(ft)	
Ⅰ. ＞20	+1
Ⅱ. 5～20	0
Ⅲ. ＜5	−1
D. 均匀性	
Ⅰ. 均匀	+1
Ⅱ. 非均匀	−1
土壤和地下水化学	

续表

参数	分数
A. 地下水 pH 值	
Ⅰ. >10	−2
Ⅱ. 8～10	−1
Ⅲ. 6.5～8	0
Ⅳ. 4.5～6.5	−1
Ⅴ. <4.5	−2
B. 地下水化学	
Ⅰ. 高氨和氯	−0.5
Ⅱ. 重金属(砷,镉,汞)	−0.5

总体分数解读	
≥0 或更多	场地看起来合适
−1～−2	关注可能的领域
−2～−4	重点关注区域或选择其他有利的
少于−4	成功的可能性不大

6.6.2 基本过程

地下水生物修复所涉及的基本过程和前面描述的土壤修复过程是一样的。有机污染物的生物修复比金属污染物的生物修复更常见。有机化合物的生物修复是由微生物在有氧条件下将完整的污染物成矿化二氧化碳、水、无机盐并生成细胞群来完成。对碳氢化合物来说,可以表示为:

$$碳氢化合物＋氧气→二氧化碳＋水＋细胞群＋能量$$

在厌氧代谢(缺氧条件下),有机污染物转化为甲烷、二氧化碳和细胞群。很多种好氧和厌氧微生物能够降解有机微生物,但是厌氧降解通常更慢而且不彻底。

生物降解的要求是(1)微生物适应污染物和环境;(2)营养;(3)良好的环境条件。细菌是在地下发现的最主要微生物。有时,基因工程菌常常用来给土壤接种和(或)补充自然种群;但是,土著菌已经适应了环境,表现优于非土著细菌。

微生物使用广泛的化合物作为碳和能源,包括碳氢化合物、氯化溶剂和多环芳烃。一个场地的有机化合物生物转化率和转化范围依赖于地下地球化学和水力特性。只要有矿物质营养和生长的基质或者有合适的电子受体可用,微生物的生长就会继续。在含水层中,微生物的活动可能会因为污染区水中氧气的低溶解率、营养的不足和电子受体而受到限制。

生物修复的目的是通过提供所需氧气(在有氧代谢情况下)、营养和微生物来增加生物活性。微生物增长所需的营养包括无机磷酸盐、铵态氮和微量营养元素（如钾、铁、硫、镁、钙、钠）。氧的来源包括空气、过氧化氢或氧化合物释放。抽水井和回灌井系统（图 6.32）或渗渠系统（图 6.33）常常用于将营养素、氧气和微生物引入含水层的污染区域。

污染物生物降解的速度不仅取决于氧气的供应情况还取决于生物利用度的比率，污染物溶出的速率或污染物扩散到流动渠道的速率控制着修复速率。污染物存在于剩余非水相流体或已迁移到低渗透土壤中，这种现象是最普遍的。在这种情况下，污染物的扩散率限制了补救，导致更长的修复时间。

虽然好氧生物降解是常见的，但是生物降解可以在低氧环境中完成。对于厌氧生物降解，硝酸盐通常代替氧气作为电子受体，因为它在水中的高溶解度、低费用，并能支持像氧一样降解的生物化学途径。

6.6.3　系统设计和实施

（1）一般设计方法

生物修复的一般设计方法涉及以下任务：① 一个彻底的实地调查行动；② 可修复性研究的行动；③ 生物修复系统的修复与实施；④ 通过监测程序进行绩效评价。详细的现场调查是为了确定污染区域的含水层、污染物和生物学特征。含水层特征为生物降解过程提供具体环境的适宜性信息，也提供所需液压系统设计与操作方面的信息。重要的含水层特征包括组成、含水层材料的异质性、水力传导、具体的产率、地下水流动和方向、容重和孔隙度，所有的这些特征都能使用地下勘探方法来确定。污染物的特征提供的信息确定当前的污染物是否是可以生物降解的。在含水层中污染源连同污染物羽流的几何形状是使用常规监测井来测定的。生物学特征提供存在的微生物的存活种群方面的信息，这些微生物能够降解场地存在的污染物。为了生物量和代谢活动，通过不同方法，获得并测试含水层材料的代表样品，诸如直接的光入射、落射荧光显微镜、存活数（如菌落数、最有可能的数据和富集培养程序）和诸如 ATP、GTP、磷脂和胞壁酸之类代谢活性的生化指标。

一项可修复性研究用来确定场地生物修复是否可行。从简单的批量孵化系统到大而复杂的流动设备不等，微生物通常用于可修复性研究中。这些研究提供了生物降解速度和降解程度的一种估计。这些研究也还决定了具体场地微生物营养和电子受体的需求。

然后，场地特征和可修复性研究的结果常常用来设计和实施现场系统。两种类型的系统常常用来提供营养素、氧气和电子受体，如图 6.32 和图 6.33 所示。第一个系统是抽水喷射系统，包括一对注射泵井、下游抽水井或者是在羽流边界附近的注射抽水井模式。抽水注射系统允许更好地控制地下水流动系统。通过在污染区使用注射泵井使场地微生物营养混合和分发。一个初步的中间性试验规模评估,将会帮助确定注水井和提取井最合适的间距。取代抽注水井系统,可以使用图6.33所示的渗渠,注射液从非饱和土中流动然后进入饱和区域,如果一些残留污染物存在于非饱和区域,需要移除或补救,这是有益的。

一个涉及网络监测井的完善监管制度,用于监管生物修复进程。为了这个目的,需测量污染物浓度以及氧的溶解、营养水平和二氧化碳等指标参数。

（2）设备

生物修复所需设备是相对简单的,需要注射井和提取井,需要营养物准备设备,需要诸如泵、流量计和压力调节器这样的周边设备。

（3）操作参数

需要考虑的操作因素是营养素和电子受体的交付、含水层内的交付点和应用模式。首先添加营养素,紧随其后的是氧源;同时,这可能会导致注射点附近微生物过度生长。

（4）监测

在污染物羽流中布置监测井的网络,频繁的抽样是为了确定溶解氧的分布、营养水平、二氧化碳和污染物浓度。微生物活性可以根据溶解氧、营养素和二氧化碳水平来评估。中间产物的测定也可用来确定是否发生修复作用。采样频繁依赖于场地具体条件,诸如流动水从注射位置到抽取位置所需时间、水力梯度、溶解氧和电子受体的变化。

6.6.4　预测模型

地下水流模型用于设计抽注水井系统,例如 MODFLOW 的地下水流模型用来预测注入和抽取的水位在指定参数条件下如边界条件、含水层几何形状、水力特性、井位、注射速率和抽取速率。根据场地特征和可修复性研究结果,污染物的生物降解率可能使用诸如 BIOPLUME 模型来预测。但是,在使用这些模型时必须谨慎行事,因为往往缺少足够的水文地质和地球化学资料。

6.6.5　修改或互补技术

生物喷射是原位生物修复的一种形式。正如前面解释的那样,空气被注射进入污染的地下水中来增加氧气的浓度,通过天然微生物加强有机污染物的生物降解率。可以通过增加地下水中的氧气和(或)氧源诸如过氧化氢或者是臭氧之类来强化好氧生物修复。此外,释放氧化合物也被用于向污染的地下水中慢慢地释放氧气。在潮湿条件下,释放氧气缓慢时,释放氧化合物二氧化镁是一个专利配方。另外,通过释放氢化合物来实现有机化合物的厌氧生物修复的强化。

生物修复系统可能使用水平井代替垂直井来把生物修复试剂运送到污染区域。污染区域内低渗透土壤和基岩的压裂也可用来允许生物修复试剂注射和分配布满整个污染区。在低渗透形式中,里德于 2001 年建议使用电动力学技术来运送营养素和终端电子受体。

地下水是饮用水的宝贵资源。它也被广泛地应用于农业与工业中。受污染地下水的修复对保护人类健康和保护环境来说至关重要。现有许多技术用来修复受污染的地下水。这些技术包括泵治理、原位冲洗、监测自然衰减和生物修复。通过改进传统的补救技术,已经开发了许多其他的创新技术。要根据具体场地的水文地质和污染物的条件、清理所需水平、补救时间和耗资来选择特定场地的补救技术。